嵌入式 Linux 开发详解
——基于 AT91RM9200 和 Linux 2.6

刘庆敏　张小亮　编著

北京航空航天大学出版社

内 容 简 介

本书介绍了嵌入式 Linux 开发需要掌握的基础知识,采用分层的方法对关键技术进行了详细的讲解,且辅以大量实例。共分为 7 章。第 1、2 章介绍嵌入式系统和 Linux 的基础知识。第 3～7 章从实践的角度分层次介绍嵌入式 Linux 开发的流程和关键技术。其中,第 3 章介绍硬件平台;第 4 章介绍 Boot Loader 的基础理论,对 U-boot 的移植、代码分析、关键技术情景分析等进行了深入探讨;第 5 章介绍了 Linux 内核移植需要具备的知识,重点分析了内核映像格式以及 Boot Loader 与内核的通信机制;第 6 章在介绍嵌入式文件系统的基础上,设计并实现了一个嵌入式混合文件系统;第 7 章介绍了嵌入式开发环境的搭建,并简单介绍了一个数据网关的实例。

本书内容可操作性强,适合嵌入式 Linux 开发初学者参考,也可以作为高等院校有关嵌入式系统开发与应用的实验参考书。

图书在版编目(CIP)数据

嵌入式 Linux 开发详解:基于 AT91RM9200 和 Linux 2.6/刘庆敏等编著.--北京:北京航空航天大学出版社,2010.5

ISBN 978-7-5124-0071-9

Ⅰ.①嵌… Ⅱ.①刘… Ⅲ.①Linux 操作系统—程序设计 Ⅳ.①TP316.89

中国版本图书馆 CIP 数据核字(2010)第 070910 号

版权所有,侵权必究。

嵌入式 Linux 开发详解
——基于 AT91RM9200 和 Linux 2.6
刘庆敏　张小亮　编著
责任编辑　董立娟

*

北京航空航天大学出版社出版发行

北京市海淀区学院路 37 号(邮编 100191)　http://www.buaapress.com.cn
发行部电话:010-82317024　传真:010-82328026
读者信箱:bhpress@263.net　邮购电话:(010)82316936
北京市媛明印刷厂印装　各地书店经销

*

开本:787×960　1/16　印张:16　字数:358 千字
2010 年 5 月第 1 版　2010 年 5 月第 1 次印刷　印数:4 000 册
ISBN 978-7-5124-0071-9　定价:29.00 元

前言

曾经梦想成为一名作家,就像喜欢的余秋雨、路遥、霍达一样,思想跃动于笔端。不过似乎总是缺少那么一份灵性,文学之路与我渐行渐远。幸运的是,缘于技术,拜 ChinaUnix 所赐,有了这本书,也因此圆了一个儿时的梦想。

记得是从 2006 年夏天开始接触嵌入式系统,学习 ARM、Linux,虽然忙碌但很充实。在学习的间隙,本着"好记性不如烂笔头"的原则,想要把所学都记录下来。但是传统的纸笔记录太慢,有时候难以把问题的场景清晰而又完整地记录下来,就寻找合适的网络记录手段,于是就有了笔者的博客。

开始纯粹是自己的总结笔记,没想到网友的评价还不错,博客的浏览量提高了,也因此交到了很多朋友。

在本书的编写过程中,得到了很多人的支持和帮助。

首先感谢与非网的 Demi,编辑了笔者写的有关 AT91RM9200 开发的技术专题,放在与非网的图书专栏里,网址如下:http://www.eefocus.com/html/09-04/985330120437N7Rd.shtml。虽然在格式上尚存不足,内容上也比较浅显,但都是自己思考的心血。

还要感谢北京航空航天大学出版社。有了他们的支持,才能有了这本书的问世。

感谢合作伙伴张小亮,他以丰富的项目经验弥补了我的不足。

感谢陆小珊及田岚老师,给我提供了学习的环境,并且教给我好多做人做事的道理。

感谢济南雷森科技有限公司的张宝利、王军、邵宏强,是他们把我带入嵌入式系统的大门,在技术上毫无保留,让我快速成长。

感谢傅炜(网名 Tekkaman Ninja,技术博客 http://tekkman.cublog.cn),不仅对本书提出了好多建议,而且贡献了 5.3 和 5.5 两节。通过与其进行技术交流,修正了原先理解的误区,使得本书更为严谨。

感谢陈琦,给予我诸多的建议,在我写书烦躁之时陪我聊天、鼓励我,让我能够顺利地完成

前言

本书的编写。

最后感谢我的家人以及所有关心我的人!

因为本人水平有限,编写书稿时间很短,书中难免有不当之处,敬请广大读者批评指正。有兴趣的读者可以到我的博客 http://piaoxiang.cublog.cn 上讨论问题,进行技术交流,希望能够共同提高,共同进步。

作 者
2010 年 1 月

目 录

第1章 嵌入式系统设计概述 …………… 1
  1.1 嵌入式系统的定义 …………… 1
    1.1.1 嵌入式系统的发展历史 …… 2
    1.1.2 嵌入式系统的组成 ………… 3
    1.1.3 嵌入式系统的特点 ………… 4
  1.2 嵌入式系统设计概述 …………… 5
  1.3 嵌入式系统的学习方法 ………… 6
  本章总结 ……………………………… 6
第2章 磨刀不误砍柴工 ………………… 7
  2.1 Linux概述 ……………………… 7
  2.2 Linux的安装 …………………… 8
    2.2.1 创建一个新的虚拟机 ……… 9
    2.2.2 在虚拟机上安装 Red Hat Linux 9 …………………… 11
  2.3 Red Hat Linux 9 的初步设置 …… 18
    2.3.1 VMware tools 的安装 …… 20
    2.3.2 网络设置 …………………… 22
  2.4 使用 shell 提高效率 …………… 24
    2.4.1 shell 初始化文件配置 …… 24
    2.4.2 常用的脚本 ………………… 26
  2.5 学习开发工具的使用 …………… 30
    2.5.1 Vim 高级技巧 ……………… 30
    2.5.2 编译流程 …………………… 32
    2.5.3 工程管理器 make ………… 37
  2.6 嵌入式 Linux 常用的命令 ……… 42
    2.6.1 Linux 基本命令 …………… 42
    2.6.2 arm-linux-系列 …………… 47
    2.6.3 diff 和 patch 的使用 ……… 52
  本章总结 ……………………………… 57
第3章 走马观花 ………………………… 58
  3.1 本书基于的硬件平台 …………… 58
    3.1.1 ARM 概述 ………………… 59
    3.1.2 ARM 命名规则 …………… 60
    3.1.3 AT91RM9200 简介 ……… 61
    3.1.4 K9I 开发板概述 …………… 63
  3.2 让系统先跑起来 ………………… 65
    3.2.1 准备工作 …………………… 65
    3.2.2 下载 Boot Loader ………… 71
    3.2.3 内核和文件系统 …………… 72
    3.2.4 搭建交叉编译环境 ………… 75
    3.2.5 应用程序测试 ……………… 76
  3.3 深入理解硬件平台 ……………… 78
    3.3.1 最小系统组成 ……………… 78
    3.3.2 时钟系统 …………………… 78
    3.3.3 NVM ……………………… 82
    3.3.4 JTAG 接口 ………………… 87
  本章总结 ……………………………… 91
第4章 Boot Loader ……………………… 92
  4.1 准备工作 ………………………… 92

目录

  4.1.1 整合资源…………………92
  4.1.2 代码阅读工具……………93
 4.2 Boot Loader 概述……………94
  4.2.1 Boot Loader 概念………94
  4.2.2 Boot Loader 在嵌入式系统中的必要性……………95
  4.2.3 Boot Loader 的启动流程…96
  4.2.4 Boot Loader 如何固化…97
 4.3 AT91RM9200 的启动机制……98
  4.3.1 片内启动…………………98
  4.3.2 片外启动…………………101
  4.3.3 3种启动场景……………102
 4.4 Boot Loader 的移植…………103
  4.4.1 Loader 和 Boot…………104
  4.4.2 U-boot 的移植……………108
 4.5 U-boot 的3种启动方式无关性设计……………………………114
  4.5.1 背景介绍…………………115
  4.5.2 重映射的理论模型………115
  4.5.3 U-boot 的不合理性分析…116
  4.5.4 解决方案…………………116
 4.6 Boot Loader 深入分析………119
  4.6.1 将 ELF 文件转换为 BIN…119
  4.6.2 U-boot 源代码分析………123
  4.6.3 U-boot 的命令机制………129
  4.6.4 U-boot 的 source 实现……133
 本章总结………………………………139

第5章 Linux 内核移植…………140
 5.1 嵌入式操作系统的选择………140
 5.2 Linux 2.6介绍…………………142

 5.3 Makefile 体系…………………144
 5.4 内核的移植……………………150
  5.4.1 基本移植…………………151
  5.4.2 出现的问题………………155
 5.5 内核映像格式…………………159
  5.5.1 生成过程…………………160
  5.5.2 zImage 自解压引导过程…163
 5.6 Boot Loader 与内核的通信机制……………………………168
  5.6.1 基本模型…………………168
  5.6.2 tagged list 组织方式……169
  5.6.3 Boot Loader 实现………173
  5.6.4 Linux 内核实现…………179
 本章总结………………………………186

第6章 文件系统…………………187
 6.1 概 述………………………187
 6.2 库………………………………191
  6.2.1 库的概述…………………191
  6.2.2 库的命名…………………191
  6.2.3 库的制作方法……………192
 6.3 一个最简单的根文件系统……193
 6.4 基本功能完备的根文件系统…201
  6.4.1 修改现有的文件系统映像…201
  6.4.2 从零开始制作根文件系统…204
  6.4.3 网络功能…………………213
 6.5 嵌入式混合文件系统——EFS…226
  6.5.1 问题提出…………………226
  6.5.2 系统设计方案……………226
  6.5.3 组件实现…………………229

  6.5.4 系统集成设计 …………… 231
  6.5.5 辅映像制作 ………… 236
 本章总结 ………………………… 237
第7章 应用程序 ……………… 238
 7.1 应用开发环境的建立 ………… 238
  7.1.1 嵌入式Linux的GDB调试
    环境建立 …………… 238
  7.1.2 嵌入式Linux的NFS开发
    环境建立 …………… 239
  7.1.3 嵌入式Linux的TFTP开

    发环境建立 …………… 241
  7.1.4 嵌入式Linux的DHCP开
    发环境建立 …………… 242
 7.2 串行/网络数据网关 …………… 244
  7.2.1 基本原理 …………… 244
  7.2.2 数据帧的设计 ……… 245
  7.2.3 网络异常情况的处理 …… 245
 本章总结 ………………………… 246
参考文献 …………………………… 247

第1章

嵌入式系统设计概述

本章目标
- 了解嵌入式系统的概念、发展历史和特点;
- 了解嵌入式设计的方法;
- 掌握学习嵌入式系统的方法。

嵌入式系统设计是一个极为宽泛的领域,实践性很强。但是若因此抛开基础理论,终究是事倍功半。本书提倡的原则是理论与实践相结合,建议如下:
- 跳过本章,从第2章开始,根据书中步骤进行操作,在实践中思考嵌入式系统的概念、组成、开发模型等理论知识,形成自己的认识,然后对照本章,以求把知识点理论化、系统化。
- 走马观花浏览本章,建立嵌入式系统设计的知识体系树。在后续章节的学习中,以此为主线,不断丰富完善知识体系树。

这两种方法都是可行的,对初学者尤其适用。在开始嵌入式学习前,笔者提醒初学者,凡事都不可能一蹴而就,要循序渐进,所以不要心急,静下心来,打好基础,逐步提高,努力终会有所回报。

1.1 嵌入式系统的定义

嵌入式系统是当今最为热门的研究领域之一,它的发展势头已经引起社会各界的广泛关注。从市场的观点看,PC已经从高速增长过渡到平稳发展时期,其年增长率由20世纪90年代中期的35%逐年下降,使单纯由PC带领电子产业蒸蒸日上的时代成为历史。根据PC时代的概念,美国Business Week杂志提出了"后PC时代"的概念,即计算机、通信和消费产品的技术结合起来,以3C产品的形式通过Internet进入家庭,这将是一个极为庞大的嵌入式应用市场。在当今社会中,嵌入式系统已经广泛渗透到了人们工作、生活中的各个领域。

那么什么是嵌入式系统呢?现在业界还没有明确统一的定义。这里只提供几种大家公认的定义。

根据IEEE(国际电气和电子工程师协会)的定义,嵌入式系统是"控制、监视或者辅助设备、机器和车间运行的装置"。这主要是从嵌入式系统的用途方面进行定义的。

目前国内一个普遍被认同的定义是：以应用为中心，以计算机技术为基础，软硬件可裁减，适应应用系统对功能、可靠性、成本、体积、功耗严格要求的专用计算机系统。它具备"嵌入性"、"专用性"与"计算机系统"3个基本要素。从这个定义可以看出，我们日常生活中常用的手机、PDA、MP3/MP4、机顶盒等都属于嵌入式系统设备，嵌入式系统已经进入了人们生活的各个方面。

下面从发展历史、组成和特点3个方面，对嵌入式系统这个基本概念进行简单的论述。

1.1.1 嵌入式系统的发展历史

嵌入式系统并非新生事物，已经经过30年的发展历程，只是在发展初期，还没有提出嵌入式系统的概念而已。嵌入式系统的发展主要经历了4个阶段：

（1）无操作系统阶段

嵌入式系统的最初阶段是基于单片机，具有监测、伺服和设备指示等功能，通常应用于专用性强的工业控制系统；一般没有操作系统的支持，通过汇编语言对系统进行直接控制。这些装置初步具备了嵌入式的应用特点，但是仅仅使用8位CPU芯片来执行一些单线程的程序，因此严格上来说还谈不上"系统"的概念。这一阶段嵌入式系统的主要特点是：系统结构和功能相对单一，处理效率较低，存储容量较小，几乎没有用户接口。由于这种嵌入式系统使用简单、价格低，因此普遍应用于国内工业控制领域，但是现在无法满足现代工业控制和新兴信息家电等领域的需求。

可见，嵌入式系统并非庞然大物，我们平常使用的51单片机正是嵌入式系统的最初阶段。有了单片机的基础，要提高也并非难事。

（2）简单操作系统阶段

这一阶段的嵌入式系统以嵌入式CPU为基础、以简单操作系统为核心，主要特点是：出现了大量具有高可靠性、低功耗的嵌入式CPU（如PowerPC等），但是通用性比较弱；操作系统达到一定的兼容性和扩展性，内核精巧且效率高；应用软件较专业化，用户界面不够友好。

（3）嵌入式操作系统阶段

20世纪90年代，随着硬件实时性要求的提高，嵌入式系统的软件规模不断扩大，逐渐成为主流。主要特点是：嵌入式操作系统能够运行于各种不同类型的微处理器/微控制器上，兼容性好；操作系统内核小、效率高，并且具有高度的模块化和扩展性；具备文件和目录管理、设备管理、多任务、网络、图形用户界面等功能，并且提供了大量的应用程序接口，开发应用程序较简单。

（4）面向Internet阶段

这是一个正在迅速发展的阶段。目前，大多数嵌入式系统还孤立于Internet之外。21世纪是网络时代，随着Internet的进一步发展以及Internet技术与信息家电、工业控制技术等的结合日益紧密,嵌入式设备与 Internet 的结合将代表嵌入式系统的未来。

1.1.2 嵌入式系统的组成

嵌入式系统有两大核心技术:硬件核心和软件核心。其中,硬件核心为嵌入式微处理器(Embedded Micro-Processor Unit,EMPU)或者嵌入式微控制器(Embedded Micro-Controller Unit,EMCU),软件核心为嵌入式操作系统(Embedded Operating System,EOS)。比如本书基于 ARM+Linux,其实也是根据这两个核心来制定的。这里,EMCU 为 ARM,EOS 为 Linux。所以建议大家在开始就建立起这个概念,围绕着这两个核心去展开学习。

下面从分层模型的角度进行介绍。

嵌入式系统的组成,如图 1.1 所示。从最通用的角度来看,可以分为 3 个基本层面:硬件层、系统软件层、应用软件层。在硬件层和系统软件层之间,有 Boot Loader 层。从这 4 个层面去理解嵌入式系统是最自然的方式。

(1) 硬件层

硬件层包括嵌入式微控制器和外围设备。其中,嵌入式微控制器是嵌入式系统的核心部分。它与通用处理器最大的区别在于,嵌入式微控制器大多工作在为特定用户群所专门设计的系统中,它将通用处理器中许多由板卡完成的任务集成到芯片内部,从而有利于嵌入式系统在设计时趋于小型化,同时还具有很高的效率和可靠性。如今,嵌入式微控制器的种类繁多,流行的体系结构有 30 多个系列,其中以 ARM、PowerPC、MC 68K、MIPS 等使用最为广泛。

外围设备是嵌入式系统中用于存储、通信、调试、显示等辅助功能的其他部件。目前,常用的嵌入式外围设备按照功能可以分为存储设备(分为易失性存储介质和非易失性存储介质两类)、通信设备(如 RS232、SPI、I^2C、Ethernet 接口等)和显示设备(如 LCD 等)3 类。

固件是适应技术发展而出现的一种手段,既不是硬件,也不是软件。它形态上是硬件,但是功能上是软件,具有两个特点:非易失性载体和固化特性。很多时候,感觉不到 FirmWare 的存在,一般把固件归结为硬件层,比如 AT91RM9200 内部本身有 128KB 的片内 ROM,固化了一个 Boot Loader 和 Up-Loader,用来支持程序的下载和引导,这部分就属于固件。

(2) Boot Loader 层

该层也称为中间层,是操作系统内核运行前的一段程序,用于完成硬件设备的初始化,加载内核,

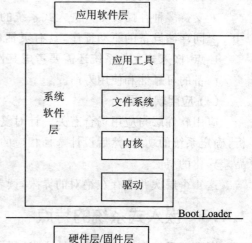

图 1.1 嵌入式系统的组成

为最终调用系统内核做好准备。常见的 Boot Loader 有 U-boot、Blob、Redboot 等。一旦内核加载完成,它的使命也就完成了。

也有一种观点认为,把 Boot Loader 及操作系统的驱动部分看作一体,称为硬件抽象层(Hardware Abstract Layer,HAL)或者板级支持包(Board Support Package,BSP)。这样就将系统上层软件与底层硬件分离开来,使得系统的底层驱动程序与硬件无关,上层软件开发人员无需关心底层硬件的具体情况,根据 BSP 层提供的接口即可进行开发。

(3) 系统软件层

系统软件层由嵌入式操作系统、文件系统、图形用户接口及通用组件模块组成。

嵌入式操作系统从嵌入式发展的第三阶段起开始引入,是嵌入式应用软件开发的基础和开发平台。几种主流嵌入式操作系统有 Windows CE、Linux、VxWorks、QNX、Palm OS 等,都有自己的市场。学习时往往选择一个方面去精深,"专心做好一件事"。比如你可以选择 ARM+Linux,也可以选择 ARM+VxWorks 或者 ARM+Windows CE。

嵌入式文件系统比较简单,主要提供文件存储、检索和更新等功能,一般不提供保护和加密等安全机制。其往往具备以下特点:

- 兼容性。嵌入式文件系统通常支持几种标准的文件系统,如 FAT32、JFFS2、CramFS、YAFFS 等。
- 实时文件系统。除支持标准的文件系统外,为提高实时性,有些嵌入式文件系统还支持自定义的实时文件系统,这些文件系统一般采用连续的方式存储文件。
- 可裁减、可配置。根据嵌入式系统的要求选择所需的文件系统及存储介质,配置可同时打开的最大文件数等。
- 支持多种存储设备。嵌入式系统的外存形式多样,嵌入式文件系统需要方便地挂接不同存储设备的驱动程序,具有灵活的设备管理能力。同时,根据不同外部存储器的特点,嵌入式文件系统还需要考虑其性能、寿命等因素,发挥不同外存的优势,提高存储设备的可靠性和使用寿命。

(4) 应用软件层

应用软件层与应用场合有关。针对复杂的系统,在系统设计初期就要对系统进行需求分析,确定系统的功能,然后设计选择相应的应用组件,以求达到最合理配置。这是最能体现产品差异化的层次。

这 4 个层次并非存在绝对的界限,读者应在实践中体会。

1.1.3 嵌入式系统的特点

嵌入式系统有自己独特的地方,这里可以列举几点,以加深对嵌入式系统的认识。需要注意的是,不能通过某几个特点来判定是否为嵌入式系统。推荐毛德操和胡希明合著的经典《嵌入式系统——采用公开源代码和 StrongARM/XScale 处理器》,其中对嵌入式系统的特点论述非常精辟。

① 嵌入式系统的软件代码尤其要求高质量、高可靠性。因为嵌入式系统常常在无人照看的条件下运行,有的甚至是在人迹罕至的地方运行,因此,其代码必须有更高的要求,而且通常采用一种称为"看门狗"(WatchDog)的机制,这也是一般通用计算机中没有的。

② 面向特定应用的特点。嵌入式系统与通用型系统的最大区别就在于嵌入式系统大多工作在为特定用户群设计的系统中,因此它通常具有功耗低、体积小、集成度高等特点,并且可以满足不同应用的特定需求。

③ 嵌入式系统一般都不带用于大容量存储的外部设备,也就是不带磁盘。而操作系统的映像和可执行程序一般都存放在非易失性存储介质中,比如 ROM 或者 Flash;不过有些应用于通信领域的高端设备不符合该特点。

④ 许多嵌入式系统的人机界面也有特殊性。许多嵌入式系统都不提供图形人机界面,而只是提供一个面向字符的控制台接口。不过往往还带有如小型的 LCD 显示屏、发光二极管等的辅助显示设备,甚至报警装置。在工业控制领域,大多是简单的面向字符的控制台接口,而且仅仅是开发人员调试监控的时候才会使用。对终端用户而言,他们是不关心的。

⑤ 嵌入式系统本身不具备二次开发能力,即设计完成后用户通常不能对其中的程序功能进行修改,必须有一套开发工具和环境才能再次开发。

关于嵌入式系统的特点,读者必须结合实践经验,形成自己的认识。笔者虽然列举了几条特点,但是希望大家先否定,验证后再考虑是否肯定。带着疑问去学习,由点及面,才能举一反三,进步才能更迅速。

1.2 嵌入式系统设计概述

嵌入式系统设计的主要任务是定义系统的功能,决定系统的架构,并将功能映射到架构。这里的架构既包括硬件系统架构,也包括软件系统架构。嵌入式系统的设计方法不同于一般的硬件设计、软件设计,而是采用软/硬件协同的方法。开发过程会涉及软件、硬件及其相关应用的专业知识。和通常的系统设计相比,嵌入式系统的设计具有以下几个特点:

(1) 软/硬件协同开发

软/硬件协同开发就是在整个设计的生命周期,软件和硬件的设计一直是保持并行的,在设计过程中两者交织在一起,互相支持,互相提供开发的平台,而不是传统方法中将软/硬件设计分开独立进行。在设计流程的开始就要将系统所要实现的功能划分到硬件或软件实现,然后独立进行硬件和软件设计,最后才进行软/硬件的集成。

(2) 需要交叉编译

简单的说,交叉编译就是在一个平台上生成在另一个平台上执行的代码。这里的平台包括体系结构(Architecture)和操作系统(OS)。同一个体系结构可以运行不同的操作系统,同样,同一个操作系统也可以在不同的体系结构上运行。举例来说,x86 Linux 平台是 Intel x86 体系结构和 Linux for x86 操作系统的统称。

为什么要采用交叉编译呢？原因有两个。一是目标平台所需要的 Boot Loader 以及 OS 核心还没有建立时,需要做交叉编译。二是目标机设备不具备一定的处理器能力和存储空间,即单独在目标板上无法完成程序开发,所以只好求助宿主机。这样可以在宿主机上对即将在目标机上运行的应用程序进行编译,生成可以在目标机上运行的代码格式,然后移植到目标板上,也就是目前嵌入式程序开发的 Host/Target 模式。

(3) 嵌入式系统的程序需要固化

通用的系统在测试完成后就可以直接投入使用,其目标环境一般是 PC 机,因此在总体结构上与开发环境差别不大。而嵌入式系统的开发环境是 PC 机,但是应用软件在目标环境下必须存储在非易失性存储器中,保证用户关机后下次能够再次使用。因此,在系统应用软件开发完成之后,应生成固化版本。

此外,嵌入式系统还需要提供强大的硬件开发工具和软件包的支持,需要设计者从速度、功能和成本综合考虑。此外,嵌入式系统对稳定性、可靠性、功耗、抗干扰性等方面的性能要求都比通用系统的要求更为严格,所以相对而言,嵌入式系统的软件开发难度更大一些。

1.3 嵌入式系统的学习方法

嵌入式系统是一门交叉学科,入门的门槛比较高。在学习过程中要注意一定的方法,才能够起到事半功倍的作用。常用的方法有:抓住本质,先主后次;分层整合;协同分工;情景分析。例如,根据分层整合的方法建立知识体系树,随着项目实践和学习的深入,不断地去丰富知识体系树。在分层与整合中,达到学习的最优化。大家可以参考 http://piaoxiang.cublog.cn,结合自己的情况建立知识体系树。

在后面的章节中,笔者会以实践为主,根据嵌入式系统的开发流程展开详述。

本章总结

本章从嵌入式系统的定义入手,介绍了嵌入式系统的发展历史、组成和特点。结合实际开发经验,总结了比较实用的学习方法,给出了知识体系树。

从理论的角度讲,本章只是简单地给出了几个概念,并没有深入探讨。希望大家在后续章节的学习中,能够根据自己的实践去形成自己的认识,以达到比较理想的效果。

第 2 章

磨刀不误砍柴工

本章目标
- 了解 Linux 是什么；
- 学会如何安装 Linux；
- 学会如何设置 Red Hat Linux 9；
- 掌握 shell 的基本用法，提高效率；
- 掌握 vim、gcc、gdb、make 等开发工具；
- 掌握嵌入式环境中常用的命令。

"磨刀不误砍柴工"，所以在进入 ARM+Linux 的嵌入式世界探宝之前，最好先打好 Linux 的基础。例如，了解 Linux 的常识，掌握安装方法，会常用的命令，能够完成简单程序的编辑、编译、执行与调试。在内核编译阶段，对 Linux 的要求会更高。只有掌握了基础，才能更有信心去迎接挑战。

2.1 Linux 概述

用一句话来概括，Linux 是一套类似于 Unix 的操作系统，包括内核、系统工具、应用程序以及完整的开发环境。严格来说，Linux 只表示 Linux 内核，不过大家都已经习惯了用 Linux 来形容整个基于 Linux 内核并且使用 GNU 工程各种工具的操作系统。

Linux 是一个易于移植程序的出色平台，在嵌入式系统领域得到了广泛应用。详细请参考 http://zh.wikipedia.org/wiki/Linux。

提示

Linux 的内核版本号：

到 2009 年 7 月 30 日，Linux 内核的最新版本是 2.6.30.4。

Linux 内核版本号格式为 major.minor.patch，major 代表主版本号，minor 代表次版本号，如为奇数，代表测试版本，为偶数，代表稳定版本；patch 代表扩展版本号。其中，major 和

minor 标志着重要的功能变动，patch 代表较小的功能改动。有些会出现第 4 个数字，这代表更小的 bug 修复，一般是在 major.minor.patch 的基础上提供一个补丁文件。可以从 http://www.kernel.org/下载最新的内核代码。

在标准内核的基础上，有些公司会对其进行扩展，以适应某种特定的应用，这时就采用 major.minor.patch-www 的形式。比如 Russell King 维护的 ARM Linux 版本为 major.minor.patch-rmk。在 ARM Linux 开发中，可从 http://www.kernel.org 下载标准内核（假定版本为 2.6.20），然后从 http://www.arm.linux.org.uk 下载对应内核版本的-rmk 补丁（2.6.20-rmk5）。

GNU：

GNU 是 GNU's Not Unix 的缩写，由 Richard Stallman 在 1983 年 9 月 27 日发起，目标是创建一套完全自由的操作系统。GNU 计划开发了大量的自由软件，比如文字编辑器 Emacs、C 语言编译器 GCC 等。为保证其能够自由地"使用、复制、修改和发布"，所有 GNU 软件都必须遵循 GPL 协议（GNU General Public License，GNU 通用公共许可证）。1991 年 Linus Torvalds 编写出 Linux 内核并在 GPL 协议下发布，至 1992 年 Linux 与其他 GNU 软件结合，完全自由的操作系统正式诞生。所以该系统往往称为 GNU/Linux 或者简称 Linux。

2.2 Linux 的安装

实际编写程序是学习一门新语言的好方法。同样，学习 Linux 比较可行的方法就是使用它。首先必须要进行 Linux 的安装。虽然安装 Linux 是一件容易的事情，不过作为初学者，对 Linux 还不熟悉，犯错是难免的，所以不建议直接在电脑上安装 Linux。这里推荐 VMware，因为它不会影响操作系统的运行。

提示

虚拟机：

虚拟机是一种严密隔离的软件容器，可以运行自己的操作系统和应用程序，就好像一台物理计算机。虚拟机的运行完全类似于一台物理计算机，它包含自己的虚拟（即基于软件实现的）CPU、RAM 硬盘和网络接口卡。

操作系统无法分辨虚拟机与物理机之间的差异，应用程序和网络中其他计算机也无法分辨。即使是虚拟机本身也认为自己是一台"真正的"计算机。不过，虚拟机完全由软件组成，不含任何硬件组件。因此，虚拟机具备物理硬件所没有的很多独特优势。

更多关于虚拟化和虚拟机的知识可以参考 http://www.vmware.com/cn/。

Linux 的发行版本众多,目前已经超过 250 个,比较知名的有 Red Hat、Debian、Ubuntu、Mandrake 等。根据个人爱好不同,选择的发行版也不尽相同。对初学者而言,优先选择使用人群最多的版本。这样遇到问题时,可以方便地找到答案。Red Hat Linux 9 在国内的应用非常广泛,而且 Red Hat 公司的 Docs 库提供了完备的资料,因此,本书以 Red Hat Linux 9 作为安装实例来进行讲解。相关的文档,读者可以从 Red Hat 的 Docs 库中下载:http://www.redhat.com/docs/manuals/linux/RHL-9-Manual/。

2.2.1 创建一个新的虚拟机

VMware 的启动界面如图 2.1 所示。

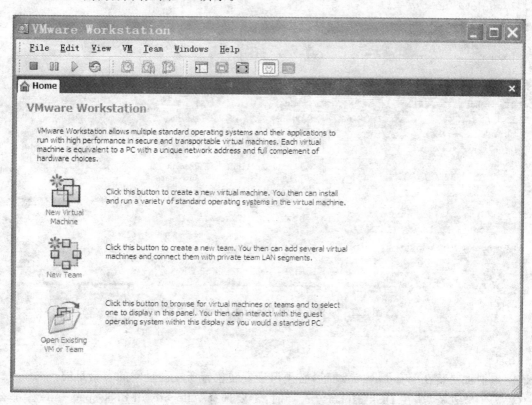

图 2.1 VMware 启动界面

单击 New Virtual Machine,按照提示来创建一个新的虚拟机。步骤如下:
① 单击"下一步",在 Virtual machine configuration 中选择 Typical。
② 单击"下一步",在 Guest operating system 中选择 Linux,对应的版本选择 Red Hat Linux。
③ 单击"下一步",选择虚拟机的名字和安装的位置。

④ 单击"下一步",设置 Network connection 为 Use bridged networking。
⑤ 单击"下一步",设置 Disk capacity 为 10.0 GB,选中 Split disk into 2 GB files。
⑥ 单击"完成"。

这样就创建好了一个 Guest OS 为 Red Hat Linux 的虚拟机,如图 2.2 所示。

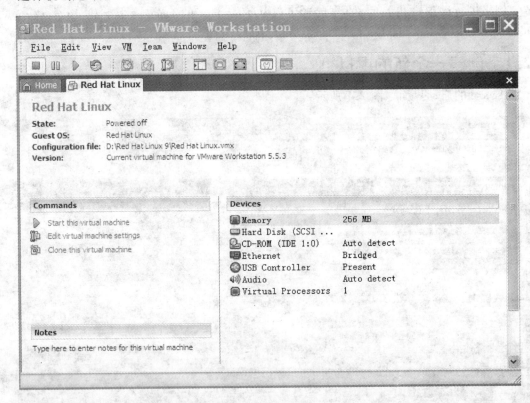

图 2.2　设置完成的 Red Hat Linux 虚拟机

注意

① 虚拟机安装在 Windows 系统下,必须保证安装位置所在硬盘空间容量足够。

② 为了节省资源,在 Disk capacity 选择时,不要选择 Allocate all disk space now。那么 VMware 会在需要时自动增加占用的硬盘空间,上限是设定的 10.0 GB。但是 VMware 只能动态增加硬盘空间,而不会自动释放,但可以通过 VMware toolbox 来手动释放。

好了,Red Hat Linux 的虚拟机设置已经完成,这就等于拥有了一台未安装操作系统的电脑,接下来的工作就是要在这台虚拟的电脑上安装 Red Hat Linux。

2.2.2　在虚拟机上安装 Red Hat Linux 9

(1) 开机启动界面

双击 Devices 中的 CD-ROM，如图 2.3 所示。

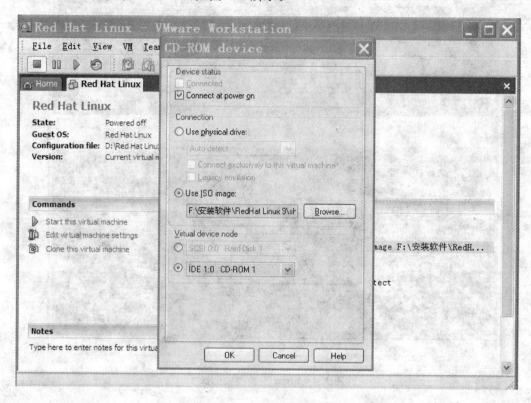

图 2.3　CD-ROM 的设置

如果使用的是 Red Hat Linux 9 的安装光盘，则可以按照此默认设置，将第一张 CD 光盘插入光驱。

如果使用的是 ISO 光盘映像，则可以选择 Use ISO image，然后选择第一个光盘映像的位置，单击 OK。

这里采用第二种方法。设置完成，就可以单击主界面的绿色三角 Start this virtual machine，则可以看到如图 2.4 所示界面，直接按 Enter 键就可以进入图形安装模式。

(2) 检测安装盘

图 2.4 之后就会出现安装盘检测提示。因为检测安装盘的完整性须等待比较长的时间，所以在 ISO 映像完整的前提下，可以直接单击 Skip 跳过。

第 2 章　磨刀不误砍柴工

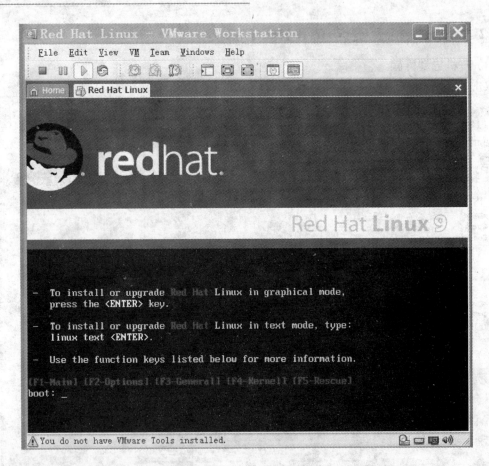

图 2.4　Linux 安装模式选择

(3) 安装过程的语言、键盘、鼠标的选择

按照提示，一直选择 Next。在 Language Select 中，如果想在安装过程中使用中文提示，那么就选择"简体中文"。键盘选定默认的 U.S. English 即可，鼠标要根据自己的情况选择对应的类型，否则就会出现鼠标不动的情况了。

(4) 安装类型的选择

按照提示往下进行，则出现安装类型的选择，如图 2.5 所示。

这里有 4 种选择：个人桌面、工作站、服务器、定制。选择前三项之一，系统都会自动选择它所需要的软件，"定制"则需要自己选择所需软件。对初学者而言，"定制"可能会出现软件依赖性问题，所以不推荐。建议选择"个人桌面"或者"工作站"，在此基础上进行软件的选择就可以避免软件依赖性的问题。毕竟安装 Linux 是为了嵌入式开发，所以尽可能减少安装阶段的问题。

图 2.5　Linux 安装类型的选择

　　然后是磁盘分区设置，如图 2.6 所示。如果在真实的计算机上安装操作系统，那么需要自己规划磁盘分区。因为现在相当于在没有任何操作系统的计算机上来安装，而且硬盘空间只有 10 GB，所以选择自动分区。然后要"初始化这个驱动器并删除所有数据"，在安装程序建立自动分区前，选择使用硬盘驱动器空间的方式为"删除系统内所有的 Linux 分区"。操作确认完成之后，实际上就拥有了两个分区：主分区/dev/sda 和交换分区 SWAP。所谓 SWAP 分区，是在硬件条件有限的情况下，为了运行大型程序在硬盘上划出一个区域当作临时内存的一个分区。在 Linux 下，SWAP 分区一般设置为内存大小的 2 倍。不过并非越大越好，对 Red Hat Linux 9 而言，SWAP 分区设为 256 MB 就足够用了。如果用户的内存大于等于 512 MB，那么设为 512 MB 即可。

(5) 引导装载程序的选择

　　下面就是引导装载程序的选择，如图 2.7 所示。引导装载程序类似于 BIOS，它的作用就是硬件初始化，为操作系统的运行创造环境，然后加载操作系统，把工作交给操作系统去处理。常见的有 GRUB、LILO 等，这里选择默认的 GRUB 就可以了。

第 2 章 磨刀不误砍柴工

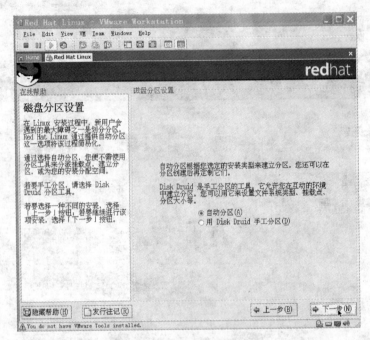

图 2.6 Linux 磁盘分区设置

图 2.7 Linux 引导装载程序的选择

(6) 网络配置和防火墙设置

接下来是网络配置,如图 2.8 所示。这里可以采用默认设置,系统安装完成后再进行具体的配置。

图 2.8　Linux 网络设置

之后是防火墙的配置,如图 2.9 所示。因为开发中用到了 SSH 和 Telnet,所以在信任的设备中要选中 eth0,在"允许进入"选项中选中 SSH、Telnet。

之后的操作系统语言可以增选简体中文,时区选择"亚洲/上海",且可以设置 root 用户的密码。

(7) 个人桌面定制

在个人桌面默认设置中,要选择"定制要安装的软件包集合"。单击"下一步",在选择软件包组中,要把"开发"项中的"开发工具"和"内核开发"两项选中,如图 2.10 所示。以后编写 C 程序,进行编译、链接和调试时,就要用到这些开发工具。

第 2 章 磨刀不误砍柴工

图 2.9　Linux 防火墙配置

图 2.10　Linux 个人桌面默认设置

然后按提示进入安装阶段，经过一段时间会出现更换第 2 张光盘的提示，如图 2.11 所示。因为前面采用的是 ISO 映像安装，所以这里需要切换到 VMware 界面下，更换 CD 盘。方法是同时按住 CTRL 键和 ALT 键（后面简写作 CTRL＋ALT），从而实现 Red Hat Linux 到 Window VMware 界面的转换。然后选择 VM→Removable Devices→CD-ROM→Edit 菜单项，选择第二个 ISO 安装映像，确认即可。由 VMware 界面进入 Red Hat Linux 只需要单击 Red Hat Linux 界面。后面还会遇到更换第三张光盘，操作方法相同。

这种操作方法比较繁琐。如果使用图形界面，为了实现两个界面的自由切换，需要安装 VMware tools，这在后面会进行介绍。

图 2.11　更换安装光盘

（8）安装成功

安装初步完成后，选择"不创建引导盘"，系统重启，之后进行一系列的设置，比如用户账号、日期和时间、声卡、Red Hat 网络、额外光盘等。完成后就进入登录界面，如图 2.12 所示，这样 Red Hat Linux 9 就安装完成了。

第 2 章 磨刀不误砍柴工

图 2.12 Linux 登陆界面

2.3 Red Hat Linux 9 的初步设置

  Red Hat Linux 9 安装好了,则需要进行初步设置,以满足开发环境的需要。当然,随着对 Linux 认识的深入,读者可以自由定制以满足自己的需求。设置之前推荐两本入门书:《Red Hat Linux 入门指南》及《鸟哥的 Linux 私房菜:基础学习篇》。本书的重点在于嵌入式 Linux 的裁减和移植,不能以大篇幅详细介绍 Linux 的基本使用。所以建议读者首先精读笔者推荐的两本入门书,以此为学习主线,对 Linux 的认识形成系统。在阅读学习的过程中,一定要多实践。继续学习之前,能够做到:

  ➤ 掌握 Linux 的登录和退出,了解多用户机制;

- 掌握 Linux 的开机关机；
- 掌握文件和目录操作命令；
- 掌握进程及用户管理命令；
- 掌握磁盘及文件系统管理命令；
- 掌握软件安装命令；
- 掌握 Linux 的安全权限机制；
- 掌握编辑器 Vim 的用法；
- 掌握 shell 的基本概念。

在 Linux 下，要明确一个原则，必需掌握尽可能多的命令。利用这些命令可以极大地提高效率，在项目开发中，往往利用命令写成脚本文件，成为项目支撑的一个重要组成部分。对命令的学习，可以先基本后深入，随着使用的增多，掌握的命令也会越来越多，要随时思考，总结归类。

提示

1. 在使用 Linux 的过程中，如果遇到问题，除了网络搜索之外，还可以查找《Linux 一句话精华》，上面总结了初学者容易遇到的问题，具有很强的实用性。

2. Linux 命令提供了多个选项，在增强灵活性的同时，也增加了记忆的难度。因此，提供了在线文档以供随时查阅，主要是 man 和 info。最常使用的是 man 文档。man 文档有 9 个分册：

- Commands——可以在用户 shell 中输入并执行的命令。
- System calls——系统调用。
- Library calls——库函数。比如 libc(标准 C 库)的函数。
- Special files——特殊文件或者设备文件。
- File formats and conventions——文件格式，比如/etc/passwd。
- Games
- Macro packages and conventions——网络协议，标准文件系统布局等的描述。
- System management commands——系统管理命令，大多只能由 root 执行，如 mount 等。
- Kernel routines

另外，还可能有一个第 n 分册，一般存放 Tcl Build-In Command。比较常用的是第 1、2、3、7 分册。这些主要来自 LDP(Linux Document Project，Linux 文档工程)的 man 手册页集合，对编写程序最为重要。

在使用 man 文档时有个小技巧，就是先用 whereis 查找所有相关文档，然后采用 man <n> <target> 的方式。示例如下：

```
[armlinux@ lqm armlinux]$ whereis man
man: /usr/bin/man /etc/man.config /usr/local/man /usr/share/man /usr/share/man/
```

第 2 章 磨刀不误砍柴工

man1/man.1.gz /usr/share/man/man7/man.7.gz

其中,/usr/bin/man 是可执行文件,/etc/man.config 是 man 的配置文件,/usr/share/man 是 man 文档的共享文件夹,相关的 man 文档都放在该文件夹下。man 在第 1 分册和第 7 分册都有文档,man.1.gz 是 shell 命令文档,man.7.gz 是编写 man 手册页的规范。如果要查找 shell 命令帮助,那么就用 man 1 man。

在阅读 man 手册页的时候,要注意许多系统调用和库函数使用同样的名字,所以,熟悉 man 文档分册的类型,使用 whereis 和 man 组合就可以快速定位读者想要的帮助文档。阅读时如果觉得不方便,则可以导出 man 文档的文本文件,采用 vim 或者 less 等查看,导出方法如下为 man <n> <target> | col -b > <target>.txt。

好了,准备好了,下面介绍开发环境设置和开发工具。

2.3.1 VMware tools 的安装

读者可能注意到,在 Red Hat Linux 的安装过程中,VMware 状态栏有"You do not have VMware Tools installed."的提示信息。VMware 强烈建议在虚拟机中完成操作系统的安装之后立即安装 VMware Tools。那么什么是 VMware Tools? 它有什么作用? 应该如何安装呢? 下面进行详细介绍。

VMware Tools 是 VMware 提供的一个驱动包,它可以实现如下功能:

(1) 增强 Guest OS 的显示功能

在默认情况下,虚拟机的图形环境被限制为 VGA 模式(640×480,16 色),这个图形性能比较差。VMware Tools 提供了一个为 VMware Workstation 虚拟图形卡优化的图形驱动程序,安装之后,可以更新虚拟机中的显卡驱动,使虚拟机中的 XWindows 可以运行于 SVGA 模式下,可以支持最高 32 位显示和高显示分辨率,提高了总体的图形性能。

(2) 增强 Guest OS 的鼠标功能

前面在 Host OS 和 Guest OS 之间切换时,需要按下 CTRL+ALT,这样相对比较繁琐。VMware Tools 提供了光标设置,允许在 Host OS 和 Guest OS 之间平滑移动光标,还允许两者之间进行复制和粘贴操作。

(3) 提供 Host OS 和 Guest OS 之间的文件夹共享

资源共享是开发过程中经常用到的功能。在 Host OS 和 Guest OS 之间实现资源共享可以有几种方法,比如利用 FTP、SAMBA 等。VMware Tools 提供了一个更为简洁的文件夹共享方法,这是通过 hgfs 模块来实现的。具体设置方法在后面详述。

(4) 提供 VMware toolbox

前面提到,VMware 所占用的硬盘空间采用动态增长的方式,无法自动释放。VMware Tools 则提供了如下功能:

- 实现 Host OS 与 Guest OS 的时钟同步；
- 控制 sound、Ethernet0、serial0 等的连接状态；
- 提供脚本控制 Guest OS；
- Shrink 压缩功能。允许删除虚拟磁盘中未使用的磁盘块，从而减少由虚拟磁盘消耗的存储空间的数量。

下面介绍 VMware Tools 的安装过程：

① 开启虚拟机，默认情况下进入到图形登录界面。
② 按下 CTRL＋ALT＋F1，以 root 用户登录命令行界面（注意，密码不回显）。
③ 选择 VM→Install VMware Tools 菜单项。
④ 执行如下命令：

```
[root@ lqm root]# mount /dev/cdrom /mnt/cdrom/          // 挂载光盘
mount: block device /dev/cdrom is write- protected, mounting read- only
[root@ lqm root]# cd /mnt/cdrom/                         // 挂载点
[root@ lqm cdrom]# ls                                    // 查看内容
VMwareTools- 5.5.3- 34685.i386.rpm  VMwareTools- 5.5.3- 34685.tar.gz
[root@ lqm cdrom]# rpm - ivh VMwareTools- 5.5.3- 34685.i386.rpm  // 安装 RPM 包
Preparing...                ###########################
############ [100%]
package VMwareTools- 5.5.3- 34685 is already installed
[root@ lqm cdrom]# cd /usr/bin/
[root@ lqm bin]# vm                                      // 按两下 TAB，查看命令
vmstat             vmware- config- tools.pl    vmware- toolbox
vmware- checkvm    vmware- guestd              vmware- user
[root@ lqm bin]# vmware- config- tools.pl                // 执行 vmware tools 的配置
```

配置完成之后，就要设置共享文件夹了。如下：

① 选择 VM→Setting→Options→Shared Folders 菜单项。
② 单击 Add，按照提示进行操作。在设置名字时要注意，Name 代表在 Linux 下文件夹的显示名字，Host Folder 则是 Windows 下实际共享文件夹的路径，如图 2.13 所示。这里设 Name 为 common。设置完成后重启，在 Linux 下查看 /mnt/hgfs/common/ 即可发现共享文件夹的内容。这样就实现了 Host OS 和 Guest OS 的共享。

提示

TAB 键为命令自动补全键，如果键入了文件名、命令或路径的一部分，则 bash 要么把文件、命令或路径名的剩余部分补全，要么会给读者一个"滴"的铃声。如果是后者，则只要再按一次 TAB 键就可以得到与已经键入部分相匹配的文件、命令或路径名的列表。比如，上文中出现的 vm 的列表即是如此操作的结果。

第 2 章 磨刀不误砍柴工

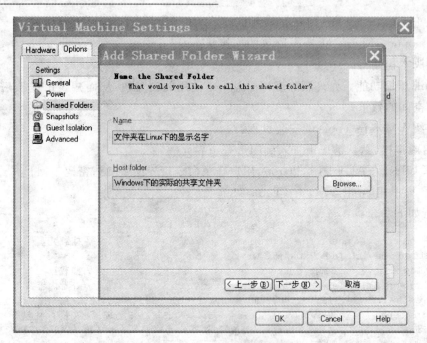

图 2.13 设置共享文件夹

2.3.2 网络设置

VMware 提供了 4 种网络连接方式,尤其适合进行组网实验。本书对此不做详述,只介绍 Linux 下网络设置方法,以及 Host OS 与 Guest OS 的网络拓扑关系。

命令 ifconfig 可以设置 IP、掩码、物理地址,但是并不能保存,重启后还要经过重新设置。如果直接修改相应的配置文件比较繁琐,Red Hat 提供了一系列配置工具,命令以 redhat-config-开头,其中,网络设置的命令为 redhat-config-network。配置如图 2.14 所示。

目前的网络配置如表 2.1 所列。在开发过程中,因为图形界面占用资源较多,命令行界面简洁而且功能强大,所以选择命令行界面。但是需要在 Host OS 和 Guest OS 之间通过 CTRL+ALT 来切换,不是很方便。搭建好网络环境后,就可以采用 SSH 登录 Linux 的方式来解决。

表 2.1 Host OS 和 Guest OS 的网络配置

类　型	操作系统	IP 地址
Host OS	Windows XP	192.168.0.100
Guest OS	Red Hat Linux 9	192.168.0.106

推荐使用的 SSH 工具为 putty,这是一款开源软件,很小巧,而且支持语法高亮显示,界面如图 2.15 所示。当然,Guest OS(Red Hat Linux 9)必须开启了 SSHD 服务,这个在前面安装时是默认选择的,所以只要设置好网络就可以了。

第 2 章 磨刀不误砍柴工

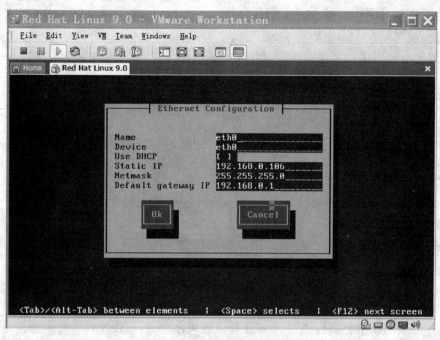

图 2.14 Red Hat Linux 网络配置

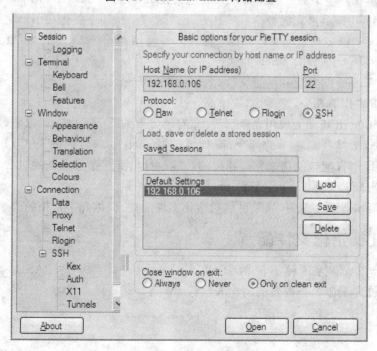

图 2.15 putty 登陆界面

登录后出现的是同样的命令行界面,对用户而言,与在实际的 Guest OS 中没有不同,这样所有的工作就可以在 Host OS 下完成了。

当然,读者也可以采用其他 SSH 工具,比如 secureCRT 等,根据个人习惯来选择。

2.4 使用 shell 提高效率

在 Linux 下工作,不能不与 shell 打交道。那么什么是 shell 呢?

在内核和用户之间,由操作环境提供一个界面,它可以描述为一个命令解释器;该界面就称为命令解释层,作用就是对用户输入的命令进行解释,再将其发送到内核。Linux 存在几种操作环境,分别是桌面(Desktop)、窗口管理器(Window Manager)和命令行 shell(Command Line Shell)。

这样就比较清楚 shell 了:

① shell 是系统的用户界面,提供了用户与内核交互操作的一种接口。它接收用户输入的命令,并且把它送入内核去执行。

② 制订用户环境,通常在 shell 初始化文件中做这种工作。例如,设置终端键及窗口特征;设置搜索路径、权限、提示等。

③ shell 可以用作解释编程语言。shell 程序也叫命令表,由在文件中列出的命令组成。

Linux 的图形化环境最近这几年有很大改进。在 XWindow 系统下,几乎可以完成全部的工作,只需打开 shell 提示来完成极少量的任务。然而,在 shell 下要比在图形化用户界面下完成得更快。Linux 的很多初始化文件和配置文件都是使用 shell 来编写的,要想真正的了解和使用 Linux,就必须学习 shell。shell 的优点:

➢ 能够理解 Linux 初始化和配置文件,更好地使用 Linux。
➢ 在 shell 下工作消耗少,速度快,效率高。
➢ 嵌入式 Linux 下基本上采用命令行界面,有时需要编写 shell 脚本,以更好地运行。

笔者建议不仅要掌握最基本的命令,而且要掌握 shell 编程。在嵌入式 Linux 系统开发中,shell 经常与 C 语言配合使用来完成相应的功能。这里推荐张春萌译的《LINUX 与 UNIX SHELL 编程指南》和 ChinaUnix 论坛的 shell 版。

本节不介绍 shell 语法规则,只是讲解初始化文件配置、提供几个常用的脚本。

2.4.1 shell 初始化文件配置

Red Hat Linux 包括几种不同的 shell,其中,默认的 shell 是 BASH(Bourne Again Shell)。可以通过如下命令查看当前用户的默认 shell:

```
[armlinux@ lqm armlinux]$ grep "armlinux" /etc/passwd | awk -F: '{print $ NF}'
/bin/bash
```

shell 的初始化配置文件分为两大类:系统配置文件和单用户配置文件,见表 2.2。

表 2.2 shell 初始化配置文件

类型	文件名称	含义
系统配置文件	/etc/profile	设置 PATH、USER、HOSTNAME 等变量
	/etc/bashrc	包含了 shell 函数和别名的跨系统定义
单用户配置文件	~/.bash_profile	用户的配置文件
	~/.bash_login	此文件包含只有在登录进系统的时候才执行的特殊设置,在没有~/.bash_profile 的情况下,此文件会被读取
	~/.bashrc	当使用一个非登录 shell,比如 X 窗口登陆进图形模式时,打开一个这样的窗口后,用户不需要用户名和密码,无需认证。此时 bash 会搜索~/.bashrc,所以也指向登陆时读取的文件,同时意味着不需要在多个文件中进行相同的设置
	~/.bash_logout	包含了退出 shell 时的特别指令

开发中修改最多的是单用户配置文件中的~/.bash_profile,比如增加常用命令的别名、设置交叉编译器的路径等。例如,增加 PATH:

```
# Root Path
ROOTPATH=/sbin:/usr/sbin:/usr/local/sbin
# Path Index Table
PATH=$PATH:$HOME/bin:$ROOTPATH
# Default Language
LANG=""
    export PATH LANG
unset USERNAME
# alias                        // alias 的设置一般在.bashrc 中,不过放在这里也可以
alias ls='ls -lF --color=tty'
alias ps='ps -ef'
alias grep='grep -E'
```

提示

1. 在 shell 下,"~"代表 $HOME。
2. 修改.bash_profile 后需要下一次登录时才会生效;如果想立即生效,则使用命令 source。
3. 设置常用命令的别名,比如:

```
# alias
alias ls='ls -lF --color=tty'
alias ps='ps -ef'
```

这样可以节省部分敲击键盘的时间,提高效率。

2.4.2 常用的脚本

实现自动化操作，免除重复性劳动是 shell 的特长。笔者为简化工作，写过不少脚本，这里介绍几个实例，供读者参考。

1. 自动解压缩脚本

在命令行界面下，解压缩是常用的操作，常用的命令有 tar、unzip、gunzip 等。这些命令的选项不容易记忆，那么可以借助 shell，把各类解压命令放到脚本中。这样就可以避免忘记选项带来的困惑，实现自动解压缩功能。

```bash
#!/bin/bash
#
# Name: autounzip
# Desp : Uncompress files,and print "OK" out if the file
#        can be uncompressed successfully.
#        Syntax: autounzip <target>
#        Support: *.tar | *.zip | *.tgz
#                 *.gz | *.bz2 | *.bz
# Date    :2007-05-17
#

# Handle Parameters
if [ $# != 1 ]; then
        echo "Usage: `basename $0` [*.tar|*.zip|*.tgz|*.gz|*.bz|*.bz2]"
        exit 1
fi

OPT=$1
# Uncompress files
case $OPT in
*.tar)
        tar xvf $OPT && echo "OK"
        ;;
*.tar.Z)
        tar zxvf $OPT && echo "OK"
        ;;
*.zip)
        unzip $OPT && echo "OK"
        ;;
*.tgz)
        tar zxvf $OPT && echo "OK"
        ;;
*.gz)
        if echo $OPT | grep ".tar.gz" > /dev/null 2>&1; then
                tar xvzf $OPT && echo "OK"
        else
                gunzip $OPT && echo "OK"
        fi
```

```
                ;;
*.bz2)
        if echo $ OPT | grep ".tar.bz2" > /dev/null 2> &1; then
                tar jxvf $ OPT && echo "OK"
        else
                bunzip2 $ OPT && echo "OK"
        fi
        ;;
*.bz)
        if echo $ OPT | grep ".tar.bz" > /dev/null 2> &1; then
                tar jxvf $ OPT && echo "OK"
        else
                bunzip2 $ OPT && echo "OK"
        fi
        ;;
*)
        echo "File $ OPT cannot be uncompressed with autounzip"
        ;;
esac
```

2. 自动压缩脚本

该脚本可实现将一个文件或文件夹压缩。

```
# ! /bin/bash
#
# Filename    : autozip
# Description: Compress files, and print "OK" out if the file
#              can be compressed successfully.
#         Syntax: autozip [filename | directory name]
# Date         : 07-04-29
#

# Func: get_target()
# Desc: Obtain the name of target file
# Para: $ 1      -- file name that will be compressed
# Ret : TARGET -- current file name
get_target()
{
        TARGET= `echo $ 1 | \
                awk -F/ '{if ($ NF == "") print $ (NF-1); \
                          else print $ (NF)}'`
}
# Handle Parameters
if [ $ # != 1 ];then
        echo "Usage: `basename $ 0` < filename | directoryname> "
        exit 1
fi
OPT= $ 1
```

```
# Uncompress files
if [ -d $ OPT ]; then
        get_target $ OPT
        tar zcvf $ {TARGET}.tar.gz $ OPT && echo "OK"
elif [ -f $ OPT ]; then
        get_target $ OPT
        cp $ OPT tmp
        gzip tmp
        cp tmp.gz $ {TARGET}.gz
        rm tmp.gz
        if [ -x $ {TARGET}.gz ]; then
                chmod -x $ {TARGET}.gz
        fi
        echo "OK"
fi
```

3. 程序控制脚本

这个脚本可以作为一个模板,实现某个程序的控制。

```
# ! /bin/bash
#
# Filename    : network_client
# Description: Control network client
#              You must have root authen
# Date        : 2007- 04- 18

CLIENT= /usr/local/bin/linux1x
USER= 用户名
PASSWD= 密码

# Perm and Parameters Handling
# If not root, exit;no parameter, exit
if [ `id -u` ! = 0 ]; then
        echo "You are not the root..."
        exit 1
elif [ $ # ! = 1 ]; then
        echo "Usage: `basename $ 0` [start|stop|restart]"
        exit 1
fi

OPT= $ 1
case $ OPT in
start)
        # start information
        echo
        echo "           ^_^ Welcome ^_^           "
        echo
        $ CLIENT -u $ USER/$ PASSWD -n eth0 -d
        ;;
stop)
```

```
            $ CLIENT -k
            # exit information
            echo
            echo "            ^_^ Goodbye ^_^              "
            ;;
restart)
            $ 0 stop
            sleep 2
            $ 0 start
            ;;
* )
            echo "Usage: `basename $ 0` [start|stop|restart]"
            ;;
esac
# Quit
exit 0
```

4. 对 rm 删除软链接的 bug 的修正

```
[armlinux@ lqm armlinux]$ ls
bin  tree-1.5.2.2  tree-1.5.2.2.tgz
[armlinux@ lqm armlinux]$ ln -s tree-1.5.2.2 test
[armlinux@ lqm armlinux]$ rm test/
rm: cannot remove `test/´: Not a directory
```

使用 rm 的时候笔者总是习惯使用 TAB 键补全命令，但是 TAB 补全命令的时候，最后是以"/"结尾的。rm 也好，unlink 也好，并不能很好地识别这种情况，这算是一处 bug。所以脚本在执行 rm 之前将结尾的"/"删除即可。

```
# ! /bin/sh
#
# Filename        : rmlink
# Description     : solve the bug of "rm" and "unlink"
#       Syntax    : rmlink <linkfile name>
# Date            : 07-09-19

# Func: get_target()
# Desc: Obtain the name of target file
# Para: $ 1      -- file name that will be compressed
# Ret : TARGET -- current file name
get_target()
{
        TARGET= `echo $ 1 | \
                awk -F/ ´{if ($ NF == "") print $ (NF-1); \
                        else print $ (NF)}´`
}

# Handle Parameters
if [ $ # != 1 ];then
```

```
                echo "Usage: `basename $ 0` < linkfile name> "
                exit 1
fi
OPT= $ 1
# Uncompress files
if [ -d $ OPT ]; then
                # eliminate the "/" at the ending
                get_target $ OPT
                # you also can use "unlink" instead of "rm"
                rm $ {TARGET}
fi
# OK
exit 0
```

shell 是一个非常好用的工具，后面的开发过程中会经常使用，比如实现程序的开机自动启动、在 C 语言中调用脚本等。两者的结合可以提高工作效率。

2.5 学习开发工具的使用

2.5.1 Vim 高级技巧

前面已经介绍 Vim 的基本用法，但是仅仅这样还是不够的，Vim 远比它第一眼看上去功能强大得多。Vim 不仅仅是一个编辑器，通过配置，甚至可以打造成一个非常理想的 IDE。所以，多花点时间学习 Vim 的使用，可以事半功倍。这里介绍 Vim 的高级编辑技巧，只是抛砖引玉，更多的技巧需要读者在实践过程中总结。

Vim 高级编辑要用到正则表达式的各种技巧，先简单介绍基本的原字符集及其含义，如表 2.3 所列。

常用的 Vim 的高级技巧如表 2.4 所列。

表 2.3　Vim 正则表达式基本的字符集

表达式	含　义
^	只匹配行首
$	只匹配行尾
*	匹配 0 个或多个单字符
.	匹配任意单字符
^$	匹配空行
[]	匹配[]内字符，可以是一个单字符，也可以是字符序列，可是用"—"表示[]内字符序列范围，如用[1-5]表示[12345]

表 2.4 Vim 高级技巧

序号	底行命令表达式	含义
1	:set nu	显示行号
2	:n,m co k	复制 n~m 行,粘贴到 k 行处(从 k+1 行开始)
3	:n,m m k	剪切 n~m 行,粘贴到 k 行处(从 k+1 行开始)
4	:n,m d	删除 n~m 行
5	:%s/原文件的内容/替换成的内容/g	在整个文件中替换特定字符串
6	:%s/^/要加的内容/g	在每一行文本前加同样的字符
7	:%s/$/要加的内容/g	在每一行文本后加同样的字符
8	:1,2s/^要删除的内容//g	删除第 1、2 行行首的内容

注意

表 2.4 中 2、3、4 项的 m 必须大于 n,而且 m、n、k 都在正文行号之内。例如,如果文件有 10 行,而操作中出现了 11,就会出现错误。m 可以用特殊符号 $,代表到结尾处。

如果要处理的文本比较多,那么可以采用标号的方法。具体如下:

光标移到起始行,输入 ma;

光标移到结束行,输入 mb;

光标移到粘贴行,输入 mc;

然后 "'a,'b co 'c",就实现了复制粘贴。如果把 co 改为 m,就实现了剪切粘贴。

Vim 支持颜色高亮、智能 TAB、自动缩进、自定义缩略语、自定义命令等,对程序设计而言,无疑会提高效率。在使用 Vim 的过程中,慢慢地会总结出适合自己的方式,可以选择 $HOME/.vimrc 来保存这些设置,这样就能拥有一个一致的 Vim 环境了。在 Red Hat Linux 9 下,提供了一个参考的 vimrc 配置,在/usr/share/vim/vim61/vimrc_example.vim 下。读者可以以此为基础,建立符合自己习惯的.vimrc。笔者常用的.vimrc 如下:

```
" 设置显示行号
set nu

" 设置 TAB 宽度和默认缩进的宽度
set shiftwidth= 4
set tabstop= 4
set softtabstop= 4

" 设置颜色高亮显示
if &t_Co >  2 || has("gui_running")
  syntax on
  set hlsearch
```

```
endif
" Only do this part when compiled with support for autocommands.
if has("autocmd")

  " Enable file type detection.
  " Use the default filetype settings, so that mail gets 'tw' set to 72,
  " 'cindent' is on in C files, etc.
  " Also load indent files, to automatically do language- dependent indenting.
  filetype plugin indent on

  " For all text files set 'textwidth' to 78 characters.
  autocmd FileType text setlocal textwidth= 78

  " When editing a file, always jump to the last known cursor position.
  " Don't do it when the position is invalid or when inside an event handler
  " (happens when dropping a file on gvim).
  autocmd BufReadPost *
    \ if line("'\"") > 0 && line("'\"") < = line("$ ") |
    \   exe "normal g`\"" |
    \ endif
endif " has("autocmd")

" 设置常用的缩写
" 在使用时,缩略语+ 空格就可以显示全称
ab # d # define
ab # i # include
```

2.5.2 编译流程

在介绍编译流程之前,要首先明确编译型语言和解释性语言的概念。计算机能够执行的是机器语言,高级语言必须翻译为机器语言才能被计算机执行。这个翻译的方式有两种,编译和解释,区别在于翻译的时间是不同的。

➢ 编译型语言:程序在执行前需要专门的编译过程,生成一个二进制文件。运行时不需重新编译,效率比较高,比如 C/C++语言等。

➢ 解释型语言:程序在运行时才翻译为机器语言,执行第 n 条语句之后,再执行第 n+1 条,每次执行都要有一个翻译过程,效率比较低,比如 basic、shell 等。

下面以 C 语言为例讲解编译流程。

在接触 Linux 之前,一般都是使用 IDE(Integrated Development Environment,集成开发环境)。程序编译时,只是单击相应的按钮就可以了,没有考虑清楚它背后的过程和原理。其实,IDE 一般由编辑器、预处理器、编译器、汇编器、链接器、调试器、工程管理器等组成,这些也是编译流程必需的工具,而 IDE 只是把这些工具集成在一个统一的界面下,提高了易用性。在 Linux 下,这些工具是分离的,比如编辑器 Vim、编译器 GCC、汇编器 AS、链接器 LD、调试器 GDB、工程管理器 make 等。其中,GCC 通过选项的方式内部调用 AS 和 LD,以实现编译过程,所以 GCC 既可以理解为编译器,也可以理解为编译系统。需要注意的是,Linux 的文件

是不识别扩展名的，但是 GCC 为了编译需要，规定了不同阶段文件的扩展名，如表 2.5 所列，这就是 GCC 所支持的 C 语言相关的文件的扩展名。

表 2.5　GCC 支持的后缀名

文件扩展名	含　义
.c	C 原始文件
.h	预处理文件（头文件）
.i	已经过预处理的 C 原始程序
.s/.S	汇编语言原始程序
.o	目标文件
.a/.so	编译后的库文件

下面就以 hello world 为例来介绍编译流程。

1. 编辑阶段

该阶段的作用就是使用编辑器编写程序的源文件。使用 vim 编写 hello.c 如下：

```
#include <stdio.h>
int main(void)
{
    printf("hello world.\n");
    return 0;
}
```

2. 预处理阶段

该阶段的作用是把预处理文件包含进来，选项-E 可让 GCC 在预处理结束后停止编译过程。其中，输出默认定向到标准输出，也就是屏幕；为了后续阶段的需要，要将之重定向到文件中。也可以采用-o 选项指定输出文件。

```
[armlinux@ lqm armlinux]$ gcc -E hello.c > hello.i
//或者采用 gcc -E hello.c -o hello.i
[armlinux@ lqm armlinux]$ head -n 10 hello.i
# 1 "hello.c"
# 1 "<built-in>"
# 1 "<command line>"
# 1 "hello.c"
# 1 "/usr/include/stdio.h" 1 3
# 28 "/usr/include/stdio.h" 3
# 1 "/usr/include/features.h" 1 3
# 291 "/usr/include/features.h" 3
# 1 "/usr/include/sys/cdefs.h" 1 3
# 292 "/usr/include/features.h" 2 3
```

可见，这个过程会把需要用到的头文件都插入到该文件中。这也提醒了一点，在 C 语言程序设计中，一定要注意防止头文件被重复引用。如果没有预先设计，那么头文件在预处理阶段会被多次引用，则后面编译就会出错。防止头文件被重复引用的方法比较简单，如下：

```
# ifndef HEAD_H_
# define HEAD_H_
…
# endif
```

3. 编译阶段

该阶段的工作是首先检查代码的规范性、是否有语法错误，以确定代码实际要做的工作。检查无误后，将之翻译为汇编语言。使用-S 选项，自动生成以.s 为后缀的文件。

```
[armlinux@ lqm armlinux]$ gcc -S hello.i
[armlinux@ lqm armlinux]$ cat hello.s
        .file   "hello.c"
        .section    .rodata
.LC0:
        .string "hello world.\n"
        .text
.globl main
        .type   main,@function
main:
        pushl   %ebp
        movl    %esp,%ebp
        subl    $8,%esp
        andl    $-16,%esp
        movl    $0,%eax
        subl    %eax,%esp
        subl    $12,%esp
        pushl   $.LC0
        call    printf
        addl    $16,%esp
        movl    $0,%eax
        leave
        ret
.Lfe1:
        .size   main,.Lfe1-main
        .ident  "GCC: (GNU) 3.2.2 20030222 (Red Hat Linux 3.2.2-5)"
[armlinux@ lqm armlinux]$ file hello.s
hello.s: ASCII assembler program text
```

为了在调试阶段能够定位故障，常常需要通过-g 选项加入调试信息。这个工作也是在编译阶段完成的，需要注意。

```
[armlinux@ lqm armlinux]$ gcc -S hello.i
[armlinux@ lqm armlinux]$ ls hello.s
```

```
-rw-rw-r--    1 armlinux armlinux    382 Aug   9 10:12 hello.s
[armlinux@ lqm armlinux]$  gcc -g -S hello.i
[armlinux@ lqm armlinux]$  ls hello.s
-rw-rw-r--    1 armlinux armlinux   30726 Aug   9 10:12 hello.s
```

通过比较两者大小可以看出，调试信息增加了 30726－382＝29944B。有兴趣的读者可以看一下加入调试信息之后的 hello.s。注意，ls 在.bash_profile 中已经设定别名，"alias ls＝'ls -lF -color＝tty"。

4. 汇编阶段

该阶段的工作是将汇编语言汇编成目标文件。该目标文件已经是二进制文件，但是还不能执行，缺少的是系统启动代码和引用的库函数。

```
[armlinux@ lqm armlinux]$  gcc -c hello.s
[armlinux@ lqm armlinux]$  file hello.o
hello.o: ELF 32-bit LSB relocatable, Intel 80386, version 1 (SYSV), not stripped
```

5. 链接阶段

这个阶段的作用是链接函数库，需要了解加载器和链接器的基本原理，推荐阅读一下 John R. Levine 的《Linkers & Loaders》。

在 Linux 下，函数库分为静态库和动态库两种，对应的链接方式为静态链接和动态链接。静态链接时需要把用到库函数的代码全部加到可执行文件中，因此生成文件比较大，但是在运行时就不再需要库文件了，其后缀名一般为.a。动态链接并不会将库函数的代码加入到可执行文件中，而是程序执行时由运行时链接文件加载库，从而节省系统的开销，其后缀名一般为.so。GCC 在编译时默认使用的是动态库。

嵌入式系统对空间比较敏感，所以在增加应用程序时要综合考虑。如果静态链接后的可执行文件大于动态链接生成的可执行文件和依赖的动态库之和，那么采用动态链接；反之，采用静态链接。总之，要追求系统尺寸最小。

```
[armlinux@ lqm armlinux]$  gcc hello.o -o hello
[armlinux@ lqm armlinux]$  file hello
hello: ELF 32-bit LSB executable, Intel 80386, version 1 (SYSV), for GNU/Linux 2.2.5,
dynamically linked (uses shared libs), not stripped
```

从 file 给出的信息可以看到，hello 比 hello.o 多了 dynamically linked (uses shared libs)。并且 hello 是可执行的 (executable)，而 hello.o 只是可重定向的 (relocatable)。

下面比较一下静态链接和动态链接对应的可执行文件的映像大小，如下：

```
[armlinux@ lqm armlinux]$  gcc hello.o -static -o shello
[armlinux@ lqm armlinux]$  file shello
shello: ELF 32-bit LSB executable, Intel 80386, version 1 (SYSV), for GNU/Linux 2.2.5,
statically linked, not stripped
[armlinux@ lqm armlinux]$  ls hello
```

第 2 章　磨刀不误砍柴工

```
-rwxrwxr-x    1 armlinux armlinux    15678 Aug   9 10:32 hello*
[armlinux@ lqm armlinux]$ ls shello
-rwxrwxr-x    1 armlinux armlinux    427570 Aug   9 10:45 shello*
```

可见，shello 是 hello 的 27 倍多，所以大多数情况下会采用动态链接的方式。那么如何查看动态链接所依赖的动态库呢？可以采用 readelf 来查看。在后面嵌入式开发的移植过程中，这个方法也是经常采用的。

```
[armlinux@ lqm armlinux]$ readelf -d hello

    Dynamic segment at offset 0x41c contains 20 entries:
  Tag        Type                   Name/Value
 0x00000001 (NEEDED)                Shared library: [libc.so.6]
 0x0000000c (INIT)                  0x8048230
 0x0000000d (FINI)                  0x80483d8
 ...
```

因为 hello.c 只用到了 printf，而 printf 在 libc 库中，所以 hello 只依赖 libc.so.6 了。

6. 调试阶段

得到可执行文件之后就可以运行了。

```
[armlinux@ lqm armlinux]$ ./hello
hello world.
```

如果运行出现问题，那么就要采用调试器来进行调试了。在 Linux 下常用的调试器为 GDB。

```
[armlinux@ lqm armlinux]$ gdb hello
GNU gdb Red Hat Linux (5.3post-0.20021129.18rh)
Copyright 2003 Free Software Foundation, Inc.
GDB is free software, covered by the GNU General Public License, and you are
welcome to change it and/or distribute copies of it under certain conditions.
Type "show copying" to see the conditions.
There is absolutely no warranty for GDB.  Type "show warranty" for details.
This GDB was configured as "i386-redhat-linux-gnu"...
(gdb) l
1       # include < stdio.h>
2
3       int main(void)
4       {
5               printf("hello world.\n");
6
7               return 0;
8       }
(gdb) r
Starting program: /home/armlinux/hello
hello world.
```

```
Program exited normally.
(gdb) q
```

细心的读者可能注意到,前面利用 file 查看 hello 时有 not stripped 的说明。

```
[armlinux@ lqm armlinux]$  ls hello
- rwxrwxr- x     1 armlinux armlinux    15678  Aug   9 11:01 hello*
[armlinux@ lqm armlinux]$  strip hello
[armlinux@ lqm armlinux]$  ls hello
- rwxrwxr- x     1 armlinux armlinux     2792  Aug   9 11:01 hello*   // hello 瘦身了很多
[armlinux@ lqm armlinux]$  file hello
hello: ELF 32- bit LSB executable, Intel 80386, version 1 (SYSV), for GNU/Linux 2.2.5,
dynamically linked (uses shared libs), stripped
[armlinux@ lqm armlinux]$  gdb hello
GNU gdb Red Hat Linux (5.3post- 0.20021129.18rh)
Copyright 2003 Free Software Foundation, Inc.
GDB is free software, covered by the GNU General Public License, and you are
welcome to change it and/or distribute copies of it under certain conditions.
Type "show copying" to see the conditions.
There is absolutely no warranty for GDB.  Type "show warranty" for details.
This GDB was configured as "i386- redhat- linux- gnu"...
(no debugging symbols found)...
(gdb) q
```

可见,hello 在 strip 之后会瘦身,但是 strip 会删除所有的符号,包括调试符号。一旦 strip,就无法使用 GDB 进行调试了。所以在调试阶段采用未 strip 版本,调试完成后进行 strip,以减小系统尺寸。该工具在移植过程中也经常采用。到这里编译流程就介绍了。

2.5.3 工程管理器 make

Hello world 工程只有一个源文件,编译还不是很繁琐。那么几十个源文件的工程呢?上百个上千个呢?当规模增大时,复杂度也会成倍地增长。所以,Gnu make 就出现了。

那么 make 是什么? Gnu make 是 Linux 下的工程管理器,可以管理复杂的工程。使用 make 的最大好处就是实现了"自动化编译"。对于一个由上百个文件构成的项目,如果其中一个或者几个文件进行了修改,make 就能够自动识别更新了的文件,不需要输入冗长的命令行就可以完成最后的编译工作。然而单独的 make 命令是无法工作的,它需要一个 Makefile 文件。这个文件描述了整个工程的编译、链接规则,Makefile 有自己的书写格式、命令、关键字。make 读取 Makefile,然后对这些规则解释执行。可以进行类比理解:shell 是一个命令解释器,它可以读取 shell 脚本文件,解释的同时执行。同样,make 类似一个命令解释器(但不是命令解释器,只是类比而已),它可以读取 Makefile 文件,进行解释执行。因为 shell 脚本和 Makefile 都有自己独立的书写格式、命令等,所以需要分别理解,在变量引用等方面需要进行区分,不要混淆。shell 和 Makefile 可以结合使用,二者在正则表达式上很多地方相同。在学习中,采用对比研究的方法比较合适。

第 2 章　磨刀不误砍柴工

可见,在工程管理时,需要编写 Makefile 文件。本章通过一个由 5 个文件组成的小工程来介绍 Makefile 的基本编写方法,其中源代码如下:

```c
/* main.c */
# include "mytool1.h"
# include "mytool2.h"
int main()
{
        mytool1_print("hello mytool1!");
        mytool2_print("hello mytool2!");
        return 0;
}

/* mytool1.c */
# include "mytool1.h"
# include <stdio.h>
void mytool1_print(char * print_str)
{
        printf("This is mytool1 print : % s ",print_str);
}

/* mytool1.h */
# ifndef _MYTOOL_1_H
# define _MYTOOL_1_H
        void mytool1_print(char * print_str);
# endif

/* mytool2.c */
# include "mytool2.h"
# include <stdio.h>
void mytool2_print(char * print_str)
{
        printf("This is mytool2 print : % s ",print_str);
}

/* mytool2.h */
# ifndef _MYTOOL_2_H
# define _MYTOOL_2_H
        void mytool2_print(char * print_str);
# endif
```

在一个 Makefile 中通常包含下面内容:
- 需要由 make 工具创建的目标体(target),通常是目标文件或可执行文件。
- 要创建的目标体所依赖的文件(dependency_file)。
- 创建每个目标体时需要运行的命令(command)。

格式为:

```
target: dependency_files
< tab> command
```

target:规则的目标。通常是程序中间或者最后需要生成的文件名,可以是.o 文件、也可以是最后的可执行程序的文件名。另外,目标也可以是一个 make 执行的动作的名称,如目标"clean",这样的目标称为"伪目标"。

dependency_files:规则的依赖。生成规则目标所需要的文件名列表。通常一个目标依赖于一个或者多个文件。

command:规则的命令行,是 make 程序所有执行的动作(任意的 shell 命令或者可在 shell 下执行的程序)。一个规则可以有多个命令行,每一条命令占一行。注意:每一个命令行必须以[Tab]字符开始,[Tab]字符告诉 make 此行是一个命令行。make 按照命令完成相应的动作。这也是书写 Makefile 中容易产生,而且比较隐蔽的错误。命令就是在任何一个目标的依赖文件发生变化后重建目标的动作描述。一个目标可以没有依赖而只有动作(指定的命令)。比如 Makefile 中的目标"clean",此目标没有依赖,只有命令。它所指定的命令用来删除 make 过程产生的中间文件(清理工作)。

这时可以写出我们的第一个 Makefile 了:

```
main:main.o mytool1.o mytool2.o
        gcc -o main main.o mytool1.o mytool2.o
main.o:main.c mytool1.h mytool2.h
        gcc -c main.c
mytool1.o:mytool1.c mytool1.h
        gcc -c mytool1.c
mytool2.o:mytool2.c mytool2.h
        gcc -c mytool2.c
clean:
        rm -f *.o main
```

执行 make,可以看到编译过程如下:

```
gcc -c main.c
gcc -c mytool1.c
gcc -c mytool2.c
gcc -o main main.o mytool1.o mytool2.o
```

这只是最为初级的 Makefile,现在来做一下改进。

(1) 改进一:使用变量

一般在书写 Makefile 时,各部分变量引用的格式如下:

① make 变量(Makefile 中定义的或者是 make 的环境变量)的引用使用"$(VAR)"格式,无论 VAR 是单字符变量名还是多字符变量名。

② 出现在规则命令行中 shell 变量(一般为执行命令过程中的临时变量,它不属于 Makefile 变量,而是一个 shell 变量)引用使用 shell 的"$tmp"格式。

③ 对出现在命令行中的 make 变量同样使用"$(CMDVAR)"格式来引用。

```
OBJ= main.o mytool1.o mytool2.o
make:$ (OBJ)
        gcc -o main $ (OBJ)
main.o:main.c mytool1.h mytool2.h
        gcc -c main.c
mytool1.o:mytool1.c mytool1.h
        gcc -c mytool1.c
mytool2.o:mytool2.c mytool2.h
        gcc -c mytool2.c

clean:
        rm -f main $ (OBJ)
```

(2) 改进二:使用自动推导

让 make 自动推导。只要 make 看到一个 .o 文件,它就会自动把对应的 .c 文件加到依赖文件中,并且 gcc -c .c 也会被推导出来,所以 Makefile 再次简化。

```
CC = gcc
OBJ = main.o mytool1.o mytool2.o
make: $ (OBJ)
        $ (CC) -o main $ (OBJ)

main.o: mytool1.h mytool2.h
mytool1.o: mytool1.h
mytool2.o: mytool2.h

.PHONY: clean
clean:
        rm -f main $ (OBJ)
```

(3) 改进三:自动变量($^、$<及$@)的应用

Makefile 有 3 个非常有用的变量,分别是 $@、$^、$<。代表的意义分别是:

$@——目标文件,

$^——所有的依赖文件,

$<——第一个依赖文件。

```
CC = gcc
OBJ = main.o mytool1.o mytool2.o
main: $ (OBJ)
        $ (CC) -o $ @ $ ^
main.o: main.c mytool1.h mytool2.h
        $ (CC) -c $ <
mytool1.o: mytool1.c mytool1.h
        $ (CC) -c $ <
mytool2.o: mytool2.c mytool2.h
```

```
        $(CC) -c $<
.PHONY: clean
clean:
        rm -f main $(OBJ)
```

这些是最为初级的知识,现在至少可以减少编译时的工作量。细节内容还需要在以后的工作和学习中不断总结、深化理解。这里笔者推荐陈浩的《跟我一起写 Makefile》和 Gnu make 的手册。前者由浅入深,对 Makefile 的编写进行了精辟的讲解,中间增加了作者的经验,作为入门教材非常合适。后者可供细节的随时查阅。

笔者最后提供一个能够建立小工程的 Makefile 模板,读者可以在此基础上进行修改。工程模型如下:

```
[armlinux@lqm armlinux]$ tree test
test
|-- Makefile
|-- README
|-- include
|   `-- test.h
`-- src
    |-- main.c
    `-- test.c

2 directories, 5 files
```

提示

tree 是一个小工具,可以将目录树状显示,这样可以方便地理清工程的组织关系。Red Hat Linux 9 并没有提供该工具。下载地址为:ftp://mama.indstate.edu/linux/tree,当前的最新版本为 tree-1.5.2.2。

下载完 tree-1.5.2.2.tgz 后,解压缩安装。

```
[armlinux@lqm armlinux]$ autounzip tree-1.5.2.2.tgz     // 解压缩
[armlinux@lqm armlinux]$ cd tree-1.5.2.2                // 进入源文件目录
[armlinux@lqm tree-1.5.2.2]$ make                       // 编译
[armlinux@lqm tree-1.5.2.2]$ su                         // 转为 root
[root@lqm tree-1.5.2.2]$ make install                   // 安装
```

安装成功以后,可以使用 man 来查看 tree 的使用方法。比较常用的方法是:

```
$ tree -L <n> <document>
```

列出 <document> 的目录树,深度为 n。

Makefile 的模板如下:

```makefile
# Tool Configure
CC       := gcc
CFLAGS   := -Wall -g -O2
LDFLAGS  :=
# Objects Defination
TORDIR   := $(shell if [ "$$PWD" != "" ]; then echo $$PWD; else pwd; fi)
ifeq (src, $(wildcard src))
SRCPATH  := $(TORDIR)/src
else
SRCPATH  := .
endif
OBJS     := $(patsubst %.c, %.o, $(wildcard $(SRCPATH)/*.c))
# Header Inclusion
ifeq (include, $(wildcard include))
CFLAGS   += -I./include
endif
# Target
DSTPATH  := .
TARGET   := $(DSTPATH)/test
# Run
.PHONY: all
all: $(TARGET)
$(TARGET): $(OBJS)
        $(CC) $(CFLAGS) $(LDFLAGS) $^ -o $@
# Clean
.PHONY: clean
clean:
        $(RM) $(TARGET) $(OBJS)
        $(RM) *~ *.o
```

读者可以利用前面学到的shell和Makefile的知识建立一个autoproject的脚本,自动创建如上的工程。这样在C语言的学习中就可以节省不少时间了。

2.6 嵌入式Linux常用的命令

Linux命令非常强大,熟悉后可以成倍地提高效率。在嵌入式Linux下,考虑到空间需求,一般采用busybox中简化版的Linux命令(也可以说,从功能上讲,busybox Linux命令是标准Linux命令的子集),但是最基本的用法都是相同的。

学习Linux命令时,要使用好man这个工具。根据man文档对该命令的解释来进行学习,动手去操作实践,能够事半功倍。

2.6.1 Linux基本命令

Linux基本命令分为几类,如表2.6所列。

表 2.6 Linux 基本命令分类

类别	命令
文件和目录操作	ls、cd、mkdir/rmdir、cp/mv/rm、more/less、cat、pwd 等
文件及文件内容查找	find、xargs、grep 等
用户和用户组管理	useradd/userdel、groupadd/groupdel、passwd、su、chmod 等
进程及任务管理	ps、top、kill、cron 等
磁盘及文件系统管理	df、mount/umount 等
系统信息及运行状态监控	/proc 文件系统
网络操作	ftp/tftp、scp、telnet、nfs、ifconfig、route、ping 等

下面只是以几个命令为例来介绍学习方法，对某些应用技巧也会讲解。

1. 文件和目录操作命令

文件和目录操作是 Linux 下最基本的操作之一，在源代码编译或源文件复制、移动、删除、查看等方面都要经常使用。所以，熟练掌握该部分命令，再学习一些小的技巧和拓展知识，对提高效率有很大帮助。

(1) ls

man 文档内容：

```
NAME
     ls -list directory contents
SYNOPSIS
     ls [OPTION]... [FILE]...
```

常用的选项有：

```
-l     use a long listing format                        // 采用长列表格式
[armlinux@ lqm ~ ]$  ls -l
total 48452
drwxr-xr-x  2 armlinux armlinux    4096 Nov   6 13:03 Desktop

-a, --all   do not hide entries starting with.          // 显示包含隐藏文件在内的所有文件
[armlinux@ lqm ~ ]$  ls -a
.               .esd_auth           .rhn-applet        .twmj9rnSP

-h     print sizes in human readable format (e.g., 1K 234M 2G)   // 人性化显示
[armlinux@ lqm ~ ]$  ls -lh
total 48M
drwxr-xr-x  2 armlinux armlinux 4.0K Nov   6 13:03 Desktop
```

简而言之，ls 的功能就是列出一个目录中的所有文件。该命令牵扯 Linux 下的多个基本概念，包括 Linux 文件系统、目录、文件名、根目录等。

第 2 章　磨刀不误砍柴工

我们可以实现一个最基本的 ls 命令。

```c
# include < stdio.h>
# include < dirent.h>
int main(int argc, char * argv[])
{
        DIR * dp;
        struct dirent * dirp;
        if (argc != 2)
        {
                printf("Usage: ls directory_name\n");
                return 1;
        }
        if ((dp = opendir(argv[1])) == NULL)
        {
                printf("cannot open % s\n", argv[1]);
                return 2;
        }
        while ((dirp = readdir(dp)) != NULL)
        {
                printf("% s\n", dirp- > d_name);
        }
        closedir(dp);
        return 0;
}
```

测试：

```
[armlinux@ lqm test]$ ls
Makefile  main.c  main.o  myls
[armlinux@ lqm test]$ ./myls .
Makefile
.
myls
..
main.c
main.o
```

这个实例是 APUE，即 Unix 环境高级编程中的一个小例子。程序并不复杂，只是现有的功能要比标准 ls 少得多。读者可以在这个实例的基础上，增添各个选项对应的功能，借此就可以对 Linux 文件系统中的目录等基本概念有更为深入的了解，对其实现方式也有更高层次的认识。之后的命令学习中，建议读者都能动脑动手，去想一下它的原理，做几个小练习，这样比单纯的记忆要好得多。

(2) cd

cd 一般是所采用的 shell 的内建命令，基本用法如下：

cd [-L|-P] [dir]

        Change the current directory to dir. The variable HOME is the default dir.

要注意，dot 表示当前目录，两个 dot 表示上一层目录。创建新目录的时候都会自动创建这两个文件名，使用 ls -a 可以查看到。在最高层次的根目录中，这两者一致。在利用 cd 切换目录时，要注意这种相对路径的表示方法，防止出现错误。

默认情况下，它代表 cd $HOME。

(3) mkdir

该命令用于创建一个目录。理解-p 选项的妙用，在很多情况下，能够提高效率。-p 表示如果上一级目录不存在，那么就先创建上级目录。

```
[armlinux@ lqm ~ ]$ mkdir -p test/{a,b}
[armlinux@ lqm ~ ]$ tree test
test
|-- a
`-- b

2 directories, 0 files
```

2. 系统信息及运行状态监控

/proc 文件系统是一个虚拟文件系统，通过该文件系统可以动态查看系统信息和运行状态。查看的手段是对虚拟文件进行读/写操作，以完成 Linux 内核空间和用户空间之间的通信。它只存在于内存当中，不占用外存空间。

笔者 Linux 的/proc 的一个列表为：

```
[armlinux@ lqm test]$ ls -F /proc/
1/      3139/   3440/   4094/   devices       kcore       partitions
1695/   3208/   3449/   418/    diskstats     key-users   pci
18/     3220/   3450/   428/    dma           keys        scsi/
185/    3297/   3451/   429/    driver/       kmsg        self@
19/     3312/   3452/   4314/   execdomains   loadavg     slabinfo
2/      3322/   3453/   444/    fb            locks       stat
2010/   3353/   3454/   5/      filesystems   mdstat      swaps
2136/   3354/   36/     acpi/   fs/           meminfo     sys/
2988/   3364/   37/     asound/ ide/          misc        sysrq-trigger
2992/   3389/   38/     buddyinfo interrupts  modules     sysvipc/
3/      3399/   39/     bus/    iomem         mounts@     tty/
3022/   3408/   4/      cmdline ioports       mpt/        uptime
3042/   3418/   4091/   cpuinfo irq/          mtrr        version
3071/   3429/   4093/   crypto  kallsyms      net/        vmstat
```

可以分为如下几类:

(1) PID 号作为目录名的进程目录

这类目录以进程的 PID 号作为目录名,所以在查找进程的相关信息时可以首先用 ps 命令查找到目标进程的 PID 号,然后到/proc/PID 目录。以 1 号进程为例:

```
[root@ lqm 1]# pwd
/proc/1
[root@ lqm 1]# ls
attr  cmdline  environ  fd        maps  mounts       root  statm   task
auxv  cwd      exe      loginuid  mem   mountstats   stat  status  wchan
```

进程目录的结构见表 2.7。

表 2.7 进程目录结构

目录名	目录内容	目录名	目录内容
cmdline	命令行参数	cwd	当前工作目录的链接
environ	环境变量值	exe	指向该进程的执行命令文件
fd	一个包含所有文件描述符的目录	maps	内存映像
mem	进程的内存被利用情况	statm	进程内存状态信息
stat	进程状态	root	链接此进程的 root 目录
status	进程当前状态,以可读方式显示		

如果要查看某个信息,那么可以用 cat 文件名即可。例如:

```
[root@ lqm 1]# cat statm
531 137 117 6 0 173 0
```

(2) 非 PID 号作为目录名的普通目录或者文件

需要注意的是,这些目录与读者系统的配置是相关的。在嵌入式系统中需要特别关注的几个文件的含义如表 2.8 所列。

表 2.8 /proc 普通目录或文件

目录/文件名	含 义	目录/文件名	含 义
cmdline	内核命令行	ksyms	内核符号表
cpuinfo	CPU 信息	meminfo	内存信息
devices	可以使用的设备	modules	加载模块列表
filesystems	支持的文件系统	mounts	加载的文件系统
interrupts	中断的使用	partitions	系统识别的分区信息
ioports	I/O 端口的使用	stat	全面统计状态表
kmsg	内核消息	swaps	交换空间的利用情况
uptime	系统正常运行时间		

要注意的是,/proc 下的 sys 目录是可写的,可以通过它来访问和修改内核。使用时要非常小心,防止内核崩溃。利用 vi 或者重定向都可以写这些虚拟文件,例如:

```
[root@ lqm proc]# cat /proc/sys/net/ipv4/ip_forward
0
[root@ lqm proc]# echo 1 > /proc/sys/net/ipv4/ip_forward
[root@ lqm proc]# cat /proc/sys/net/ipv4/ip_forward
1
```

2.6.2 arm-linux-系列

嵌入式 Linux 下要经常用到的 arm-linux-系列的交叉编译工具,如表 2.9 所列。

表 2.9 arm-linux-系列工具

命 令	含 义
arm-linux-addr2line	将程序地址转换成对应源代码的文件名和行号
arm-linux-ar	创建、修改或解压归档文件
arm-linux-as	汇编器
arm-linux-gcc	编译器
arm-linux-gdb	调试器
arm-linux-ld	链接器
arm-linux-nm	显示目标文件中的符号信息
arm-linux-objcopy	复制或转换目标文件
arm-linux-objdump	显示目标文件的信息
arm-linux-ranlib	将每个 archive 库转换到随机库,即生成一个 archive 文件的内容索引,以加快 archive 文件的访问速度
arm-linux-readelf	显示 ELF 文件的信息
arm-linux-strip	剥离目标文件中的符号信息,减小 footprint

这些命令的前缀为 arm-linux-,表示宿主机为 ARM 体系结构。学习时,可以通过 man 手册查看对应 X86 体系结构下的命令用法来完成。所以,对该部分命令的讲解以 X86 平台为例,读者在实验时会更加方便。

1. addr2line

addr2line 主要用于调试阶段辅助定位,它能够将程序地址转换为文件名和行号。基本用法为:

```
addr2line -e filename 地址
NAME
```

```
                addr2line -convert addresses into file names and line numbers.
SYNOPSIS
        addr2line [-b bfdname|--target= bfdname]
                  [-C|--demangle[= style]]
                  [-e filename|--exe= filename]
                  [-f|--functions] [-s|--basename]
                  [-H|--help] [-V|--version]
                  [addr addr ...]
```

以一个小例子来介绍其应用：

```
12 # include < stdio.h>
13
14 void test(void)
15 {
16      printf("Sub Func. ADDR: % p\n", test);
17 }
18 int main(void)
19 {
20      test();
21
22      return 0;
23 }
```

子函数 test()的作用就是打印出函数的入口地址，这样就可以将之作为参数来利用 addr2line 进行转换了。

```
[armlinux@ lqm test]$ make
gcc -Wall -g -O2  -c -o main.o main.c
gcc -Wall -g -O2  main.o -o test
[armlinux@ lqm test]$ ./test
Sub Func. ADDR: 0x8048368
[armlinux@ lqm test]$ addr2line -e ./test 0x8048368
/home/armlinux/test/main.c:15
```

也可以采用 nm 来打印出符号表：

```
[armlinux@ lqm test]$ nm ./test
080494a4 D _DYNAMIC
08049570 D _GLOBAL_OFFSET_TABLE_
08048474 R _IO_stdin_used
         w _Jv_RegisterClasses
08049494 d __CTOR_END__
08049490 d __CTOR_LIST__
0804949c d __DTOR_END__
08049498 d __DTOR_LIST__
0804848c r __FRAME_END__
080494a0 d __JCR_END__
080494a0 d __JCR_LIST__
08049590 A __bss_start
```

```
08049584 D __data_start
08048430 t __do_global_ctors_aux
08048308 t __do_global_dtors_aux
08049588 D __dso_handle
08049490 A __fini_array_end
08049490 A __fini_array_start
         w __gmon_start__
08049490 A __init_array_end
08049490 A __init_array_start
080483ec T __libc_csu_fini
08048398 T __libc_csu_init
         U __libc_start_main@@GLIBC_2.0
08049490 A __preinit_array_end
08049490 A __preinit_array_start
08049590 A _edata
08049594 A _end
08048454 T _fini
08048470 R _fp_hw
08048278 T _init
080482c0 T _start
080482e4 t call_gmon_start
08049590 b completed.1
08049584 W data_start
0804833c t frame_dummy
08048380 T main
0804958c d p.0
         U printf@@GLIBC_2.0
08048368 T test
```

根据如上地址进行转换和查找：

```
[armlinux@ lqm test]$ addr2line -e ./test 0x8048368
/home/armlinux/test/main.c:15
[armlinux@ lqm test]$ addr2line -e ./test 0x8048380
/home/armlinux/test/main.c:19
```

当然，上述例子中并没有体现出 addr2line 在调试阶段的作用。当程序规模很大，出现异常时，就可以根据出现异常时 PC 值中存储的地址来找到出现问题的文件和函数，从而节省大量的调试时间。

2．readelf

从命令的名字也可以看出，该命令是用来显示 ELF 文件信息的。这个在后面查找可执行程序依赖的共享库时要经常用到。基本用法为：

```
NAME
        readelf - Displays information about ELF files.
SYNOPSIS
        readelf -d elffile
```

用 addr2line 中的例子来说明 readelf 的用途：

```
[armlinux@ lqm test]$ file ./test
./test: ELF 32- bit LSB executable, Intel 80386, version 1 (SYSV), for GNU/Linux 2.2.
5, dynamically linked (uses shared libs), not stripped
[armlinux@ lqm test]$ readelf - d ./test

Dynamic section at offset 0x4a4 contains 20 entries:
  Tag        Type                         Name/Value
 0x00000001 (NEEDED)                     Shared library: [libc.so.6]
 0x0000000c (INIT)                       0x8048278
 0x0000000d (FINI)                       0x8048454
 0x00000004 (HASH)                       0x8048148
 0x00000005 (STRTAB)                     0x80481d4
 0x00000006 (SYMTAB)                     0x8048174
 0x0000000a (STRSZ)                      96 (bytes)
 0x0000000b (SYMENT)                     16 (bytes)
 0x00000015 (DEBUG)                      0x0
 0x00000003 (PLTGOT)                     0x8049570
 0x00000002 (PLTRELSZ)                   16 (bytes)
 0x00000014 (PLTREL)                     REL
 0x00000017 (JMPREL)                     0x8048268
 0x00000011 (REL)                        0x8048260
 0x00000012 (RELSZ)                      8 (bytes)
 0x00000013 (RELENT)                     8 (bytes)
 0x6ffffffe (VERNEED)                    0x8048240
 0x6fffffff (VERNEEDNUM)                 1
 0x6ffffff0 (VERSYM)                     0x8048234
 0x00000000 (NULL)                       0x0
```

由此可见，该可执行程序仅仅依赖于标准 C 库。嵌入式系统移植时，就可以针对目标板设计的应用程序来选择相应的动态库。

3．strip

嵌入式系统对时间和空间效率要求都很高，必要时会采用"以时间换空间"或者"以空间换时间"的策略。在调试阶段，编译程序时都会加入-g 选项，即在编译阶段增加调试信息。这样会有利于调试定位问题，但是无疑增加了可执行程序的映像大小。如果空间比较小，那么就需要减小映像尺寸，strip 是一个很有用的工具。

```
NAME
     strip -Discard symbols from object files.
SYNOPSIS
     strip objfile
```

同样以 addr2line 中实例介绍：

```
[armlinux@ lqm test]$ ls -l ./test
-rwxrwxr-x   1 armlinux armlinux 7251 Jan   6 09:36 ./test
```

```
[armlinux@ lqm test]$ file ./test
./test: ELF 32-bit LSB executable, Intel 80386, version 1 (SYSV), for GNU/Linux 2.2.5,
dynamically linked (uses shared libs), not stripped
[armlinux@ lqm test]$ strip ./test
[armlinux@ lqm test]$ ls -l ./test
-rwxrwxr-x  1 armlinux armlinux 2936 Jan  6 09:48 ./test
[armlinux@ lqm test]$ file ./test
./test: ELF 32-bit LSB executable, Intel 80386, version 1 (SYSV), for GNU/Linux 2.2.5,
dynamically linked (uses shared libs), stripped
```

可以看出，test 的尺寸由 7 251 字节减少到了 2 936 字节。如果程序映像比较大，那么这个降低幅度会更大。但是要注意，因为 strip 把调试信息都剥离了，包括前面的 nm 和 addr2line，就无法正常使用了。

```
[armlinux@ lqm test]$ nm ./test
nm: ./test: no symbols
[armlinux@ lqm test]$ ! addr2line
addr2line -e ./test 0x8048380
??:0
```

所以，在使用 strip 之前，要将调试版做好备份，只将 release 版本 strip，以节省空间。

4．objcopy

objcopy 用于将一个目标文件的部分或全部内容复制到另一个目标文件，从而实现格式的转换。它使用 GNU BFD 库区读/写目标文件，可以使用不同于源目标文件的格式来写目标文件，比如在嵌入式系统中，常常使用 objcopy 来将文件转换成 S-record 或者 raw binary 格式。它的基本用法如下：

```
NAME
        objcopy -copy and translate object files
SYNOPSIS
        objcopy -O bfdname -j sectionname inputfile outputfile
```

其中，-O 选项表示输出文件的 bfdname，如果要生成 S-record 格式，则 bfdname 为 srec；如果要生成 raw binary 格式，则 bfdname 为 binary。使用 objcopy 产生一个 raw binary 格式的二进制文件，实质上是进行输入目标文件内容的内存转储，所有的符号和重定位信息都被丢弃。

下面就是后续在制作 boot loader 时要采用操作的一个片段，这里就利用 objcopy 来将 loader 转换为 raw binary 格式。

```
/usr/local/arm/2.95.3/bin/arm-linux-objcopy -O binary -j .text loader loader.text
/usr/local/arm/2.95.3/bin/arm-linux-objcopy -O binary -j .data loader loader.data
```

5．objdump

objdump 和 objcopy 一样，也是建立在 GNU BFD 库的基础上，主要用于辅助查看可执行文件的内容。在嵌入式系统中，经常用到的选项是-d，表示反汇编可执行程序。例如：

```
Disassembly of section .init:
08048278 < .init> :
 8048278:        55                      push    % ebp
 8048279:        89 e5                   mov     % esp,% ebp
 804827b:        83 ec 08                sub     $ 0x8,% esp
 804827e:        e8 61 00 00 00          call    80482e4 < printf@ plt+ 0x34>
 8048283:        e8 b4 00 00 00          call    804833c < printf@ plt+ 0x8c>
 8048288:        e8 a3 01 00 00          call    8048430 < printf@ plt+ 0x180>
 804828d:        c9                      leave
 804828e:        c3                      ret
```

2.6.3 diff 和 patch 的使用

移植的时候如果想看到一个工程的改动处，那么看 patch 文件是最方便的。而 patch 文件是由 diff 工具来制作的。

1. diff

```
NAME
        diff -find differences between two files
SYNOPSIS
        diff [options] from- file to- file
```

简单地说，diff 的功能就是用来比较两个文件的不同，然后记录下来，也就是所谓的 diff 补丁。

语法格式：diff [选项] 源文件(夹) 目的文件(夹)

就是要给源文件(夹)打个补丁，使之变成目的文件(夹)，也就是"升级"。下面介绍 3 个最为常用选项：

-r   是一个递归选项，设置了这个选项，diff 会将两个不同版本源代码目录中的所有对应文件全部都进行一次比较，包括子目录文件。
-N   确保补丁文件正确地处理已经创建或删除文件的情况。
-u   以统一格式创建补丁文件，这种格式比默认格式更紧凑些。

2. patch

```
NAME
        patch -apply a diff file to an original
SYNOPSIS
        patch [options] [originalfile [patchfile]]
        but usually just
        patch -pnum < patchfile
```

简单地说，patch 就是利用 diff 制作的补丁来实现源文件(夹)和目的文件(夹)的转换。这

就意味着读者可以有源文件(夹)→目的文件(夹),也可以目的文件(夹)→源文件(夹)。下面介绍几个最常用选项:

-p0 要从当前目录查找目的文件(夹);

-p1 要忽略掉第一层目录,从当前目录开始查找;

提示

在这里以实例说明:

```
--- old/modules/pcitable    Mon Sep 27 11:03:56 1999
+++ new/modules/pcitable    Tue Dec 19 20:05:41 2000
```

如果使用参数-p0,则表示从当前目录找一个叫 old 的文件夹,在它下面寻找 modules 下的 pcitable 文件来执行 patch 操作。

如果使用参数-p1,则表示忽略第一层目录(即不管 old),从当前目录寻找 modules 的文件夹,在它下面找 pcitable。这样做的前提是当前目录必须为 modules 所在的目录。而 diff 补丁文件则可以在任意位置,只要指明了 diff 补丁文件的路径就可以了。

-E 说明如果发现了空文件,则删除它;

-R 说明在补丁文件中的"新"文件和"旧"文件现在要调换过来了(实际上就是给新版本打补丁,让它变成老版本)。

3. 实例讲解

下面结合具体实例来分析和解决,分为两种类型:为单个文件打补丁和为文件夹内的多个文件打补丁。

环境:在 RedHat 9.0 下以 armlinux 用户登陆。在 program 文件夹下面建立 patch 文件夹用于实验,然后进入 patch 文件夹。

1. 为单个文件进行补丁操作

```
// 建立测试文件 test0、test1
[armlinux@ lqm armlinux]$ mkdir -p program/patch
[armlinux@ lqm armlinux]$ cd program/patch/
[armlinux@ lqm patch]$ cat >> test0<< EOF
> 111111
> 111111
> 111111
> EOF
[armlinux@ lqm patch]$ more test0
111111
111111
```

```
111111
[armlinux@ lqm patch]$ cat >> test1 << EOF
> 222222
> 111111
> 222222
> 111111
> EOF
[armlinux@ lqm patch]$ more test1
222222
111111
222222
111111
```

// 使用 **diff** 创建补丁 **test1.patch**

```
[armlinux@ lqm patch]$ diff -uN test0 test1 > test1.patch
[armlinux@ lqm patch]$ ls
test0   test1   test1.patch
[armlinux@ lqm patch]$ more test1.patch
--- test0      2006-08-18 09:12:01.000000000 +0800
+++ test1      2006-08-18 09:13:09.000000000 +0800
@@ -1,3 +1,4 @@
+222222
 111111
-111111
+222222
 111111
[armlinux@ lqm patch]$ patch -p0 < test1.patch
patching file test0
[armlinux@ lqm patch]$ ls
test0   test1   test1.patch
[armlinux@ lqm patch]$ cat test0
222222
111111
222222
111111
```

//可以去除补丁,恢复旧版本

```
[armlinux@ lqm patch]$ patch -RE -p0 < test1.patch
patching file test0
[armlinux@ lqm patch]$ ls
test0   test1   test1.patch
[armlinux@ lqm patch]$ cat test0
111111
111111
111111
```

提示

patch 文件的结构

1）补丁头

补丁头是分别由---/+++开头的两行，用来表示要打补丁的文件。---开头表示旧文件，+++开头表示新文件。

2）一个补丁文件中的多个补丁

一个补丁文件中可能包含以---/+++开头的很多节，每一节用来打一个补丁。所以在一个补丁文件中可以包含好多个补丁。

3）块

块是补丁中要修改的地方。它通常由一部分不用修改的东西开始和结束。它们只用来表示要修改的位置。通常以@@开始，结束于另一个块的开始或者一个新的补丁头。

4）块的缩进

块会缩进一列，而这一列用来表示这一行是要增加还是要删除。

5）块的第一列

＋号表示这一行是要加上的。－号表示这一行是要删除的。没有加号也没有减号表示这里只是引用的而不需要修改。

diff 命令会在补丁文件中记录这两个文件的首次创建时间。

2. 为多个文件进行补丁操作

```
//创建测试文件夹
[armlinux@ lqm patch]$ mkdir prj0
[armlinux@ lqm patch]$ cp test0 prj0
[armlinux@ lqm patch]$ ls
prj0  test0  test1  test1.patch
[armlinux@ lqm patch]$ cd prj0/
[armlinux@ lqm prj0]$ ls
test0
[armlinux@ lqm prj0]$ cat > > prj0name< < EOF
> --------
> prj0/prj0name
> --------
> EOF
[armlinux@ lqm prj0]$ ls
prj0name  test0
[armlinux@ lqm prj0]$ cat prj0name
--------
prj0/prj0name
--------
```

```
[armlinux@ lqm prj0]$ cd ..
[armlinux@ lqm patch]$ mkdir prj1
[armlinux@ lqm patch]$ cp test1 prj1
[armlinux@ lqm patch]$ cd prj1
[armlinux@ lqm prj1]$ cat >> prj1name <<EOF
> ---------
> prj1/prj1name
> ---------
> EOF
[armlinux@ lqm prj1]$ cat prj1name
---------
prj1/prj1name
---------
[armlinux@ lqm prj1]$ cd ..
```

// 创建补丁

```
[armlinux@ lqm patch]$ diff -uNr prj0 prj1 > prj1.patch
[armlinux@ lqm patch]$ more prj1.patch
diff -uNr prj0/prj0name prj1/prj0name
--- prj0/prj0name        2006-08-18 09:25:11.000000000 +0800
+++ prj1/prj0name        1970-01-01 08:00:00.000000000 +0800
@@ -1,3 +0,0 @@
----------
-prj0/prj0name
----------
diff -uNr prj0/prj1name prj1/prj1name
--- prj0/prj1name        1970-01-01 08:00:00.000000000 +0800
+++ prj1/prj1name        2006-08-18 09:26:36.000000000 +0800
@@ -0,0 +1,3 @@
+---------
+prj1/prj1name
+---------
diff -uNr prj0/test0 prj1/test0
--- prj0/test0   2006-08-18 09:23:53.000000000 +0800
+++ prj1/test0   1970-01-01 08:00:00.000000000 +0800
@@ -1,3 +0,0 @@
-111111
-111111
-111111
diff -uNr prj0/test1 prj1/test1
--- prj0/test1   1970-01-01 08:00:00.000000000 +0800
+++ prj1/test1   2006-08-18 09:26:00.000000000 +0800
@@ -0,0 +1,4 @@
+222222
+111111
+222222
+111111
[armlinux@ lqm patch]$ ls
prj0   prj1   prj1.patch   test0   test1   test1.patch
```

```
[armlinux@ lqm patch]$ cp prj1.patch ./prj0
```
// 打补丁
```
[armlinux@ lqm patch]$ cd prj0
[armlinux@ lqm prj0]$ patch -p1 < prj1.patch
patching file prj0name
patching file prj1name
patching file test0
patching file test1
[armlinux@ lqm prj0]$ ls
prj1name   prj1.patch   test1
```
// 去除补丁,恢复旧版本
```
[armlinux@ lqm prj0]$ patch -R -p1 < prj1.patch
patching file prj0name
patching file prj1name
patching file test0
patching file test1
[armlinux@ lqm prj0]$ ls
prj0name   prj1.patch   test0
```

总 结

1) 单个文件

diff -uN from-file to-file ＞to-file.patch

patch -p0 ＜ to-file.patch

patch -RE -p0 ＜ to-file.patch

2) 多个文件

diff -uNr from-docu to-docu ＞to-docu.patch

patch -p1 ＜ to-docu.patch

patch -R -p1 ＜to-docu.patch

本章总结

本章主要介绍了 Linux 的基础知识,包括 Linux 的概念、在 VMware 上安装 Red Hat Linux 9 并对其进行了初步设置、几个常用的 shell 脚本、编译流程和相关开发工具的使用。

笔者在每个环节都推荐了优秀的参考书籍,建议读者按部就班,打好基础,形成系统。"工欲善其事,必先利其器",有了基础,才能走得更远。

第 3 章

走马观花

本章目标
- 了解 ARM、AT91RM9200 基础知识；
- 了解 K9I AT91RM9200 开发板；
- 能够利用开发板提供的映像，完成系统上电到应用程序运行的操作；
- 熟悉 AT91RM9200 最小系统的组成；
- 了解 AT91RM9200 的时钟系统，能够进行相关配置；
- 了解现代调试原理，掌握 JTAG 调试接口。

学习嵌入式系统最好的方法就是动手实践，而嵌入式系统有它自己独特的地方，必须承载于特殊的硬件平台之上。在这个基础上，我们才能搭建出适用于不同领域的产品。硬件平台，有时候也称之为开发板，可以通过几种途径获取：

① 购买开发板厂商的产品，然后进行二次开发；
② 购买网友制作的开发板；
③ 自己制作开发板。

方法①适用于商业用途，减小上市时间，快速推出自己的产品。底层出现的问题可以交给开发板厂商来解决，从而大大降低成本。缺点是购买的成本较高，对个人学习并非一个最好的选择。方法③适用于学习，最适合提升个人水平，但是对于 AT91RM9200、S3C2410 等，一般要用到 4 层或者 6 层 PCB 以上；如果没有量，那么制作成本也是非常高的。方法②是两者之间的一种折衷，既能降低学习的开销，又能学到更多的知识，还参与到一种技术开发的氛围中，本章及后续的内容就是基于方法②而选择的一款 K9I AT91RM9200 开发板。

3.1 本书基于的硬件平台

K9I 开发板是 K9 的升级版，它把核心功能排布在核心板，采用 4 层 PCB 设计，能够最大程度地确保核心的稳定。同时，也预留出丰富、方便的接口，读者可以按照自己的需求设计扩展板。K9I 提供了丰富的文档并开辟了论坛，给用户一个技术交流的空间，非常适合初学者的学习。

因为K9I的硬件核心是AT91RM9200,而AT91RM9200从属于ARM体系结构,所以在介绍硬件平台之前,先介绍一下有关的常识。

3.1.1 ARM概述

ARM从英文字面上来看,是胳膊。不过在嵌入式系统里,它有更多的含义,可以从以下几个方面去认识。

① ARM是Advanced RISC Machines的缩写,原本是1990年在英国剑桥成立的一家公司的名字。因为它所生产的RISC(Reduced Instruction Set Computer,精简指令集计算机)处理器具有低功耗、低成本和高性能的特点,在嵌入式系统应用领域处于领先地位,又加上它"无工厂"模式,不生产也不销售芯片,只是授权IP核的使用,使其扩展到世界范围。慢慢地,ARM也演变成一类微处理器的统称。世界各大半导体生产商从ARM公司处购买其设计的ARM微处理器核,根据各自不同的应用领域加入适当的外围电路,从而形成面向特定应用和市场的专用芯片,比如ATMEL公司的AT91RM9200、三星公司的S3C2410都是ARM的处理器核心。

② ARM是一种RISC微控制器/微处理器的架构,同MIPS、PowerPC、X86等并列。谈到架构,这本身就是一个很复杂的概念。就现在的理解来看,架构是一种系统设计蓝图,规划了方方面面的技术规范。应该说,架构是理论,那么采用同样的架构,实现的形式可以不相同。这也就是为什么同一架构会有那么多衍生的处理器实现。

事实上,学习的时候也不必苛求这个概念的准确定义。在不同的应用环境下,能够理解其代表的含义就可以了。

这里,有一个概念是必须要清晰的。ARM是32位MCU。这个32位是指什么? 在计算机中,位宽是CPU一次处理数据的带宽,即ALU和通用寄存器的位宽。对32位CPU来说,ALU和通用寄存器都是32位;而对于64位来说,它们是64位。这里的"处理数据",包括地址数据。如果一次可以处理32位的地址数据,那么其寻址空间为2^{32}=4G。但有时候看到的32位ARM对应的MCU的地址线却少于32条,以AT91RM9200为例,采用分层思想描述。

① AT91RM9200可以看作一个SoC,其CPU为ARM9TDMI。而ARM9TDMI提供给外围的地址为32条,也就是4G的地址空间。这是没有问题的,32位的含义在上文也明确了,所以看32位是看CPU的位宽。

② 为了对4G的地址空间进行管理,引入MMU单元,即ARM9TDMI+MMU/Cache=ARM920T。对ARM9TDMI而言,它看到的只有32位的物理地址数据。如果开启了MMU,则可以转换为虚拟地址数据。其实可以拿数学中的函数来理解。外部地址A可以经过函数f1的变换转变为地址B送到CPU中,即f1(A)→B。那么另外的函数f2(C)→B对于ARM9TDMI而言,都是B地址数据,但是实际访问的却是地址A和C。其中,A和C是程序员看到的,B是CPU看到的。那么同理,可以利用逆函数来解析。CPU通过地址B可以访问到不同的内存空间,关键就在这个函数映射关系。当然,这个函数映射关系可以通过硬件实现,也可以通过软件+硬件配合实现。

第二个层次的MMU变换完成了PA到VA的转换,这里VA还应该是32位,也就是说,ARM920T引出的地址线应该为32条。需要注意的是,ARM采用了AMBA总线互连,ARM920T引出的地址总线就是ASB了。那么ASB此时的宽度仍然为32位。

③ 第三个层次,通过memory controller来再次管理地址数据,也就是map的含义。map得名原理与函数映射类似。对AT91RM9200来说,这个内存控制器把4G的内存空间分为16个256M的地址空间,在此基础上,还进行了二级地址管理,也就是二级映射。更为重要的是,通过内存控制器把glue logic都给解决了。对外部硬件工程师应用而言,这个MCU就是没有glue logic的了,使用起来就方便多了。

内存管理器对地址分为两类,一类是只能内部寻址,外部是不可见的;一类是开发给外部用户使用。自然,MCU外部引出的地址线也就少于32条了。视不同的应用设计,开放的地址线是不同的,比如AT91RM9200开放了26条地址线。当然,为了4字节地址对齐,A0和A1可以另作他用。

通过这3个层次,对为什么32位MCU的地址线少于32条就比较清晰了。只是一个概念的重叠罢了,32位是对CPU而言的,而不是对MCU而言的。明确了CPU和MCU的区别,自然也就清楚了。另外,以函数映射的思想来分析map和remap机制,也就变得很容易了。至于为什么出现map和remap,则有历史发展的原因,出于提高性能和外部内存系统不一致性的考虑了。

3.1.2　ARM命名规则

ARM的命名规则分成两类:一类是基于ARM Architecture的版本命名规则;另一类是基于ARM Architecture版本的处理器系列命名规则。例如,S3C2410是三星公司推出的一款ARM920T处理器系列的SoC,而ARM920T采用的架构则是ARMv4T,内核为ARM9TDMI。

1. ARM Architecture的版本命名规则

命名规则如图3.1所示。

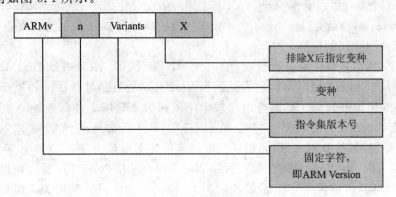

图3.1　ARM Architecture版本命名规则

ARM 架构版本发布了 7 个系列,所以 n=[1:7]。其中,最新的版本是第 7 版。常见的变种有:

T——Thumb 指令集　　M——长乘法指令　　E——增强型 DSP 指令
J——Java 加速器 Jazelle　　SIMD——ARM 媒体功能扩展

例如,ARMv5TxM 表示 ARM 指令集版本为 5,支持 T 变种,不支持 M 变种。

2. ARM 处理器系统的命名规则

规则可以表示为:ARM{x}{y}{z}{T}{D}{M}{I}{E}{J}{F}{-S},其中:

x——处理器系列　　　　　y——存储管理/保护单元　　　z——cache
T——支持 Thumb 指令集　D——支持片上调试　　　　　M——支持快速乘法器
I——支持 Embedded ICE,支持嵌入式跟踪调试　　　　E——支持增强型 DSP 指令
J——支持 Jazelle　　　　F——具备向量浮点单元 VFP　 -S——可综合版本

理解 ARM 的命名规则,对选择和了解不同的微处理器/微控制器系统有很大的帮助。

3.1.3　AT91RM9200 简介

AT91RM9200 是一款 SoC,是 ATMEL 公司推出的基于 ARMv4 架构(920TDMI)的小端(little edian)工业级处理器,温度使用范围为 -40～-85℃。从封装形式上来讲,分为 BGA 256 和 PQFP 208 两种。从环保角度来讲,分为 Standard、Green 及 RoHS-compliant 这 3 种类型。从能耗的角度来讲,AT91RM9200 是一款低功耗处理器,分为 3.3 V(I/O 电压)和 1.8 V(核心电压)两种电源供电,在正常(NORMAL)模式下,电流为 24.4 mA,功率为 43.92 mW(核心功耗);在 standalone 模式下,电流为 520 μA,功耗不到 1 mW。从运行速度来讲,200MIPS@180MHz。从扩展角度来讲,可扩展能力强,集成了 MMU、4 个串口(UART)、USB2.0 FULL SPEED HOST PORT、USB2.0 FULL SPEED DEVICE PORT、SD 卡接口、MMC 卡接口、SPI、I^2C(TWI)、IDE(自己可搭建)、I2S、Ethernet MAC 10/100 Base-T、122 个 GPIO(支持 I/O 口中断方式)。

下面从 ATMEL 公司策略的方面来理解 AT91RM9200。ATMEL 公司的 Microcontrollers 系列产品路线有几个原则。一个是跳过 16 位直接发展到 32 位;另一个是在 32 位领域内采取 AVR32 并重和 ARM 架构并重,应用的领域不同。也就是要借助 ARM 的市场来发展自己的产品,同时不放弃自主架构产品的拓展。可以推理采用 ARM 架构,那么 ATMEL 实际上在整个食物链的第二个环节,而采用 AVR32 架构,它就是食物链的顶端。两者结合则是一个非常好的商业策略,而且 ATMEL 专注工业级产品,技术过硬,自然非常成功了。其系列产品如表 3.1 所列。

表 3.1　ATMEL 公司 Microcontrollers 系列产品

类　型	含　义
AVR 8-bit RISC	8 位精简指令集微控制器 AT90/Mega/Tiny 系列(内含 flash 1 KB～128 KB)

第 3 章 走马观花

续表 3.1

类 型	含 义
AT91 ARM Thumb	ARM 核微控制器 AT91 系列
8051 Architecture	8 位 8051 核微控制器 AT80 系列 AT83 系列(ROM) AT87 系列(OTP) AT89 系列(Flash)
CAN Networking	CAN 网络微控制器
USB Controllers	USB 微控制器 AT43/AT89C513 系列
FPSLIC(AVR with FPGA)	AVR+FPGA AT94 系列 ATFS 系列(用来存储 FPGA 资料)

AT91RM9200 是 AT91SAM 家族的成员。从如图 3.2 所示的 AT91 SAM 产品线简介和图 3.3 所示的 AT91 SAM ARM9 MCU Roadmap 可以看出，AT91RM9200 还是位于 ARM9 系列的低端。根据这个发展路线，如果在产品中需要更高的硬件性能，那么就可以采用同一系列的高端产品。因为其兼容性，所以在软件代码的移植上会减小很多工作量。

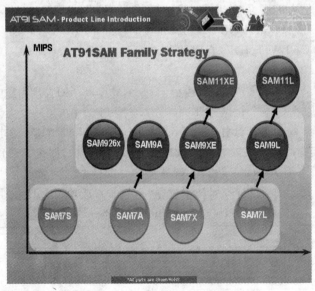

图 3.2　AT91SAM 产品线简介

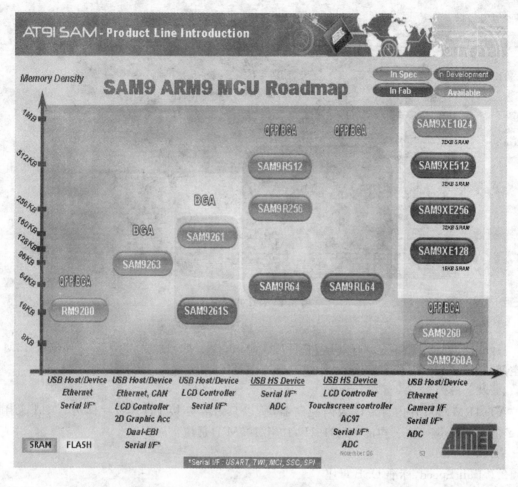

图 3.3 AT91SAM ARM9 MCU Roadmap

3.1.4 K9I 开发板概述

K9I 开发板如图 3.4 所示。

K9I 核心板的功能如下：

1) CPU

采用 ATMEL 公司的 AT91RM9200，PQFP208 封装。如果布线合理，则二层板就能比较稳定。不过 K9I 采用了 4 层板作为核心板，稳定性更好，方便外接扩展板。

2) Flash

Nor Flash 采用 Intel 公司的 28F640J3A，位宽为 16 位，容量为 8 MB，可扩展。

第3章 走马观花

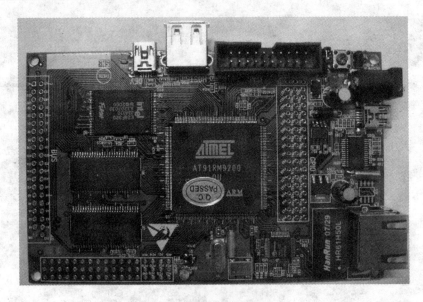

图 3.4 K9I 开发板

3) SDRAM

Hynix 公司的 HY57V281620HCT-H×2(4banks×1M×16 位＝8 MB,2 片组成 16M 数存空间)。

4) 以太网

AT91RM9200 片内自带以太网控制器,所以只需要外接 PHY 芯片即可。K9I 采用的 PHY 芯片为 Davicom 公司的 DM9161E,10M/100M 自适应。

5) USB Host

2.0 Full Speed,标准 USB 母座。

6) USB Device

2.0 Full Speed,mini USB 座。

7) JTAG

标准 20PIN 插座。

8) Debug Com

调试下载 COM 口,采用板载 USB 转串口的设计方法,这是比较有特色的一个地方。因为现在笔记本大多没有串口,如果没有板载转换接口,就需要额外购买一个 USB/COM 转换接口板了。所以,从设计的角度来说,这点还是不错的。

9) Power

可以采用 USB 供电或外接 DC 5 V @ 1 A 供电。这个也是比较方便的,可以不用额外的电源,在使用 Debug Com 口进行调试的同时,也完成了供电。

从系统的角度来看，K9I AT 91RM9200 开发板很大程度上都模仿了 AT 91RM9200DK 的设计。国内很多厂商的 AT 91RM9200 开发板在芯片选型和硬件设计上大多模仿 AT 91RM9200DK，优点是降低了学习的门槛，有很多官方的资料可以直接使用，在相关软件移植上，耗费的精力也不多。但是对学习而言，这会导致依赖性和惰性出现，如果思考不多，对问题就会研究得不深入，掌握的知识也不会太扎实。综合考虑，对初学者而言，更重要的是建立系统的框图，形成自己的知识体系树，所以采用 K9I 可以在很大程度上避免细节的纠缠，更快地达成目标。

下面采用分层的思想，将嵌入式系统的组成在 K9I 上演示出来。读者能够形成如图 1.1 所示的嵌入式系统 3 个基本层面的框图认识，对具体的细节性的概念不必过于深入，后面的章节会对每个基本层面进行详细的介绍。

3.2 让系统先跑起来

3.2.1 准备工作

1. 开发环境的搭建

嵌入式系统开发环境一般由宿主机(Linux Server)、工作站、目标板(Target Board)和将它们连在一起的网络环境组成，其团队开发的拓扑结构如图 3.5 所示。

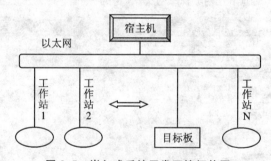

图 3.5 嵌入式系统开发环境拓扑图

(1) 宿主机

宿主机，即 Host，是嵌入式 Linux 内核编译、应用程序编译的公共平台，由一台独立的 Linux 服务器承担。Host 一般应该开通 FTP 和 Telnet/SSH 服务，以方便地为用户提供相应的服务。

(2) 工作站

工作站即普通计算机，用以支持小组项目开发。工作站可以选择安装 Windows，也可以安装 Linux。工作站需要安装 FTP 客户端(比如 cuteftp、flashfxp)和 Telnet/SSH2 客户端程序(secureCRT 等)。

(3) 目标板

目标板是需要开发的最终产品，可以根据需要与工作站连接(通常通过串口或者 USB 接

第3章 走马观花

口),或连至局域网。

在小型项目中,可以将上述模型简化。当前的模型为:

工作站:Windows XP。

宿主机:Red Hat Linux。为了节省资源,可以与工作站共用一台主机,在 Windows XP 的平台上,通过 VMware 搭建好 Red Hat Linux。宿主机与工作站之间通过 SSH 连接登录。

目标板:K9I AT91RM9200 开发板。

关于宿主机的搭建,在第 2 章已经详细介绍过,这里不再详述。因为嵌入式系统的开发与常见的 PC 开发并不相同,所以理解上述开发环境拓扑、知道开发者所处的位置还是很有必要的。为了方便后面的开发,这里介绍一下常用的软件和需要注意的地方。

2. USB/COM 转换芯片驱动的安装

对 K9I 而言,因为采用了 USB/COM 转换芯片,所以需要在 Host OS 上安装 PL2303 驱动_WIN。驱动程序在 K9I 提供的光盘中,安装比较简单。

安装完成后,用 USB 连接,则会在设备管理器的端口下增加一个虚拟串口,如图 3.6 所示。如果使用的是笔记本,上面有多个 USB 口,那么就需要注意了。该设备驱动支持热插拔,在 USB 连接后,增加的虚拟串口与实际的 USB 口之间会有映射关系,分配得到的虚拟串口号会因为 USB 口的不同而有所不同,所以一定要注意对应关系。如果想要简单些,那就固定使用同一个 USB 物理口,其对应的虚拟串口号是不变的。

图 3.6 设备管理器的端口显示

这一步工作完成后,Debug 口就可以使用了,它是后续所有工作的一个基础。当然,对其他开发板而言,第一步的工作也是让 Debug 口正常工作。这就需要考虑到不同开发板会有不同的设计了。

3. 串口调试软件的安装

不管是物理串口,还是虚拟串口,对应用层的串口调试软件而言,都一视同仁。

Windows 环境提供了超级终端("开始→所有程序→附件→通信→超级终端"),使用比较方便。其他的软件还有 secureCRT,操作简单,很容易上手。

在 Linux 环境下,串口调试软件有 minicom、kermit 等。因为后续的开发中会用到 Xmodem 和 Kermit 协议来烧写映像,比如 U-boot 就使用 Kermit 来下载文件,而 minicom 对 Kermit 和 Xmodem 的支持存在问题,而且使用起来并不是太方便,所以 U-boot 官方手册建议使用 Kermit 而不是 minicom。

Kermit 实际为 C-kermit,特点为:
- 集成了网络通信和串口通信;
- 能够支持 kermit 文件传输协议;
- 自定义了一种脚本语言,可以实现自动化工作;
- 支持多种软硬件平台;
- 有安全认证、加密功能;
- 内建 FTP、HTTP 客户端功能;
- 支持字符集转换。

下面简单介绍一下 Kermit 的安装和使用。

(1) 下 载

下载地址为 http://www.columbia.edu/kermit/ck80.html,这里可以有多种格式的安装包供选择。比如可以选择源代码安装方式,下载 cku211.tar.gz。

(2) 安 装

首先建立编译文件夹,然后解压缩即可。

```
[root@ lqm ~ ]# mkdir kermit
[root@ lqm ~ ]# cd kermit/
[root@ lqm kermit]# cp /mnt/hgfs/common/cku211.tar.gz .
[root@ lqm kermit]# tar xvzf cku211.tar.gz
```

其次,要编译。

```
[root@ lqm kermit]# make
make what?   You must tell which platform to make C- Kermit for.
Examples: make linux, make hpux1100, make aix43, make solaris8.
Please read the comments at the beginning of the makefile.
```

通过帮助信息可以得知,要指定目标系统。

```
[root@ lqm kermit]# make linux
make[1]: Entering directory `/root/kermit´
Making C- Kermit "8.0.211" for Linux 1.2 or later...
```

第 3 章 走马观花

```
IMPORTANT: Read the comments in the linux section of the
makefile if you have trouble.
....
```

但是编译时出现问题：

```
In file included from ckutio.c:795:
/usr/include/fcntl.h:72: error: conflicting types for 'open'
/usr/include/fcntl.h:72: note: a parameter list with an ellipsis can't match an empty
parameter name list declaration
/usr/include/baudboy.h:47: error: previous implicit declaration of 'open' was here
make[2]: * * * [ckutio.o] Error 1
make[2]: Leaving directory `/root/kermit'
make[1]: * * * [linuxa] Error 2
make[1]: Leaving directory `/root/kermit'
make: * * * [linux] Error 2
```

从提示的错误信息上看，是类型冲突问题。如果对 Linux 下的类型头文件非常熟悉，则可以直接修改该文件。也可以从网上查找是否有类似的问题。很容易查找到这属于一类 Linux 下头文件冲突的问题，而对应的：

```
# include < fcntl.h>
# include < sys/types.h>
# include < sys/stat.h>
```

应更改为：

```
# include < linux/fcntl.h>
# include < linux/types.h>
# include < linux/stat.h>
```

这时可以利用 source Insight 建立一个 kermit 工程，然后读一下代码。相应的修改为：

```
[root@ lqm ~ ]# diff -urN orig/ kermit/ > kermit.patch
[root@ lqm ~ ]# cat kermit.patch
diff -urN orig/ckutio.c kermit/ckutio.c
--- orig/ckutio.c        2004-04-18 02:44:04.000000000 + 0800
+++ kermit/ckutio.c      2010-01-15 11:22:27.000000000 + 0800
@ @ -209,7 + 209,7 @ @
 # define SVORPOSIX
 # define DCLTIMEVAL
 # define NOFILEH
- # include < sys/types.h>
+ # include < linux/types.h>
 # include < sys/ioctl.h>
 # include < termios.h>
 # include < limits.h>
@ @ - 298,7 + 298,7 @ @
 # ifdef CIE
 # include < stat.h>                       /* For chasing symlinks, etc. * /
```

```
 # else
- # include < sys/stat.h>
+ # include < linux/stat.h>
 # endif /* CIE */

 /* UUCP lockfile material... */
@ @ - 792,7 + 792,7 @ @
 # ifndef FT21
 # ifndef FT18
 # ifndef COHERENT
- # include < fcntl.h>
+ # include < linux/fcntl.h>
 # endif /* COHERENT */
 # endif /* FT18 */
 # endif /* FT21 */
@ @ - 801,7 + 801,7 @ @
 # ifdef COHERENT
 # ifdef _I386
- # include < fcntl.h>
+ # include < linux/fcntl.h>
 # else
 # include < sys/fcntl.h>
 # endif /* _I386 */
```

安装与启动：

```
[root@ lqm kermit]# make install
[root@ lqm kermit]# kermit
C-Kermit 8.0.211, 10 Apr 2004, for Linux
 Copyright (C) 1985, 2004,
  Trustees of Columbia University in the City of New York.
Type ? or HELP for help.
(/root/kermit/) C-Kermit>
```

(3) 配 置

Kermit 在启动时会查找~/.kermrc 文件，调用该脚本命令来初始化 kermit，所以可以把初始化命令写入该文件，实现自动化配置。其中，一个配置实例为：

```
set line /dev/ttyS0
set speed 115200
set carrier-watch off
set handshake none
set flow-control none
robust
set file type bin
set file name lit
set rec pack 1000
set send pack 1000
set window 5
c
```

第3章 走马观花

这时,启动kermit,则自动进入串口界面,如下:

```
[root@ lqm ~ ]# kermit
Connecting to /dev/ttyS0, speed 115200
 Escape character: Ctrl- \ (ASCII 28, FS): enabled
Type the escape character followed by C to get back,
or followed by ? to see other options.
----------------------------------------------------------------
```

当然,也可以手动指定要采用的初始化脚本,格式为:

```
kermit -y file.kermrc
```

(4) 使 用

首先要掌握 kermit 控制界面与串口界面的切换。如果有 kermit 控制界面切换到串口界面,则在 kermit 提示符下输入字符 c(代表 connet)并回车即可。如果由串口界面切换回 kermit 控制界面,则需要首先按下 ctrl+\这对组合键,松开后再按"c"键。

在 kermit 控制界面下,还要掌握相应的命令。如果不清楚命令,可以在命令行下敲入?来显示命令列表。

```
(/root/) C-Kermit> ? Command, one of the following:
 add          delete       hangup       move         remote       suspend
 answer       dial         HELP         msend        remove       switch
 apc          directory    http         msleep       rename       tail
 array        disable      if           open         resend       take
 ask          do           increment    orientation  return       telnet
 askq         echo         input        output       rlogin       trace
 assign       edit         INTRO        pause        rmdir        translate
 associate    enable       kcd          pdial        run          transmit
 back         end          learn        pipe         screen       type
 browse       evaluate     LICENSE      print        script       undeclare
 bye          exit         lineout      pty          send         undefine
 cd           file         log          purge        server       version
 check        finish       login        push         set          void
 chmod        for          logout       pwd          shift        wait
 clear        ftp          lookup       quit         show         where
 close        get          mail         read         space        while
 connect      getc         manual       receive      ssh          who
 copy         getok        minput       redial       statistics   write
 date         goto         mget         redirect     status       xecho
 decrement    grep         mkdir        redo         stop
 define       head         mmove        reget        SUPPORT
or a macro name ("do ?" for a list) or one of the tokens: ! #  ( . ; : < @ ^ {
(/root/) C- Kermit>
```

这里就不对这些命令一一介绍了,有兴趣的读者可以查看其帮助文档深入了解。

就串口调试而言,目前在 Windows 下还是要方便得多。笔者认为使用的方式并不重要,只要你熟悉并且方便就好。后面章节还是以 secureCRT 这款串口调试工具为例来介绍。

3.2.2 下载 Boot Loader

打开 secureCRT，建立 COM5（虚拟串口号与上端口号对应）的一个工程，设置为 115200，8，N，1 模式（这是 AT91RM9200 上电启动，初始化调试口的默认配置），然后连接。拔掉短路片，复位，这时在屏幕上会打印一串"CCCC…"。

单击 secureCRT 菜单中的传输—发送 XMODEM，找到 loader.bin，然后上传：

```
正在开始 xmodem 传输。 按 Ctrl+C 取消
    正在传输 loader.bin...
  100%        6 KB      3 KB/s 00:00:02        0 错误
  100%        6 KB      3 KB/s 00:00:02        0 错误
-I-AT91F_LowLevelInit(): Debug channel initialized
lqm: Bootloader Level 1
Loader 1.0 (Oct  4 2009 - 18:19:18)

XMODEM: Download U-BOOT
```

这里暂且利用笔者制作好的 U-boot.bin 来做演示，启动会有显示：

```
CCCCCCCCCCCCCC

正在开始 xmodem 传输。 按 Ctrl+C 取消。

正在传输 u-boot.bin...

  100%       91 KB      4 KB/s 00:00:20        0 错误
- Boot downloaded successfully
U-Boot 2009.06 (Dec 01 2009 - 18:21:53)

U-Boot code: 20F00000 -> 20F16E24  BSS: -> 20F34010
RAM Configuration:
Bank # 0: 20000000 16 MB
Flash:  8 MB
*** Warning - bad CRC, using default environment

In:    serial
Out:   serial
Err:   serial
U-Boot>
```

这里并不细致地讲解 AT91RM9200 上电启动的详细过程，那是后面章节的任务。现在的目标是能够通过这个操作的过程去理解图 1.1 中描述的嵌入式组成的 3 个层次。只有通过实践得出的结果才是最重要的。

Boot Loader 在此分了两个级别：一级 Boot Loader 和二级 Boot Loader。一级 Boot Loader 为 loader，用于接收并将二级 Boot Loader 存至 SDRAM 中。二级 Boot Loader 为 U-Boot，其生命周期仍然位于 SDRAM 中，如果这时掉电则是不可保存的。想要掉电可保存，那就必须存至 NVM（Non-Volatile Memory，非易失性存储介质）中，比如 nor flash。

3.2.3 内核和文件系统

U-boot 需要下载内核映像到 SDRAM 中,并将控制权交给内核。而下载方式有很多,比如说从 nor flash 复制、tftp 下载、nfs 加载等。简单说,就是在 U-boot 命令提示符下输入相应的命令,而这些命令实现相应的功能。该层次的命令属于最底层驱动程序的实现,与在单片机上开发的无操作系统的驱动方法类似。这里仍然不采用固化到 NVM 的方式,所以可以选择 tftp 下载。

1. 开启 tftp server

选择思科 TFTP 服务器,双击打开,在"查看"→"选项"中设置好 TFTP 服务器的路径,如图 3.7 所示。只需要做这一步设置即可,比较简单。在 TFTP 服务器指定的根目录下,存放要下载的内核映像 uImage 和文件系统映像 ramdisk。

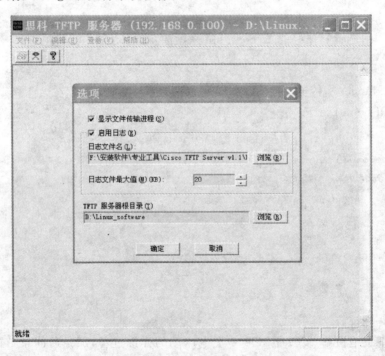

图 3.7　TFTP 服务器的设置

2. U-boot 环境变量的设置

首先,设置 TFTP 相关参数:

```
U-Boot> setenv serverip 192.168.0.108
U-Boot> setenv ipaddr 192.168.0.102
```

U-Boot> setenv ethaddr e2:32:59:87:ae:a4

其次,设置 U-Boot 启动行参数:

// initrd= 0x20a00000,5000000 第一参数为 ramdisk 要下载到 SDRAM 的首基址
//   第二参数为要下载的映像的大小,为十进制表示
// ramdisk_size= 4096   ramdisk 的大小,单位为 KB,所以此处指定 ramdisk 为 4MB
U-Boot> setenv bootargs root= /dev/ram rw initrd= 0x20a00000,5000000 ramdisk_size= 4096 console= ttyS0,115200 mem= 16M init= /bin/sh

// tftp 20800000 uImage   下载内核映像到 0x20800000
// tftp 20a00000 ramdisk   下载 ramdisk 映像到 0x20a00000
// bootm 20800000   从 0x20800000 处开始执行
U-Boot> setenv bootcmd tftp 20800000 uImage\;tftp 20a00000 ramdisk\;bootm 20800000

最后保存环境变量,并查看是否正确。

```
U-Boot> saveenv
Saving Environment to Flash...
Un- Protected 1 sectors
Erasing Flash...
Erasing sector   1 ...  done
Erased 1 sectors
Writing to Flash.../done
Protected 1 sectors
U-Boot> printenv
bootdelay= 3
baudrate= 115200
serverip= 192.168.0.108
ipaddr= 192.168.0.102
ethaddr= e2:32:59:87:ae:a4
bootcmd= tftp 20800000 uImage;tftp 20a00000 ramdisk;bootm 20800000
stdin= serial
stdout= serial
stderr= serial
bootargs= root= /dev/ram rw initrd= 0x20a00000,5000000 ramdisk_size= 4096 console= ttyS0,115200 mem= 16M init= /bin/sh

Environment size: 317/131068 bytes
```

现在就可以执行命令来查看最终启动流程了。

```
U-Boot> run bootcmd
TFTP from server 192.168.0.108; our IP address is 192.168.0.102
Filename 'uImage'.
Load address: 0x20800000
Loading: ################################################################
         ################################################################
         ################################################################
         ################################################################
done
```

```
Bytes transferred = 1268769 (135c21 hex)
TFTP from server 192.168.0.108; our IP address is 192.168.0.102
Filename 'ramdisk'.
Load address: 0x20a00000
Loading: ###############################################
         ###############################################
         ###############################################
         ###############################################
done
Bytes transferred = 1304828 (13e8fc hex)
## Booting kernel from Legacy Image at 20800000 ...
   Image Name:    Linux kernel
   Image Type:    ARM Linux Kernel Image (gzip compressed)
   Data Size:     1268705 Bytes =   1.2 MB
   Load Address:  20008000
   Entry Point:   20008000
   Verifying Checksum ... OK
   Uncompressing Kernel Image ... OK
Starting kernel ...

Linux version 2.6.20 (root@ lqm) (gcc version 4.2.0 20070413 (prerelease) (CodeS-
ourcery Sourcery G++ Lite 2007q1- 21)) # 2 Tue Dec 1 18:57:19 CST 2009
CPU: ARM920T [41129200] revision 0 (ARMv4T), cr= 00003177
Machine: Atmel AT91RM9200- DK
Memory policy: ECC disabled, Data cache writeback
Clocks: CPU 179 MHz, master 59 MHz, main 18.432 MHz
CPU0: D VIVT write- back cache
CPU0: I cache: 16384 bytes, associativity 64, 32 byte lines, 8 sets
CPU0: D cache: 16384 bytes, associativity 64, 32 byte lines, 8 sets
Built 1 zonelists.  Total pages: 4064
Kernel command line: root= /dev/ram rw initrd= 0x20a00000,5000000 ramdisk_size= 4096
console= ttyS0,115200 mem= 16M init= /bin/sh
...

AT91RM9200- NOR:using static partition definition
Creating 5 MTD partitions on "NOR flash on AT91RM9200DK":
0x00000000- 0x00020000 : "U- Boot"
0x00020000- 0x00040000 : "Parameters"
0x00040000- 0x00240000 : "Kernel"
0x00240000- 0x00540000 : "RootFS"
0x00540000- 0x00800000 : "Jffs2"
udc: at91_udc version 3 May 2006
mice: PS/2 mouse device common for all mice
TCP cubic registered
NET: Registered protocol family 1
NET: Registered protocol family 17
RAMDISK: Compressed image found at block 0
VFS: Mounted root (ext2 filesystem).
Freeing init memory: 88K
/bin/sh: can't access tty; job control turned off
/ # ls
```

```
bin         etc         lib         proc        sbin        tmp
dev         home        lost+found  root        sys         usr
/ #
```

最终会出现命令行提示符,就算是启动成功了。

需要注意的是,initrd 的第二参数必须大于等于 ramdisk_size,否则会出现 kernel panic。原因就是 ramdisk 的映像没有下载完整,导致出现校验失败,错误信息如下:

```
Freeing init memory: 88K
EXT2- fs error (device ram0): ext2_check_page: bad entry in directory # 96: rec_len is
smaller than minimal - offset= 0, inode= 0, rec_len= 0, name_len= 0
Warning: unable to open an initial console.
EXT2- fs error (device ram0): ext2_check_page: bad entry in directory # 12: rec_len is
smaller than minimal - offset= 1024, inode= 0, rec_len= 0, name_len= 0
Failed to execute /bin/sh.  Attempting defaults...
EXT2- fs error (device ram0): ext2_check_page: bad entry in directory # 123: rec_len
is smaller than minimal - offset= 0, inode= 0, rec_len= 0, name_len= 0
EXT2- fs error (device ram0): ext2_check_page: bad entry in directory # 99: rec_len is
smaller than minimal - offset= 0, inode= 0, rec_len= 0, name_len= 0
Kernel panic - not syncing: No init found.  Try passing init= option to kernel.
```

读者根据自己的开发板修改参数时,需要注意这些参数的含义。这里只需要按照流程操作理解其大体含义即可,详细内容会在后续分模块讲解时重点介绍。

3.2.4 搭建交叉编译环境

在这个平台的基础上就可以制作相应的应用程序了。要想在目标板上运行制作好的应用程序,有两个步骤:一是要交叉编译出目标板的可执行程序,二是将这个应用程序上传到目标板上,然后就可以运行测试了。

简而言之,就是准备好交叉编译工具链。一般有 3 种方法,一是下载源代码,手动制作交叉编译工具链;二是下载已经制作好的工具链,比如 cross-2.95.3 等;三是通过 crosstools 工具来制作交叉编译工具链。

方法一实现最复杂,中间可能出现很多无法预料的问题,而这些问题大多严重依赖实现环境,不容易解决;对初学者而言,笔者认为不宜采取该方法。方法三通过 crosstool 工具将方法一的手动工作基本自动化,是一个比较好的解决方案。方法二最为简单,只需要利用比较知名的机构制作的交叉编译工具链就可以了,这些工具链经过了专业测试,使用范围比较广,最适合初学者使用。

因为特定交叉编译工具链采用 Glibc 库的版本和编译目标存在一定的对应关系,比如 Linux 2.4.xx 及其以下的内核源码用 2.95.3 的交叉编译器来编译就可以了;而 2.6.xx 的内核源码一般要用到 cross-3.x 以上的版本来编译。所以,最好准备好几个交叉编译工具链。

(1) cross - 2.95.3

下载地址为 http://www.arm.linux.org.uk

安装时要首先查看 README：

```
This works for both gcc-2.95.3 and gcc-3.0.
How to install:
cd /usr/local
mkdir arm
cd arm
tar Ixvf cross-<version>.tar.bz2
Add /usr/local/arm/<version>/bin to your path to use the cross compiler.
```

(2) cross-3.4.1

下载地址为 ftp://ftp.handhelds.org/projects/toolchain

安装方法同 cross-2.95.3。

(3) arm-2007q1

下载地址为 http://www.codesourcery.com/gnu_toolchains/arm/download.html

本书主要采用 cross-2.95.3 和 Codesourcery 公司的 arm-2007q1。推荐将交叉编译可执行文件的路径添加到 .bash_profile 中，这样在后续的移植工作中会比较方便。不过要注意，要让 .bash_profile 立即生效，还要使用 source 命令。示例如下：

```
# .bash_profile

# Get the aliases and functions
if [ -f ~/.bashrc ]; then
        . ~/.bashrc
fi

# User specific environment and startup programs

# Default Cross compile chain
CROSSCHAIN=/usr/local/arm/2.95.3/bin
# CROSSCHAIN=/usr/local/arm/arm-2007q1/bin

# Root Path
ROOTPATH=/sbin:/usr/sbin:/usr/local/sbin

# Path Index Table
PATH=$PATH:$HOME/bin:$ROOTPATH:$CROSSCHAIN

export PATH
unset USERNAME
```

环境变量 PATH 是可执行文件搜索的依赖变量，是所有搜索路径的集合，搜索路径之间用冒号分隔。明确了这点后，增加可执行文件的搜索路径就比较简单了，如上面程序中的粗字体所示。

3.2.5 应用程序测试

编写一个简单的测试工程，功能就是打印出 hello world。源程序 hello.c 和在 PC 下一样，如下：

```c
#include <stdio.h>
int main(void)
{
        printf("hello world\n");
        return 0;
}
```

编写 Makefile 文件：

```
[armlinux@ lqm test]$ cat Makefile
# Tool Configure
CC       := arm-linux-gcc
CFLAGS   := -Wall -g -O2
LDFLAGS  :=

# Objects Defination
TORDIR   := $(shell if [ "$$PWD" != "" ]; then echo $$PWD; else pwd; fi)
ifeq (src, $(wildcard src))
SRCPATH := $(TORDIR)/src
else
SRCPATH := .
endif
OBJS     := $(patsubst %.c, %.o, $(wildcard $(SRCPATH)/*.c))

# Header Inclusion
ifeq (include, $(wildcard include))
CFLAGS   += -I./include
endif

# Target
DSTPATH := .
TARGET  := $(DSTPATH)/test

# Run
.PHONY: all
all: $(TARGET)

$(TARGET): $(OBJS)
        $(CC) $(CFLAGS) $(LDFLAGS) $^ -o $@

# Clean
.PHONY: clean
clean:
        $(RM) $(TARGET) $(OBJS)
        $(RM) *~ *.o
```

编译并查看生成的可执行文件：

```
[armlinux@ lqm test]$ make
arm-linux-gcc -Wall -g -O2   -c -o hello.o hello.c
arm-linux-gcc -Wall -g -O2   hello.o -o test
[armlinux@ lqm test]$ file test
test: ELF 32-bit LSB executable, ARM, version 1 (ARM), for GNU/Linux 2.0.0, dynamical-
```

ly linked (uses shared libs), not stripped

上述步骤都是在 Linux 服务器上完成的,下面将生成的 test 可执行文件放到 tftp 服务器指定的目录中,然后通过串口调试工具在目标板的 shell 提示符下下载该文件。

```
[root@ listentec /]# tftp -g -r test 192.168.0.100
[root@ listentec /]# chmod +x test
[root@ listentec /]# ./test
hello world
```

这样,应用程序就在目标板上正常执行了。

至此,走马观花算是告一段落,嵌入式系统的 3 个层次也可以展现出来。读者最好是跟着操作一遍,画一下嵌入式系统组成框图,仔细思考各个层次所处的位置和彼此之间的关系。虽然是走马观花,甚至比 K9I AT91RM9200 开发板自带的说明文档描述的步骤都要简单,但是如果读者能够在按步操作的过程中,仔细思考消化前面的理论知识,形成嵌入式系统层次化的认识,在后面的学习中就能把握全局。

3.3 深入理解硬件平台

3.3.1 最小系统组成

嵌入式系统从广义上讲也属于计算机的范畴。嵌入式系统,其实是"嵌入式计算机系统"。既然是计算机系统,就符合计算机的一般特性。例如,计算机有 3 大件,CPU、存储系统及 I/O,另外就是 3 大件之间的互连设备。所以 AT91RM9200 最小系统至少包括 AT91RM9200 处理器、Flash、SDRAM。当然,还要有电源模块、调试模块等辅助部分,才能基于该最小系统进行开发。

判断一个最小系统能否成功启动,首先要确认原理设计是否有问题,即各个接口是否设计正确,然后用示波器查看 slow clock(32.768K)是否是标准的正弦波,再看高速时钟(18.432M)是否正确起振。但是在调试的过程中只有这些往往很难监视处理器的运行状态,所以配置有串口和网口。串口主要用来获得调试信息和参数的输入,充当控制台的作用。网口主要用来解决大数据量传输时时间花费比较长的问题。在 U-BOOT 没有启动前,基本是使用 JTAG 口进行调试的。这时串口还没有初始化,无法打印,出现问题不好定位,则可以采用点亮 LED 灯和 JTAG 单步调试结合的方式进行调试。

3.3.2 时钟系统

最小系统能够正常工作,首先时钟系统要跑起来;如果没有时钟系统,那么最小系统无法工作。时钟系统类似于人体的心跳,没有时钟系统,系统就不能运行。AT91RM9200 的系统时钟由两部分组成,一部分为慢速时钟(Slow Clock Oscillator),一般选择为 32.768 kHz,主要用于看门狗、RTC 功能的时钟以及低功耗模式下时钟；待机时 ARM 处理器进入低功耗模式，这样可以省电。一个例子就是手机等待预定时间就关掉 LCD 背光进入 idle 模式，这样才能获得更长的待机时间。一部分为主时钟（Main Oscillator），可以选择（3～20）MHz。在 K9I 中，采用的慢速时钟为 32.768 kHz，主时钟为 18.432 MHz，主要用于处理器高速模式下时钟。

因为时钟系统的地位，所以其配置也显得重要起来。要想合理配置好时钟系统，需要把时钟系统框图理解清晰，如图 3.8 和图 3.9 所示，然后总结出相应的公式，这样要更改配置也就比较容易了。

对时钟系统的管理是由 PMC（Power Management Controller，电源管理控制器）来完成的，而就对时钟系统的理解而言，要分为如下几个部分：时钟生成、时钟选择、时钟计算、上电流程。

首先从整理的角度来看一下 PMC，如图 3.8 所示。就输入而言，只有 32.768 kHz 和 18.432 MHz 两个晶振，经过时钟生成后得到 SLCK（Slow Clock，慢速时钟）、Main Clock（主时钟）、PLLA Clock、PLLB Clock。之后呢，要从这 4 个时钟中选择处理来得到运行需要的时钟，如 PCK（Processor Clock，处理器时钟）、MCK（Master Clock，外设时钟）、UDPCK、UHPCK（这两者都是 USB 相关时钟）。

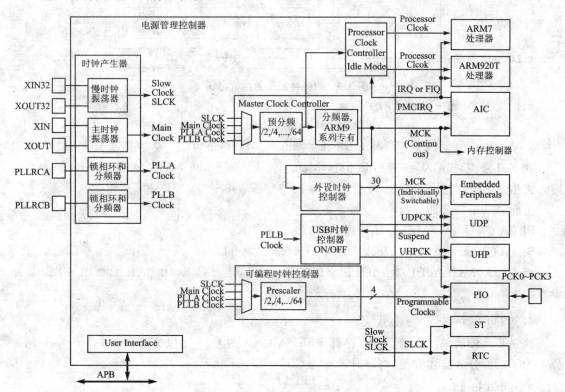

图 3.8 电源管理控制器组成框图

1. 时钟生成

时钟生成框图如图 3.9 所示。

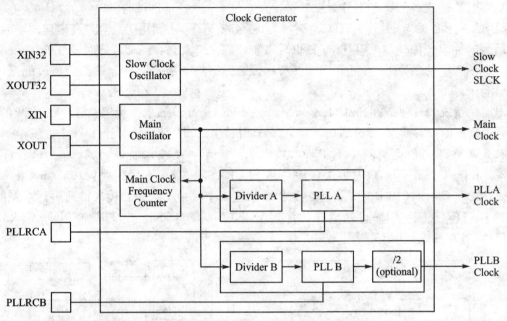

图 3.9 时钟生成器的组成框图

根据该图，首先可以得到两个公式：

$$SLCK = input(Slow\ Clock)$$
$$Main\ Clock = input(Main\ clock)$$

就 K9I 来说，SLCK = 32.768 kHz，Main Clock = 18.432 MHz。然后 Main Clock 作为输入来生成 PLL 时钟，如图 3.10 所示。

由此总结出公式如下：

PLLA Clock = （Main Clock / DIVA）×（MULA+1）

PLLB Clock = （Main Clock / DIVB）×（MULB+1）

而 DIVA、MULA、DIVB、MULB 字段都是在寄存器 CKGR_PLLAR、CKGR_PLLBR 中设置的。

2. 时钟选择

这一步比较简单。通过设置寄存器 PMC_MCKR 的 CSS 字段来进行 master clock 的选择。为了后面公式描述方便，将该时钟称为 CSS_CLOCK。

3. 时钟计算

这里仍然需要参考图 3.8。需要计算的两个时钟分别为 PCK 和 MCK，这两个时钟的输入端

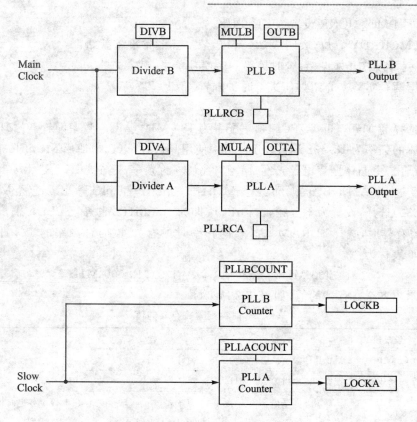

图 3.10 Divider and PLL 组成框图

都是 CSS_CLOCK,要参考的寄存器为 PMC_MCKR 的 PRES 和 MDIV 字段。总结公式如下：

PCK = CSS_CLOCK / PRES

MCK = (CSS_CLOCK / PRES)/ MDIV = PCK / MDIV

所以,MCK 是 PCK 的 MDIV 次分频。

4. 上电流程

从时钟系统的角度看上电流程,那么在冷启动的开始时刻,主振荡器禁用,工作在慢时钟下。从这一点上说,32.768 kHz 的晶振必须接,否则 AT91RM9200 是无法正常启动的。之后的主要流程为：

① 通过写 CKGR_MOR 中的 MOSEN 和 OSCOUNT,使能主振荡器。
② 等待 MOSCS 置位,等待 OSCOUNT 以慢时钟 8 分频递减到 0。
③ 等待 MAINRDY 置位,MainF 开始计数,16 个慢时钟后停止。
④ 通过写 CKGR_PLLAR 和 CKGR_PLLBR 设置分频器和锁相环。
⑤ 等待 LOCKA 和 LOCKB 置位,PLLCOUNT 慢时钟递减到 0,说明 PLL 稳定。

⑥ 通过写 PMC_MCKR 设置 MCK、PCK。
⑦ 等待 MCKRDY 置位,表明 MCK 等已经稳定,时钟准备就绪。
⑧ 这时就可以打开外设、系统时钟等的中断使能了。
下面根据两个实验来介绍如何进行时钟配置。

实验一:

时钟源选择为 Main Clock,PCK 频率配置为 180 MHz,MCK 频率配置 60 MHz。
已知晶体的频率为 18.432 MHz,开发板中使用晶振,所以选择使用 MainClock,根据数据手册可以总结出,由晶体振荡电路产生 18.432 MHz 的频率,这个频率就是 MainClock,然后 MainClock 经过 DivA/DivB 分频,再经过 MUA+1 倍频产生 plla 输出。配置 MCK 寄存器 (0XFFFFFC30)选择,设置为不分频,这样 PCK 即为 180 MHz,也等于 PLLA 输出的频率值。配置 MCK 寄存器时,选择 SDRAM 等外设的频率时钟为 PCK 时钟频率的 1/3 即可,这是最经典的。计算表达为:

$$18.432 \text{ MHz} \times (38+1) \div 4 = 179.712\ 000 \text{ MHz}$$

下面列举出各个寄存器的值,如表 3.2 所列。

表 3.2 时钟配置寄存器的值

寄存器	设置值	含 义
CKGR	0x0000FF01	设置晶体振荡稳定时间为 255 个时钟周期
PLLAR	0x2026bE04	设置 plla 输出为 180 MHz
MCKR	0x00000202	选择 PLLA 为时钟输入,不分频,从而设置 pck 为 180 MHz,并设置外设时钟 pck 的 1/3,为 60 MHz

实验二:

时钟源选择为 PLLA,PCK 频率配置为 240 MHz,MCK 频率(外设频率)配置 60 MHz。
配置的思想和方法同实验一,只要将表 3.2 中 PLLAR 寄存器的值改为 0x2026bE03 即可。这是个超频值,AT91RM9200 最高频率就是 240 MHz,官方推荐的频率为 180 MHz,做实验可以,但为了产品的稳定性请不要使用此值。

3.3.3 NVM

NVM,全称 Non-Volatile Memory,即非易失性存储介质。"非易失性"意味着具有记忆功能,掉电后不会丢失信息。常见的有 EEPROM、Nor Flash、Nand Flash 等。其中,Flash 系列的应用范围非常广泛,这里主要介绍 Nor Flash 和 Nand Flash。

1. Nor Flash

目前世界上有两个阵营,一个为 intel 阵营(现在为 Numony),支持接口为 CFI;另一个为 AMD 阵营,支持接口为 Jedec(现在为 spansion)。决定 Nor Flash 性能的参数有很多,包括初始化访问速度、异步页访问时间、Write Buffer 长度、供电电压。Nor Flash 具有高性能、高可靠性的特点，但是价格高，适合做程序存储器。可以根据数据手册上的参数的比较和价格选择适合自己产品的 Nor Flash。

Nor Flash 的特性是读取速度快，写入速度比 Nand Flash 稍慢一些，主要用于程序存储器放置代码，因为使用 Nor Flash 存储程序比较可靠，不需要额外的引导模块。为什么不使用额外的模块呢？Nor Flash 的数据线和地址线是分开，这样当 AT91RM9200 从外部启动的时候，从 cs0 片选的 flash 启动，cs0 对应的统一编址地址为 0x10000000，并且从这里取指执行，这样系统就可以跑起来。如果采用 Nand Flash，其地址线和数据线是复用的，那么就需要一个额外的模块将程序复制到 RAM 才可以执行，这就是大多数 Nor Flash 用作程序存储器的原因。

AT91RM9200 与 Nor Flash 的接口如图 3.11 所示。

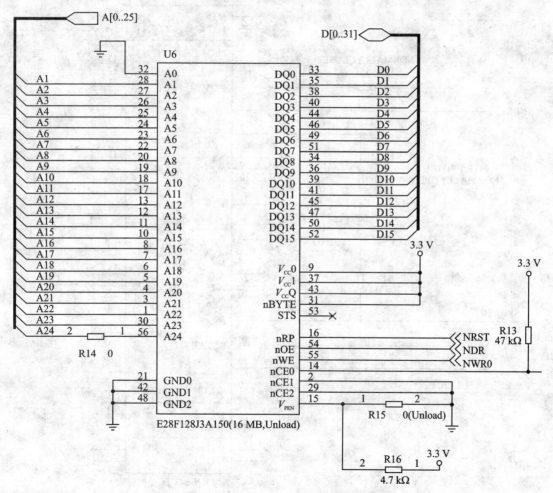

图 3.11　AT91RM9200 与 E28F128J3A 的接口

从 AT91RM9200 的角度看,地址线不是从 A0 开始,而是从 A1 开始的,因为数据线是 16 位的,一次读取的数据宽度为 16 位,占两个字节,如果接 A0 的话,那么读一次就占了两个地址,于是乘以 2,相当于右移一位,所以 A0 就不用了。如果 Nor Flash 数据线是 8 位宽度,那么就从 A0 开始;如果 32 位宽度,那么就从 A2 开始。但是 Nor Flash 的地址线不一定接 A1,这一点要查手册。对于不同类型的 Flash 也有不同的配置,请仔细阅读手册。

2. Nand Flash

AT91RM9200 通过 SPI 接口与 Nand Flash 通信,通过 PA3(SPI_CS0)提供片选。AT91RM9200 提供了一种从 Nand Flash 运行的接口,后面介绍 AT91RM9200 启动引导方式的时候详细讲,这里只列出接口,如图 3.12 所示。

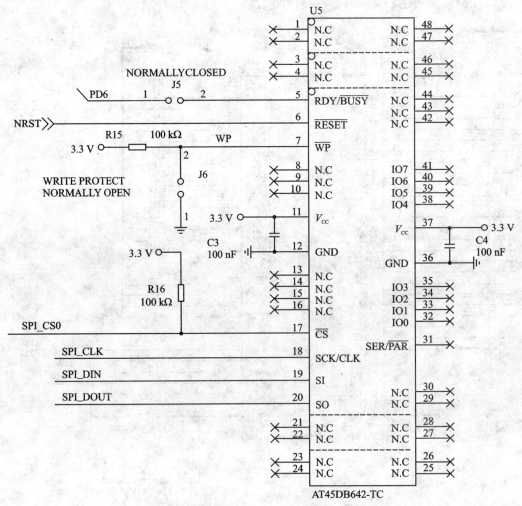

图 3.12 AT91RM9200 与 AT45DB642 的接口

3. Nor Flash 与 Nand Flash 的比较

（1）性能比较

Flash 闪存是非易失性存储器，可以对存储单元块进行擦写和再编程。任何 Flash 器件的写入操作只能在空或已擦除的单元内进行，所以大多数情况下，在进行写入操作前必须先执行擦除操作。Nand 器件执行擦除操作是十分简单的，而 Nor 则要求进行擦除前先将目标块内所有的位都写为 0。

由于擦除 Nor 器件时是以 64～128 KB 的块进行的，执行一个写入/擦除操作的时间为 5 s。相反，擦除 Nand 器件是以 8～32 KB 的块进行的，执行相同的操作最多只需要 4 ms。执行擦除时，块尺寸的不同进一步拉大了 Nor 和 Nand 之间的性能差距。统计表明，对于给定的一套写入操作（尤其是更新小文件时），更多的擦除操作必须在基于 Nor 的单元中进行。这样，选择存储解决方案时，设计师必须权衡以下的各项因素：

- Nor 的读速度比 Nand 稍快一些。
- Nand 的写入速度比 Nor 快很多。
- Nand 的 4 ms 擦除速度远比 Nor 的 5 s 快。
- 大多数写入操作需要先进行擦除操作。
- Nand 的擦除单元更小，相应的擦除电路更少。

（2）接口差别

Nor Flash 带有 SRAM 接口，有足够的地址引脚来寻址，可以很容易地存取其内部的每一个字节。

Nand 器件使用复杂的 I/O 口来串行地存取数据，各个产品或厂商的方法可能各不相同。8 个引脚用来传送控制、地址和数据信息。

Nand 读和写操作采用 512 字节的块，这一点有点像硬盘管理类操作，很自然地，基于 Nand 的存储器就可以取代硬盘或其他块设备。

（3）容量和成本

Nand Flash 的单元尺寸几乎是 Nor 器件的一半，由于生产过程更为简单，Nand 结构可以在给定的模具尺寸内提供更高的容量，也就相应地降低了价格。

Nor Flash 占据了容量为 1～16 MB 闪存市场的大部分，而 Nand Flash 只适用于 8～128 MB 的产品当中。这也说明 Nor 主要应用在代码存储介质中；Nand 适合于数据存储，在 Compact-Flash、Secure Digital、PC Cards 和 MMC 存储卡市场上所占份额最大。

（4）可靠性和耐用性

采用 Flash 介质时，一个需要重点考虑的问题是可靠性。对于需要扩展 MTBF 的系统来说，Flash 是非常合适的存储方案。可以从寿命（耐用性）、位交换和坏块处理 3 个方面来比较 Nor 和 Nand 的可靠性。

1) 寿命(耐用性)

在 Nand 闪存中每个块的最大擦写次数是一百万次,而 Nor 的擦写次数是十万次。Nand 存储器除了具有 10∶1 的块擦除周期优势,典型的 Nand 块尺寸要比 Nor 器件小 8 倍,每个 Nand 存储器块在给定的时间内删除次数要少一些。

2) 位交换

所有 Flash 器件都受位交换现象的困扰。在某些情况下(很少见,Nand 发生的次数要比 Nor 多),一个比特位会发生反转或被报告反转了。一位的变化可能不很明显,但是如果发生在一个关键文件上,这个小小的故障可能导致系统停机。如果只是报告有问题,多读几次就可能解决了。

当然,如果这个位真的改变了,就必须采用错误探测/错误更正(EDC/ECC)算法。位反转的问题更多见于 Nand 闪存,Nand 的供应商建议使用 Nand 闪存的时候,同时使用 EDC/ECC 算法。

这个问题对于用 Nand 存储多媒体信息时倒不是致命的。当然,如果用本地存储设备来存储操作系统、配置文件或其他敏感信息时,必须使用 EDC/ECC 系统以确保可靠性。

3) 坏块处理

Nand 器件中的坏块是随机分布的。以前也曾有过消除坏块的努力,但发现成品率太低,代价太高,根本不划算。

Nand 器件需要对介质进行初始化扫描以发现坏块,并将坏块标记为不可用。在已制成的器件中,如果通过可靠的方法不能进行这项处理,则将导致高故障率。

4) 易于使用

可以非常直接地使用基于 Nor 的闪存,可以像其他存储器那样连接,并可以在上面直接运行代码。

由于需要 I/O 接口,Nand 要复杂得多。各种 Nand 器件的存取方法因厂家而异。使用 Nand 器件时,必须先写入驱动程序,才能继续执行其他操作。向 Nand 器件写入信息需要相当的技巧,因为设计者绝不能向坏块写入,这就意味着在 Nand 器件上自始至终都必须进行虚拟映射。

5) 软件支持

讨论软件支持的时候,应该区别基本的读/写/擦操作和高一级的用于磁盘仿真和闪存管理算法的软件,包括性能优化。

在 Nor 器件上运行代码不需要任何的软件支持,在 Nand 器件上进行同样的操作时,通常需要驱动程序,也就是内存技术驱动程序(MTD),Nand 和 Nor 器件在写入和擦除操作时都需要 MTD。使用 Nor 器件时需要的 MTD 要相对少一些,许多厂商都提供了用于 Nor 器件的更高级软件,其中包括 M-System 的 TrueFFS 驱动,该驱动被 Wind River System、Microsoft、QNX Software System、Symbian 和 Intel 等厂商所采用。驱动还用于对 DiskOnChip 产品进行仿真和 Nand 闪存的管理,包括纠错、坏块处理和损耗平衡。

3.3.4 JTAG 接口

JTAG 技术是一种嵌入式调试技术,芯片内部封装了专门的测试电路 TAP(测试访问口),可通过专用的 JTAG 测试工具对内部节点进行测试和控制。AT91RM9200 支持 JTAG 协议,标准 JTAG 接口是 4 线;TMS(测试模式选择)、TCK(测试时钟)、TDI(测试数据串行输入)、TDO(测试数据串行输出)。有两种接口,一种为 20 针接口,另一种为 14 针接口,其引脚定义参考表 3.3 和表 3.4。本书使用的开发板是 20 针接口。根据开发板的差别也略有不同,但都遵循 JTAG 协议。

表 3.3　JTAG 20 针接口引脚定义

Pin	定义	Pin	定义
1	VTref	11	RTCK
2	V_{CC}	12	GND
3	nTRST	13	TDO
4	GND	14	GND
5	TDI	15	NRST
6	GND	16	GND
7	TMS	17	NC
8	GND	18	GND
9	TCK	19	NC
10	GND	20	GND

表 3.4　JTAG 14 针引脚定义

Pin	定义	Pin	定义
1	V_{CC}	8	GND
2	GND	9	TCK
3	nTRST	10	GND
4	GND	11	TDO
5	TDI	12	NC
6	GND	13	V_{CC}
7	TMS	14	GND

JTAG 接口电路如图 3.13 所示。

在 AT91RM9200 开发过程中,JTAG 主要起到单步调试的作用。硬件不能正常启动时,

第 3 章 走马观花

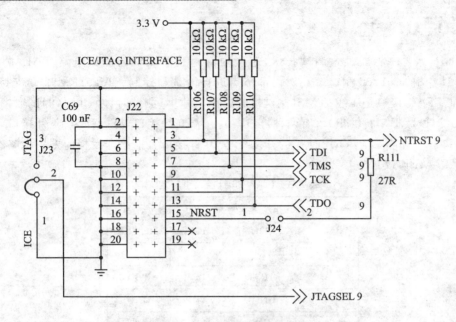

图 3.13　JTAG 接口电路

对于 AT91RM9200 来说，主要检查 CPU 以及外围电路是否可以正常启动。目前，在 Linux 开发过程中，JTAG 主要用来调试汇编入口到 mian() 函数之间的部分，看这段汇编代码是否能够正确地初始化系统时钟、SDRAM 以及各个异常中断的处理。这些都做完后，基本上就不再使用 JTAG；当然也可以用它来调试 U-BOOT 以及一些无操作系统的程序。

这里既然了解到 JTAG 作为一种调试的手段，那么也应该拓展性地去考虑，在 AT91RM9200 开发过程中，调试手段都有哪些，在什么情况下使用，调试的原理是什么。这里笔者做一下简单的总结，而具体性的深入部分则有待读者进行研究。

毛德操曾提过，在软件开发的"生命周期"中，程序调试（debug）以及调试手段的重要性是"怎么强调也不为过"的。在像 Boot Loader 等底层软件调试过程中，最简单的调试方法就是点"灯"，作为二进制符号传递信息。当然，这也是最低级、效率最低的一种手段。如果驱动串口成功，那么就像 3.10 节介绍的，可以通过串口输出打印信息来进行调试。在程序设计中，可以采用简单的宏隔离的方法区分调试版本和 release 版本，如下所示：

```
# define DEBUG
//# undef DEBUG

# ifdef DEBUG
  uart_printf("debug info\n");
# endif
```

现代调试技术大致可以归为指令级仿真调试和硬件仿真调试两种。

1. 指令级仿真调试

这个比较容易理解。指令集仿真调试属于纯软件仿真，比如 ARM 公司的 ARMulator。因为有的时候嵌入式软件的开发需要在目标系统（硬件）并不存在的条件下进行，所以需要这种通过软件来模拟目标系统的 CPU。现在有个开源项目 skyeye，也是这样一个指令级仿真调试工具。这一系列的软件以数据结构来模拟目标机 CPU 中各个寄存器和其他资源，以及目标系统的有关资源（比如内存等），并且通过软件模拟，即逐条指令地解释执行目标机可执行映象中的程序。例如，"mov r1, ♯0"就代表往寄存器 r1 的数据结构中写 0。模拟执行的速度当然慢一些，但是可以验证逻辑，在某些条件下是一种重要的手段。

2. 硬件仿真调试

这才是探讨的重头戏。这里就要从历史的角度去看一下了。

以前，元器件的面积和 pcb 的面积普遍较大，pcb 板的层数较少，并且元器件只是安装于 pcb 的一面，也就是单面板。这样的调试并不困难，加工工艺也不复杂。pcb 的加工制造者可以专门为具体的 pcb 配套制造用于测试的模板。模板上有许多触针，将 pcb 板和配套的测试模板叠在一起，模板上的触针正好与 pcb"焊接面"许多监测点接触，从而可以监测 pcb 板上各点的逻辑电平及其变化。另一方面，pcb 板的"元件面"也可以方便地将示波器或逻辑分析仪的探针连接到元器件的引线上。还有，当时的许多芯片，像 CPU 一类的大规模芯片，都不是直接焊接在 pcb 上，而是采用芯片插座。这样就可以做出特殊插头，冒充芯片插到其插座。而用外部的仪器来"仿真"这种芯片（通常是 CPU）在整个目标系统中的作用和运行，就是"在线仿真(ICE, In-Circuit Emulation)"。无论对于软件还是硬件，ICE 在当时都是一种非常有效的开发/调试手段。笔者在读书期间使用的 51 单片机，但就是采用 ICE，记得有个仿真头插到插座上。ICE 还有一种方式，就是使用真实的 CPU 芯片，可以用特制的插头骑到芯片背上，以监测芯片各条引线上的逻辑电平。

可是，随着 pcb 板和元器件的面积越来越小，pcb 板层数也越来越多，特别是"表面贴焊"式芯片的出现打破了元件面和焊接面的划分，并且直接将芯片的引线焊接（而不是穿透）在 pcb 上，以前的那些手段都用不上了。

后来，"集成电路级"向"集成系统级"发展，现在的芯片大多是 SoC，原有的测试手段就更用不上了。这些芯片设计者都是重点考虑的问题。专业上成为 DFT(design-for-test, 可测试性设计)，也就是再设计一款 SoC，必须要考虑它的可测试性能。另外，为什么要在对资源要求比较苛刻的情况下把调试电路集成到 SoC 中呢？看似矛盾，实际上 SoC 集成调试电路已经成了普遍的共识：只有这样，才能减少调试成本，方便开发者进行调试，从而吸引开发者选择使用 SoC。如果没有良好的调试手段，很少有开发者会选择使用。现在介绍调试检测技术，比较成熟的技术有如下 4 种：

➢ Ad-hoc test;

第3章 走马观花

- Scan-based test;
- Build-in-self test;
- Boundary-scan test。

因为不是专业研究这个方向，对这4个测试技术的区别也没必要深究。现在重点来看第四种技术 Bounary-scan test，即边界扫描技术。ARM 普遍采用了边界扫描技术，协议标准为 IEEE 1149.1。关于 JTAG，它的作用主要有如下两个方面：

① 映象的下载。嵌入式系统软件开发时，在 Host 上完成目标映象之后，要在"裸机"上将程序下载固化到 Flash 中，就需要通过 JTAG 接口下载。当然，完成 Boot Loader 之后，可以采用 JTAG 接口下载，也可以采用 USB 或者 TFTP 下载。后续的下载方式就多了。但是，"自举"下载方式还是比较单一的，ARM 一般依赖于 JTAG 接口下载 Boot Loader。

② 软件（以及硬件）的调试。更重要的是，目标系统的调试也要在宿主机的控制/辅助下进行，而 JTAG 接口为宿主机与目标系统之间的通信、控制提供了重要的手段。(但是需要注意的是，这并不是绝对的。通信手段还可以借助于网络实现，调试也可以通过 gdb 远程串口调试。这里的意思是，它是当前采用调试的一种重要手段。)

现在可以分析基于 JTAG 技术的 ARM Debug Architecture。下面给出一个结构图：

- Debug Host
- Protocol converter
- Debug Target

也就是 ARM Debug Architecture 分为3层，这也可以认为是一个完整的调试系统。当然这是理论上的划分，实际中也可以在形式上有所变通。下面先解释一下这3层结构。

(1) Debug Host

这是调试系统的 Host 前端。也就是我们常见到的 IDE 的 debugger，比如 ARM 提供的 ADW（ARM Debugger for Windows，相应的 unix 版本为 ADU，即 ARM Debugger for Unix）。它的功能是提供一个良好的图形交互界面，使用户可以方便地进行调试操作，也可以完成下载等。另外，它实际上完成调试命令的驱动部分。ARM 制定了一个协议，就是 ADP（Angel Debug Protocol），这是一个比较复杂的协议，分为3层，主要用于保证可靠稳定地与目标机进行通信。

(2) Protocol converter

这部分完成 Host 端协议到 JTAG 协议的转换。转换过程是双向的，这可以通过后面仿真器来进行分析。

(3) Debug Target

也就是目标 SoC。

有了这个模型作为基础，就可以对现有的调试工具进行大体分析了。这里，仿真器又称为调试代理，充当了 protocol converter 的角色。

1) 第一层次为简易JTAG小板

市场上有不少简易JTAG小板,大多只是具备下载功能。其中,Debug Host可以是jflash-s3c2410这样的工具,它实际上就是用软件实现JTAG时序,完成串/并和并串转换。即把目标JTAG向量中的每个字节都逐位转换成JTAG接口各条引线上的串行波形,或者反过来。而JTAG小板只是完成一个基本的电平转换电路,最差的只有几个电路,普通的就是一个74HC244做驱动。简单地说就是:Host(jflash-s3c2410等)→并口→JTAG小板→SoC JTAG接口,这样完成了下载功能。如果Host端软件增强,则可以完成一些调试功能。相对而言,这样的技术是用纯软件去实现JTAG时序的,效率比较低。市场上的wiggle、H-jtag、2410jtag等都是如此,只是在对应的引脚设置和host软件上有所不同。

2) 第二层次为CPLD/FPGA实现JTAG状态机

用软件模拟JTAG时序效率低,那么可以通过CPLD等可编程器件实现JTAG时序,host的软件只要简单的写字节就可以了。这样,效率就高得多了。

3) 第三层次为MCU+CPLD/FPGA实现基于以太网/USB的仿真器

其中,MCU用来实现TCP/IP协议,完成host调试协议的解析,CPLD/FPGA实现JTAG状态机。这种组合方式的效率又远远高于第二层次。现在的realview就是采用这种方案,原有的ADS系列则不提供更新了。

关于该部分内容,有兴趣的读者可以看毛德操、胡希明合著的《嵌入式系统——采用公开源代码和StrongARM/Xscale处理器》。

本章总结

本章介绍了实验基于的硬件平台——K9I开发板,将ARM、AT91RM9200的基础理论知识概要描述出来。为了让读者能有一个系统的认识,采用"走马观花"的方式将从系统上电、Boot Loader引导、内核和文件系统加载、应用程序运行等方面介绍,为后面各个模块的深入研究打下基础。

在这个基础上,重点讲解了时钟系统、NVM和JTAG调试接口这3个模块,对硬件平台能有更深入的了解。更为重要的是,读者能够利用这种由整体到局部的学习方法进行自主学习。

第 4 章

Boot Loader

本章目标
- 掌握 Boot Loader 的概念;
- 了解 AT91RM9200 的启动机制;
- 掌握 Boot Loader 移植的步骤,能够成功移植 U-Boot;
- 了解 U-Boot 的 3 种与启动方式无关性的设计;
- 深入研读 U-Boot 源代码。

Boot Loader 是软件流水线上的第一道工序。随着嵌入式系统的发展,很多领域对 Boot Loader 的要求越来越高,比如缩短启动时间、支持多种启动方式、增加调试手段等;由于 Boot Loader 本身就要求对软/硬件非常熟悉,更增加了其难度。如果读者的软硬件基础都不错,可以考虑把 Boot Loader 作为一个精深研究的方向。

4.1 准备工作

4.1.1 整合资源

进行 Boot Loader 的工作之前,先整合手头的资源。

(1) 硬件资源

本书硬件平台是 K9I AT91RM9200 开发套件。以此为例,读者可以准备好相应的开发板,随时将所看所想在开发板上验证,这样才能更有效率。

拿到开发板,首先要按照开发板提供的说明文档测试硬件是否工作正常。如果工作异常,要及时更换或修复;如果工作良好,则可以节省很多不必要的麻烦。

(2) 文档资源

准备好芯片的 datasheet,同时利用好相关网站和 google。比较有用的几个网站如下:
- ARM 官方网站:http://www.arm.com/
- AT91 SAM Portal:http://www.at91.com/Home/Controleurs/cHome.php

- 恒颐技术论坛：http://www.hyesco.com/forum/list.asp? boardid=5
- MCUZone：http://www.mcuzone.com/
- 21IC：http://bbs.21ic.com/
- China Linux Forum：http://www.linuxforum.net/

4.1.2 代码阅读工具

移植过程中需要经常查看代码。当然，可以使用 Vim 进行查看，不过需要进行相应的设置。Windows 下推荐使用 Source Insight 建立工程，这样查看起来比较方便。

在 Source Insight 中建立工程后要增加 Makefile 的解析规则，可以通过选择 Options→Preferences→Syntax Formatting→Doc Types 菜单项，然后在 Document Type 下拉列表框中选择 Make File，在 File filter 中增加规则"*.mak;Makefile"，然后单击 close，确定即可。

为了让代码书写和阅读时更加智能，可选择 Options→Document Options 菜单项，如图 4.1 所示进行设置。

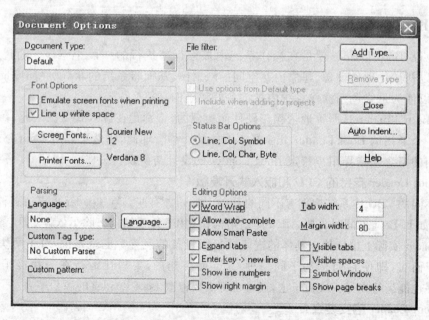

图 4.1 Source Insight Document Options

然后在 Editing Options 标签中选中 Word Wrap 复选框，在 Tab width 文本框中输入 4，从而使自己代码的 tab 使用空格代替。当使用其他编辑器打开时，代码不会出现排版错乱的问题。然后单击 Auto Indenting 按钮，则弹出如图 4.2 所示的对话框。这样，代码在缩进的时候就比较智能了。

第 4 章 Boot Loader

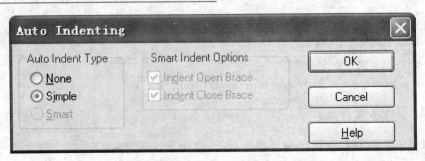

图 4.2 Auto Indenting 对话框

其他规则的确定也按照此方法。解析（Parsing）规则可以自己编写，也就是说，Source Insight 的扩展性和兼容性都是比较好的。到这里准备工作基本完成。

4.2 Boot Loader 概述

4.2.1 Boot Loader 概念

简单地说，Boot Loader 就是在操作系统内核运行前执行的一段小程序。通过这段小程序，我们可以初始化硬件设备、建立内存空间的映射图，从而将系统的软/硬件环境带到一个合适的状态，以便为最终调用操作系统内核准备好正确的环境。

通常，Boot Loader 是严重地依赖于硬件而实现的，特别是在嵌入式中。因此，在嵌入式世界里建立一个通用的 Boot Loader 几乎是不可能的。尽管如此，仍然可以对 Boot Loader 归纳出一些通用的概念来指导用户特定 Boot Loader 的设计与实现。

(1) Boot Loader 支持的 CPU 和嵌入式开发板

每种不同的 CPU 体系结构都有不同的 Boot Loader。有些 Boot Loader 也支持多种体系结构的 CPU，比如 U-Boot 就同时支持 ARM 体系结构和 MIPS 体系结构。除了依赖 CPU 的体系结构外，Boot Loader 实际上也依赖于具体的嵌入式板级设备的配置。也就是说，对于两块不同的嵌入式开发板而言，即使它们是基于同一种 CPU 而构建的，要想让运行在一块板子上的 Boot Loader 程序也能运行在另一块板子上，通常也都需要修改 Boot Loader 的源程序。

(2) Boot Loader 的安装媒介

系统加电或复位后，所有的 CPU 通常都从某个由 CPU 制造商预先安排的地址上取指令。而基于 CPU 构建的嵌入式系统通常都有某种类型的固态存储设备（比如 ROM、EEPROM 或 Flash 等）被映射到这个预先安排的地址上。因此，系统加电后 CPU 将首先执行 Boot Loader 程序。

(3) 用来控制 Boot Loader 的设备或机制

主机和目标机之间一般通过串口建立连接，Boot Loader 在执行时通常通过串口来进行

I/O，比如输出打印信息到串口、从串口读取用户控制字符等。

(4) Boot Loader 的启动过程

Boot Loader 的启动过程分为单阶段和多阶段两种。通常多阶段的 Boot Loader 能提供更为复杂的功能以及更好的可移植性。

(5) Boot Loader 的操作模式

大多数 Boot Loader 都包含两种不同的操作模式，启动加载模式和下载模式。这种区别仅对于开发人员才有意义。从最终用户的角度看，Boot Loader 的作用就是用来加载操作系统，而并不存在启动加载模式与下载工作模式的区别。

启动加载模式：这种模式也称为"自主"模式。也就是 Boot Loader 从目标机上的某个固态存储设备将操作系统加载到 RAM 中运行，整个过程并没有用户的介入。这种模式是 Boot Loader 的正常工作模式，因此在嵌入式产品发布的时侯，Boot Loader 显然必须工作在这种模式下。

下载模式：在这种模式下，目标机上的 Boot Loader 将通过串口连接或网络连接等通信手段从 Host 下载文件，比如下载内核映像和根文件系统映像等。从主机下载的文件通常首先被 Boot Loader 保存到目标机的 RAM 中，然后再被 Boot Loader 写到目标机上的 Flash 类固态存储设备中。Boot Loader 的这种模式通常在第一次安装内核与根文件系统时使用，此外，以后的系统更新也会使用 Boot Loader 的这种工作模式。工作于这种模式下的 Boot Loader 通常都会向它的终端用户提供一个简单的命令行接口。像 Blob 或 U-Boot 等这样功能强大的 Boot Loader 通常同时支持这两种工作模式，而且允许用户在这两种工作模式之间进行切换。

(6) Boot Loader 与主机之间进行文件传输所用的通信设备及协议

最常见的情况就是目标机上的 Boot Loader 通过串口与主机之间进行文件传输，传输协议通常是 Xmodem/Ymodem/Zmodem 协议中的一种。但是，串口传输的速度是有限的，因此通过以太网连接并借助 TFTP 协议来下载文件是个更好的选择。

4.2.2 Boot Loader 在嵌入式系统中的必要性

嵌入式系统常采用 EEPROM 或者 Flash 存储操作系统映像和根文件系统映像。存放在磁盘上的映像不能"就地"运行，必须有一个引导装入程序，而 EEPROM 或 Nor Flash 支持映像"就地"运行，似乎不必有引导装入程序。实际上大多数嵌入式系统还是采用 Boot Loader，而不让可执行程序"就地"运行。一般这样做有如下几个原因：

① 效率方面的考虑。NVM 的速度远小于 VM，所以将映像从 NVM 搬运到 VM 中可以提高执行速度。另外，操作系统的映像 footprint 都比较大，而嵌入式资源有限，采用压缩存储可以节省不少空间。可是，如果采用压缩存储，就需要先解压缩才能执行，而在解压缩的同时把映像转移到 VM 中也很自然。这些都需要有一段程序进行那个控制，即是 Boot Loader 的任务。

② 操作系统的多样性。嵌入式系统可以采用不同的操作系统，同一操作系统可以有不同

的版本。而且,嵌入式系统的应用软件又常常与操作系统连为一体,这就增加了系统映像的多样性。按照分层的思想,把 Boot Loader 和内核分离开,各自关注自己的任务,提高支持度,二者之间通过命令行参数进行通信,这样就提高了灵活性。

③ 调试阶段更换可执行映像比较频繁。如果映像的存储地和执行地没有分离,则解决这个问题就比较困难。如果采用 Boot Loader,使映像的存储地和执行地相分离,那么映像的存储方式也可以更为灵活。甚至可以把一部分调试功能做到 Boot Loader 中,使之成为更为强大的 Monitor。U-Boot 实际上就是 Monitor,不仅仅具备 Boot Loader 的功能。在大多数情况下,这两个概念不进行区分。

④ 调试手段也要求在 VM 中执行系统映像。调试时,比如设置断点等操作,在 NVM 中无法完成,所以要求映像的存储地与执行地分离,也就是需要引入 Boot Loader 了。

⑤ 嵌入式系统独特的开发模式。嵌入式系统开发一般采用 Host/Target 模式,如果目标机的操作系统无法运行,则只能利用 Boot Loader 来重新下载内核映像。而 Boot Loader 的 footprint 一般比较小,可以采用编程器或者通过 JTAG 接口固化。

总之,因为嵌入式系统开发的特殊性,所以需要有一个 Boot Loader 程序来完成内核映像和文件系统映像的搬移。

4.2.3 Boot Loader 的启动流程

Boot Loader 的实现依赖于 CPU 的体系结构,因此大多数 Boot Loader 都分为 stage1 和 stage2 两个阶段。依赖 CPU 体系结构的代码(如设备初始化代码等),通常都放在 stage1 中;通常都用汇编语言来实现,以达到短小精悍的目的。而 stage2 则通常用 C 语言来实现,这样可以实现复杂的功能,而且代码会具有更好的可读性和可移植性。

(1) Boot Loader 的 stage1

在 stage1 中 Boot Loader 主要完成以下工作:

- 基本的硬件初始化,包括屏蔽所有的中断、设置 CPU 的速度和时钟频率、RAM 初始化、初始化 LED、关闭 CPU 内部指令和数据 cache 等。
- 为加载 stage2 准备 RAM 空间。通常为了获得更快的执行速度,把 stage2 加载到 RAM 空间中来执行,因此必须为加载 Boot Loader 的 stage2 准备好一段可用的 RAM 空间范围。
- 复制 stage2 到 RAM 中。这里要确定两点,一是 stage2 可执行映像在 NVM 存放的起始地址和终止地址,二是 RAM 空间的起始地址。
- 设置堆栈指针 SP,这是为执行 stage2 的 C 语言代码做好准备。

(2) Boot Loader 的 stage2

在 stage2 中 Boot Loader 主要完成以下工作:

- 用汇编语言跳转到 main 入口函数。

- 初始化本阶段要使用到的硬件设备,包括初始化串口、初始化计数器等。在初始化这些设备之前,可以输出一些打印信息。
- 检测系统的内存映射。所谓内存映射就是指在整个 4 GB 物理地址空间中有哪些地址范围被分配用来寻址系统的 RAM 单元。
- 加载内核映像和根文件系统映像,这里包括规划内存占用的布局和从 Flash 复制数据。
- 设置内核启动参数。

4.2.4　Boot Loader 如何固化

这里讨论一个问题,Boot Loader 如何烧写(固化)到非易失性存储介质(比如 Nor Flash、Nand Flash 等)里呢?讨论之前,先要理解编程器的概念。

编程器也叫 device programmer,是对非易失性存储介质和其他电可编程设备进行编程的工具。传统的编程器需要把 Flash(举例)从电路板上取下来,插到编程器的接口上,以完成擦除和烧写。现在编程器发展的方向是 ISP(In-System Programming,在系统可编程),就是指电路板上的空白器件可以编程写入最终用户代码,而不需要从电路板上取下器件。已经编程的器件也可以用 ISP 方式擦除或再编程,如 Nor Flash 支持重复擦写 10 万次左右。可见,ISP 智能编程器是发展的方向。

利用编程器可以解决前面提到的问题,不仅可以烧写 Boot Loader,还可以烧写 kernel、FS 等,即都是固化最终用户代码的过程。

下面考虑两种实际情况:

① 厂商已经提供固化的程序代码,不允许对其修改。这种情况下用不到编程器。

② 厂商提供的硬件没有固化代码,或者固化了部分代码(后面举例说明),这样就需要用到编程器。

第一种情况是对最终用户而言,第二种情况则对开发者而言。也就是在嵌入式开发过程中总是需要用到编程器,即使是下载线,也可以认为是简单的编程器。要想利用编程器进行数据交换,完成烧写、擦除等操作,就必须硬件连接、软件操作。当然,复杂的地方在软件操作,因为对不同的硬件,软件操作是不同的。有些厂商把编程器、编辑器、编译器、汇编器、链接器、调试器集成在一起,提供软/硬件解决方案,在学校大多是这种集成环境,比如 51 单片机的仿真器和 Keil 开发环境。也正是这个原因,对于每个环节反而没有了概念。在 Linux 下开发的时候,这些问题就都凸现出来了。

有些厂商为了方便用户下载代码和调试,在其处理器内部集成了一个小的 ROM,事先固化一小段代码。因为容量有限,所以代码的功能有限,一般只是初始化串口,然后等待从串口输入数据。这样,串口线实际上就成为了编程器的硬件连接了。比如,Cirrus Logic 的 EP93XX 系列,它内部集成了一个 BootROM,固化代码初始化串口,支持从串口下载数据。那么在 Host 端只需要相应地开发一个相同串口协议的 download 程序,就可以完成 Boot Load-

第 4 章 Boot Loader

er(EP93XX 系列使用的是 Redboot)烧写到 Flash 里(注：这里的编程器就可以认为是 download＋RS－232 交叉线)，然后从 Flash 启动，由 Redboot 进行下面的工作。因为 Redboot 实现了串口传输协议和 TFTP 协议，则可以通过 RS－232 来进行控制，通过 Ethernet 完成大映像文件(如 kernel 和 fs)的下载固化。这样，从硬件上电到最后系统启动的所有环节就都很清晰了。ATMEL 的 AT91RM9200 内部也集成了一个 ROM，固化代码，同样初始化串口，启动串口传输协议 Xmodem，等待输入(注：这里的编程器就可以认为是 loader＋RS－232 交叉线)。官方提供的 loader 就是把 U-Boot 下载固化到 Flash 里面。因为 kernel 和 fs 比较大，可以进行压缩，官方提供 boot 来完成从 Flash 启动后的自动解压过程。这样，从 Flash 启动就慢了许多。

还有些厂商为了节省 ROM 空间、提高集成度，不支持从 ROM 启动模式，比如三星公司的 S3C2410 等。这样一种简单的方法就是采用 JTAG 下载线作为编程器的硬件连接，完成其 Boot Loader(如 Vivi)的烧写。在 Windows 环境下，针对 JTAG 硬件连接，编程器的软件有 JFlash(JTAG for Flash)、SJF、Flash Programmer 等，还是比较丰富的。在 Linux 环境下，有 JFlash 的 Linux 版本(注：在 Linux 下，这里的编程器可以认为是 JFlash＋JTAG 下载线，S3C2410 是提供 JTAG 接口的)。

可见，把 Boot Loader 理解为烧写工具和功能实现两个部分，对于实际理解会更有帮助。拿到一块板子，首先看它提供的启动方式有哪些、是否支持从 ROM 启动、是否支持从 Flash 启动等。针对启动方式，选择 Boot Loader 固化方式；如果提供编程器软件资源最好，如果不提供，那么要么编写，要么移植。不过，大而全在商业中是行不通的。学习阶段还是以研究为目的，尽量弄明白每个环节的工作原理，形成清晰的认识，然后选择自己最为擅长的部分去精深。

4.3 AT91RM9200 的启动机制

不同的 SoC(System on a Chip，片上系统)在启动机制的设计上并不相同，所以在移植 Boot Loader 之前，要了解所采用 SoC 的启动机制。

AT91RM9200 的启动机制要分片内启动和片外启动两个场景进行分析。

4.3.1 片内启动

AT91RM9200 片内集成了一个 128 KB 的 ROM，在出厂之前就固化了一段代码，包含了一个 Boot Loader 和一个 Boot Uploader，以确保正确信息下载。因为 ROM 中集成的 Boot Loader 并不足以完成内核启动前的所有工作，所以将之称为一级 Boot Loader，也就是说 AT91RM9200 片内启动采用多级 Boot Loader 机制。这种设计的优点在于以片内集成 ROM 的开销来换取启动方式的灵活性，同时使得仅用调试串口就可以完成后续的工作成为可能，避免了对JTAG调试器的依赖。从一定程度上讲,降低了成本。这是AT91RM9200的一个特色,对初学者比较适用。国内应用广泛的S3C2410则必须采用JTAG接口才能实现Boot Loader的固化。不过这种设计也增加了软件的复杂性,仅Boot Loader也要分为多级进行开发。

片内启动时,一级Boot Loader先被激活,且按照如下顺序查找有效序列:
- DataFlash(与AT91RM9200通过SPI总线连接);
- EEPROM(与AT91RM9200通过TWI接口连接);
- 8位内存设备(与AT91RM9200通过EBI接口连接)。

这个有效序列就是ARM中断向量表;该中断向量表由8条中断向量组成,必须在程序的起始位置。由于ARM为RISC架构,每条指令都是4字节,所以这个有效序列的长度为32字节。每个向量都必须由B跳转指令或者LDR指令组成,形式如下:

```
.globl _start
_start:     b       start_code
            ldr     pc, _undefined_instruction
            ldr     pc, _software_interrupt
            ldr     pc, _prefetch_abort
            ldr     pc, _data_abort
            ldr     pc, _not_used
            ldr     pc, _irq
            ldr     pc, _fiq

_undefined_instruction:     .word undefined_instruction
_software_interrupt:        .word software_interrupt
_prefetch_abort:            .word prefetch_abort
_data_abort:                .word data_abort
_not_used:                  .word not_used
_irq:                       .word irq
_fiq:                       .word fiq

    .balignl 16,0xdeadbeef
```

8条中断向量的二进制代码为:

```
0x00000000: 0xea000012
0x00000004: 0xe59ff014
0x00000008: 0xe59ff014
0x0000000c: 0xe59ff014
0x00000010: 0xe59ff014
0x00000014: 0xe59ff014
0x00000018: 0xe59ff014
0x0000001c: 0xe59ff014
```

未发现有效序列时,Boot Uploader启动。它的主要工作流程:

① 初始化DBGU(调试串口,设置为115 200 bps,8,N,1模式),XMODEM协议启动,等待DBGU口上传,打印"CCCC…"。

② 初始化USB设备口,DFU协议启动。

第 4 章 Boot Loader

③ 发现上传,下载代码到片内 SRAM。

④ 下载成功,则跳转到 SRAM 的首地址处开始执行上传代码。

因为上传的代码要首先加载到 SRAM 中,而片内 SRAM 的容量只有 16 KB,为了防止上传错误,还要留有余量,所以上传代码必须小于(16－3＝13 KB)。而一般功能完备的 Boot Loader 的映像要远大于 13 KB,所以无法直接完成二级 Boot Loader 的上传。这就需要一个中间的"跳板",先上传一段映像小于 13 KB 的代码,用来完成片外 SDRAM 的初始化,接收上传代码,并存至 SDRAM 中;然后跳转到 SDRAM 执行,从而进入二级 Boot Loader 的场景。ATMEL 提供的官方的 Loader 程序就是完成这个使命的。移植 Boot Loader 首要的工作是移植 Loader,而 Loader 移植的工作量主要在 SDRAM 初始化。理解了这个原理,可以自己写一个简化的 Loader 来实现同样的功能。

片内启动流程如图 4.3 所示。

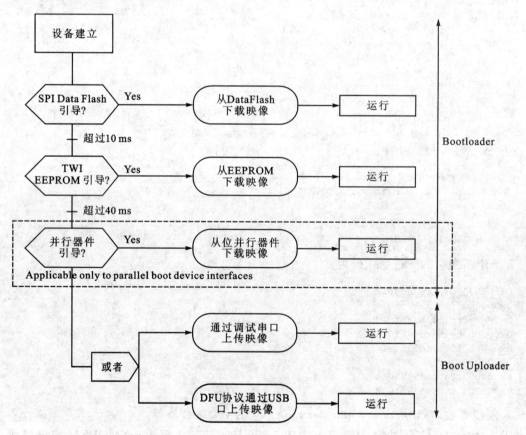

图 4.3 片内启动流程图

4.3.2 片外启动

外部内存映射图如图 4.4 所示。

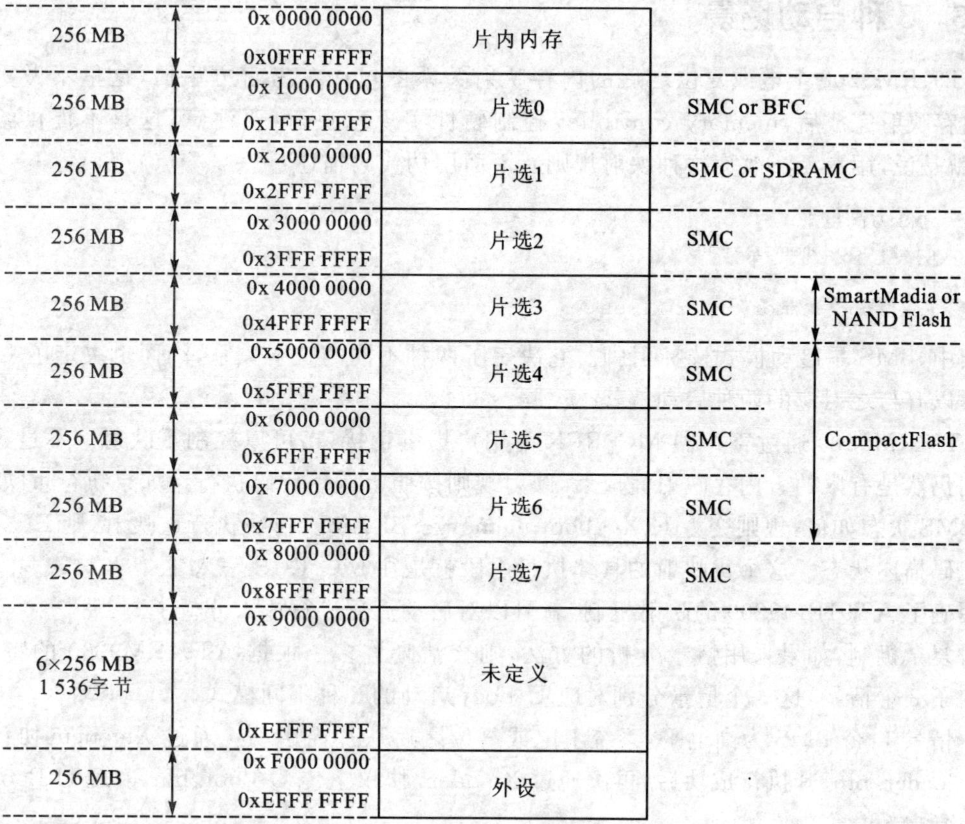

大小	地址范围	片选	类型	用途
256 MB	0x0000 0000 – 0x0FFF FFFF	片内内存		
256 MB	0x1000 0000 – 0x1FFF FFFF	片选0	SMC or BFC	
256 MB	0x2000 0000 – 0x2FFF FFFF	片选1	SMC or SDRAMC	
256 MB	0x3000 0000 – 0x3FFF FFFF	片选2	SMC	
256 MB	0x4000 0000 – 0x4FFF FFFF	片选3	SMC	SmartMadia or NAND Flash
256 MB	0x5000 0000 – 0x5FFF FFFF	片选4	SMC	
256 MB	0x6000 0000 – 0x6FFF FFFF	片选5	SMC	CompactFlash
256 MB	0x7000 0000 – 0x7FFF FFFF	片选6	SMC	
256 MB	0x8000 0000 – 0x8FFF FFFF	片选7	SMC	
6×256 MB 1536字节	0x9000 0000 – 0xEFFF FFFF	未定义		
256 MB	0xF000 0000 – 0xEFFF FFFF	外设		

图 4.4 外部内存映射图

如果采用片外启动,那么把 0x1000 0000 重映射到 0x0000 0000 处开始执行。这个区域为 NCS0,即 Chip Select 0,最大容量 256 MB。就硬件设计而言,NCS0 上只有 Burst Flash 控制器和 Static Memory 控制器。Burst Flash 控制器对应 Nor Flash,所以片外启动可以直接从 Nor Flash 启动。

不过,AT91RM9200 增加了对 Nand Flash 的支持,在 0x4000 0000 开始的 NCS3,即 Chip Select 3,增加了 Nand Flash 的支持。但是由于启动流程并不支持从该区域启动,所以片外启动无法直接从 Nand Flash 启动。也就是说,如果采用片外启动,则至少要采用 Nor Flash 或者 Satic Memory 中的一种,而不能只有 Nand Flash。

第 4 章 Boot Loader

如果不想用 Nor Flash,外部非易失性存储介质只采用 Nand Flash,那么只能采用片内启动,在二级 Boot Loader 中增加 Nand Flash 启动的支持。在这一点上,AT91RM9200 与 S3C2410 是有区别的,在设计时要注意。

4.3.3 3 种启动场景

AT91RM9200 上电或复位之后的内存映射关系图可以参考官方手册,这里不做重点分析。内存映射完成后,memory controller 控制硬件实现重映射(要注意,这是不提供给用户的,也就是说,用户无法改变这种映射规则),下面用伪代码描述:

```
if  BMS 为高电平
    F(X):boot memory→ROM
else
    F(X):boot memory→Nor Flash
```

其中,BMS 是启动模式选择引脚。它决定了两种不同的映射关系,因而也决定了 U-Boot 至少可以有与之对应的两种启动模式。

AT91RM9200 通过寄存器 MC_RCR 为用户提供了接口,可以控制重映射。不过这种控制规则仍然是有限的。内存映射完成后,映射规则按照上述伪代码执行。如果执行重映射,则不管 BMS 状态如何,规则变为 F(X):boot memory→SRAM。再次执行重映射,则 F(X)恢复到伪代码描述状态。这个重映射的具体执行手段就是往 MC_RCR 写入 1。

明确了 AT91RM9200 的映射机制,就可以对启动流程进行深入分析了。

对复杂机制,如果采用情景分析的方法,则会清晰许多。根据 AT91RM9200 的特点,这里提出了 3 个情景,这 3 个情景分别对应 U-Boot 启动的 3 种不同模式。

- 情景 1:令 BMS 为高电平,系统上电或复位之后从片内启动。通过 Xmodem 协议上传 loader.bin,其执行成功后,再次通过 Xmodem 协议上传 U-Boot.bin,实现 U-Boot 的正常启动。
- 情景 2:令 BMS 为低电平,系统上电或复位之后从片外 Nor Flash 启动。此处在 0x10000000 固化 boot.bin,在 0x10010000 处固化 U-Boot.bin.gz,实现 U-Boot 压缩方式的正常启动。
- 情景 3:令 BMS 为低电平,系统上电或复位之后从片外 Nor Flash 启动。此处在 0x10000000 固化 U-Boot.bin,实现 U-Boot 非压缩方式的正常启动。

这 3 个情景各具特点。其中,情景 1 适用于测试阶段,U-Boot 还没有固化到 Flash 中。如果 U-Boot 比较大,考虑代码空间,则可以采用情景 2。如果对启动时间要求非常快,则可以考虑精简 U-Boot 的代码,采用情景 3 实现快速引导启动。

下面以 U-Boot 的生命周期和 boot memory 映射规则变化为主来对这 3 种情景进行对比分析。

(1) 情景 1：片内启动，loader.bin＋U-Boot.bin

硬件上电后检测到 BMS 为高电平，F(X)：boot memory→ROM。那么 CPU 从 0x0 处取指执行，实际上执行的就是 ROM 中的代码。无法发现有效序列的代码时，自动执行 uploader 程序，将 loader.bin 放到 SRAM 中；完成后执行重映射，将 PC 置 0，这样实际上就开始执行上载到 SRAM 中的 loader.bin 程序。此时，F(X)：boot memory→SRAM。

loader.bin 将用户上传的 U-Boot.bin 下载到 SDRAM 中，然后跳转到 U-Boot 的起始位置开始执行。在这个情景中，U-Boot.bin 的运行之初就在 SDRAM 中，而且此时 F(X)：boot memory→SRAM。

(2) 情景 2：片外启动，boot.bin＋U-Boot.bin.gz

上电或复位后，F(X)：boot memory→Nor Flash。首先执行 boot.bin，它的作用就是初始化 SDRAM；然后解压 U-Boot.bin.gz，放到 SDRAM 中。最后调转到相应位置，执行 U-Boot。在这个情景中，U-Boot.bin 的生命之初也在 SDRAM 中，不过此时 F(X)：boot memory→Nor Flash。

(3) 情景 3：片外启动，U-Boot.bin

上电或复位后，F(X)：boot memory→Nor Flash。开始执行 U-Boot，这样 U-Boot 将自身下载到 SDRAM 中，然后跳转至相应位置执行，如表 4.1 所列。在这个情景中，U-Boot.bin 的运行之初在 Nor Flash 中，然后到 SDRAM；不过在这整个过程中 F(X)：boot memory→Nor Flash。

表 4.1 U-boot 开始时刻的执行场所与 F(X) 规则对比

	U-Boot 开始执行时的位置	Boot memory 指向
情景 1	SDRAM	F(X)：boot memory→SRAM
情景 2	SDRAM	F(X)：boot memory→Nor Flash
情景 3	Nor Flash	F(X)：boot memory→Nor Flash

4.4 Boot Loader 的移植

初次移植读者可能会有这样的疑问：经常看到 Boot Loader 移植成功，那么怎样才算是移植成功呢？对这个问题，笔者认为要结合 Boot Loader 的作用来理解。Boot Loader 是为内核服务的，它的基本功能就是加载内核映像，为内核准备好运行环境。当它向内核完成任务交接后，使命就算完成了。从这个角度讲，加载内核和初始化是 Boot Loader 两个最基本的功能，算是最小化的 Boot Loader。为了某种特定的需求，可以自行编写最小化 Boot Loader，以节省空间、提高效率。

考虑到 Boot Loader 也并非一次固化就能成功运行的，往往需要调试，解决相应的故障。

第4章 Boot Loader

那么在 Boot Loader 中可以增加烧写映像的功能,增加调试和定位手段。由于内核调试的复杂性,有时候甚至需要把内核调试的功能加入到 Boot Loader 中。这样 Boot Loader 就不仅仅是 Loader 和 Boot 的功能,慢慢地发展壮大起来。这种 Boot Loader 称为 Monitor,但是一般不进行区分,统称为 Boot Loader。U-Boot 就是这样一款功能比较齐备的 Monitor。

理解了这一点就可以解决上述疑问了。实现内核加载和基本初始化,就可以算是移植成功。为了调试和后续工作的便利性,在基本移植的基础上需要做更多的工作;而这个工作是没有标准去衡量的,可以根据自己的需求达到他人的需求,就可以认为移植成功。比如检测网络是否畅通的 ping 功能,如果不移植,那么也可以完成 Boot Loader 的任务;如果移植,就可以增加一个定位的手段。这都可以根据自身情况进行设计。

本节介绍的移植也是基于上述观点,首先完成基本功能,然后增加调试、定位以及其他方便开发的手段。完全覆盖读者心中的"移植"需求是不可能做到的,但是掌握了方法,则是一通百通。

在移植 Boot Loader 前,首先明确 K9I AT91RM9200 开发套件的最小系统资源,比较与 AT91RM9200DK 开发板的区别,这是移植的最主要的工作量。

- MCU:ATMEL AT91RM9200;
- SDRAM:HY57V281620HCT-H×2(4banks×1M×16 位=8 MB,2 片组成 16M 数存空间);
- Nor Flash:28F640J3A,位宽为 16 位,容量为 8 MB;
- PHY:DM9161E。

AT91RM9200DK 所采用的 SDRAM、Nor Flash 都与 K9I 不同,那么在移植的时候,就要重点解决 SDRAM 初始化部分和 Nor Flash 的读/写驱动。

然后,搭建好编译环境和调试环境:

编译环境:Windows XP(Host OS) + VMware + Redhat Linux 9.0(Guest OS)。

```
[armlinux@ lqm armlinux]$ tree -L 1
.
|-- apps            // 应用程序开发目录
|-- bin             // 常用脚本
|-- bootloader      // bootloader 编译目录
|-- fs              // 文件系统制作目录
`-- kernel          // 内核编译目录

5 directories, 0 files
```

调试环境:SecureCRT + Source Insight + AT91RM9200 调试串口。

4.4.1 Loader 和 Boot

Loader 和 Boot 是 ATMEL 公司提供的用于 AT91RM9200 开发的配套软件,Loader 前

面提到过,就是通过 XMODEM 协议下载二级 Boot Loader 到 SDRAM 中。Boot 主要是实现了 gzip 的解压缩,可以将 gzip 压缩过的 Boot Loader 解压并搬移到 SDRAM 中,主要考虑了空间效率(由于引入了压缩与解压缩,在时间效率上就打了折扣)。

Loader 不需要初始化 Flash,所以只需要关注 SDRAM 相关的设置即可。具体的移植步骤如下:

① 建立 Loader 的 Source Insight 工程,便于查看代码。
② 将 Loader 源代码放到 Guest OS 上并编译。

```
[armlinux@ lqm armlinux]$ cd bootloader/
[armlinux@ lqm bootloader]$ cp /mnt/hgfs/common/loader.tar.gz .
[armlinux@ lqm bootloader]$ autounzip loader.tar.gz                // 自动解压缩
[armlinux@ lqm bootloader]$ cd loader
[armlinux@ lqm loader]$ find . -type d -name "CVS"                 // 删除 CVS 目
录
./CVS
./include/CVS
[armlinux@ lqm loader]$ find . -type d -name "CVS" | xargs rm -rf
```

修改 Makefile,主要是更改交叉编译器的路径。

```
CROSS_COMPILE= /usr/local/arm/2.95.3/bin/arm-linux-
CC= $ (CROSS_COMPILE)gcc
```

③ 修改 SDRAM 相关部分。

首先,因为 K9I 的 SDRAM 为 16 MB,空间为 0x2000 0000~0x2100 0000。这与 AT91RM 9200DK 的配置不同(AT91RM9200DK 的 SDRAM 为 32 MB,空间为 0x2000 0000~0x2200 0000)。那么就需要更改 U-Boot 在 SDRAM 中的基地址,一般是预留出 SDRAM 的高端 1 MB 空间;对于 K9I 来说,就是 0x20f0 0000~0x2100 0000,那么 U-Boot 在 SDRAM 中的基地址为 0x20f0 0000。修改 main.h 中如下两行:

```
# define AT91C_UBOOT_BASE_ADDRESS    0x20f00000
# define AT91C_UBOOT_MAXSIZE         0x20000
```

注意:如果增加 U-Boot 的功能,使之最终映像的大小超出 0x20000,则要相应修改 AT91C_UBOOT_MAXSIZE;否则,无法正常运行。

接下来需要修改 SDRAM 的初始化函数,即 init.c 中的 AT91F_InitSDRAM()。这要综合所采用的 SDRAM 和 AT91RM9200 的 SDRAM 控制器两个方面,二者需要一致才能将 SDRAM 正确初始化。

1) K9I SDRAM

K9I 所采用的 SDRAM 为 HY57V281620HCT,其引脚如表 4.2 所列。可见,BA[0~1] 对应 4 个 banks,RA[0~11] 对应 Row bits 为 12,CA[0~7] 对应 Column bits 为 8。

第 4 章 Boot Loader

表 4.2 HT57V281620HCT 引脚

引 脚	名 称	描 述
BA0、BA1	bank 地址	
A0~A11	地址线	行地址 RA0~RA11 列地址 CA0~CA7
DQ0~DQ15	数据输入/输出	

HY57V281620HCT 为 4096 refresh cycles/64 ms,即刷新频率为 64 ms/4 096＝15.625 μs。

2) AT91RM9200 SDRAM Controller

首先看 SDRAMC_CR 寄存器。与 HY57V281620HCT 对应,NC 应为 0b00,NR 应为 0b01,NB 应为 0b1。

然后计算一下刷新率。因为 SDRAM 的时钟信号为 MCK,本系统中 MCK 为 60 MHz。为了保证刷新成功,SDRAMC_TR 寄存器设置的 count 应该小于 15.625×60＝937.5,即约小于 0x3A9。对照源程序,发现只需要修改 SDRAMC_CR 即可。

```
void AT91F_InitSDRAM()
{
    volatile int * pSDRAM =  (int * )AT91C_BASE_SDRAM;
    /* Configure PIOC as peripheral (D16/D31) * /
    AT91F_PIO_CfgPeriph( AT91C_BASE_PIOC, 0xFFFF0000, 0);
    /* Setup MEMC to support all connected memories (CS0= FLASH; CS1= SDRAM)* /
    AT91C_BASE_EBI- > EBI_CSA = AT91C_EBI_CS1A;
    /* Init SDRAM* /
    AT91C_BASE _SDRC- > SDRC _CR =  0x2188c154;
    AT91C_BASE_SDRC- > SDRC_MR =  0x02;
    * pSDRAM =  0;
    AT91C_BASE_SDRC- > SDRC_MR =  0x04;
    * pSDRAM =  0;
    * pSDRAM =  0;
    * pSDRAM =  0;
    * pSDRAM =  0;
    * pSDRAM =  0;
    * pSDRAM =  0;
    * pSDRAM =  0;
    * pSDRAM =  0;
    AT91C_BASE_SDRC- > SDRC_MR =  0x03;
    * (pSDRAM + 0x80) = 0;
    AT91C_BASE_SDRC- > SDRC_TR= 0x2e0;
    * pSDRAM =  0;
    AT91C_BASE_SDRC- > SDRC_MR =  0;
    * pSDRAM =  0;
}
```

④ 改变打印信息。比如在 main.c 的 boot()中增加作者信息：

AT91F_DBGU_Printk("lqm: Bootloader Level 1");

⑤ 编译。

```
[armlinux@ lqm loader]$ make
...
/usr/local/arm/2.95.3/bin/arm- linux- gcc - nostdlib - Tld.script - o loader entry.o
div0.o _udivsi3.o _umodsi3.o init.o crt0.o main.o asm_isr.o jump.o lib_AT91RM9200.o
/usr/local/arm/2.95.3/bin/arm- linux- objcopy - O binary - j .text loader loader.text
/usr/local/arm/2.95.3/bin/arm- linux- objcopy - O binary - j .data loader loader.data
cat loader.text loader.data > loader.bin
[armlinux@ lqm loader]$ cp loader.bin /mnt/hgfs/common/
```

⑥ 测试 loader.bin 是否成功。

对 K9I 而言，因为采用了串口转 USB 芯片，所以需要在 Host OS 上安装驱动 PL2303 驱动_WIN。安装完成后，用 USB 连接，则在设备管理器的端口下增加一个虚拟串口，如图 4.5 所示。

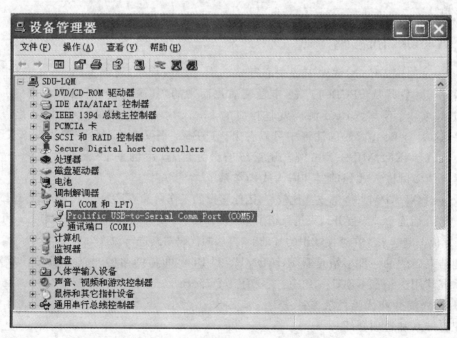

图 4.5 设备管理器的端口显示

安装好驱动后就可以打开 secureCRT，建立 COM5（虚拟串口号与上端口号对应）的一个

第 4 章 Boot Loader

工程,设置为"115 200,8,N,1"模式,然后连接。拔掉短路片,复位,这时在屏幕上会打印一串"CCCC…"。

选择 secureCRT 中的"传输"→"发送 XMODEM"菜单项,找到 loader.bin,然后上传:

```
正在开始 xmodem 传输。 按 Ctrl+ C 取消。
正在传输 loader.bin...
   100%        6 KB      3 KB/s 00:00:02         0 错误
   100%        6 KB      3 KB/s 00:00:02         0 错误
- I- AT91F_LowLevelInit(): Debug channel initialized
lqm: Bootloader Level 1
Loader 1.0 (Oct   4 2009 - 18:19:18)
XMODEM: Download U- BOOT
```

利用开发板提供的 U-Boot.bin 看是否能正常启动运行,如果能,则说明 loader 已经移植成功。

至于 Boot,在后续的开发中,不采用压缩方式。因为 boot.bin 会占用 64 KB,u-boot.bin.gz 也会占用 64 KB,如果不采用压缩方式,128 KB 也可以容纳 U-Boot.bin,而且启动时间也会缩短。所以这里不探讨 Boot 的移植(移植类似于 Loader,工作量并不大),有兴趣的读者可以尝试移植。

4.4.2 U-boot 的移植

U-Boot 是德国 DENX 软件工程中心开发的引导加载程序,遵循 GPL 条款,对 Linux 的支持最为完善。它是从 PPCBOOT 逐步发展演化而来的,其源码目录、编译形式与 Linux 内核很相似,事实上,不少 U-Boot 源码就是相应的 Linux 内核源程序的简化,尤其是一些设备驱动程序,这从 U-Boot 源码的注释中可以看出。U-Boot 不仅支持多种类型的操作系统,而且支持 PowerPC、ARM、MIPS、X86 等常用系统的微处理器,这也是 U-Boot 项目的开发目标,即支持尽可能多的嵌入式处理器和嵌入式操作系统。

U-Boot 对 AT91RM9200 的支持比较好,因此移植的工作量并不是太大。本节没有对 U-Boot 进行详细分析(在后面章节中展开),只是介绍了移植的步骤,让读者能够自己编译出 U-Boot.bin,并且让其在开发板上跑起来。在感性认识的基础上,再从源代码对其进行深入分析。

处理结束后的第一件事情是看 README。U-Boot 的帮助文档非常全面,能够帮助开发者迅速掌握其用法。在 README 中,主要有几个部分:

➢ U-Boot 简介和代码目录树;
➢ 配置体系和选项介绍;
➢ 编译步骤和移植方法;
➢ 命令介绍;
➢ mkimage 和映像加载方法。

第4章 Boot Loader

这几个部分都需要熟悉,可以结合下面步骤去了解。

移植时需要修改较多的有3点:一是针对微处理器平台资源的配置;二是Nor Flash的驱动和SDRAM的初始化;三是网络驱动。本设计采用U-Boot-2009.06,下面介绍主要的移植步骤。

① 下载解压U-Boot-2009.06,做如下处理:

```
[armlinux@ lqm bootloader]$ mv u-boot-2009.06 u-boot-2009.06.orig
[armlinux@ lqm bootloader]$ cp -rf u-boot-2009.06.orig/ u-boot-2009.06
[armlinux@ lqm bootloader]$ ln -s u-boot-2009.06.orig/ orig
[armlinux@ lqm bootloader]$ ln -s u-boot-2009.06 develop
[armlinux@ lqm bootloader]$ cd develop
```

② 在平台依赖文件夹board/atmel/下,针对自己的硬件平台AT91RM9200dk,修改相应的文件。

- 修改程序链接地址,把config.mk文件中的TEXT_BASE修改为0x20f00000。
- 修改Nor Flash驱动。根据自己的Nor Flash类型,可以参考xm250文件夹下的flash.c,其主要需要定义位宽FLASH_PORT_WIDTH16以及相对应的info→size。

③ 修改顶层Makefile。

这里需要设置CROSS_COMPILE的路径,这里使用如下:

```
CROSS_COMPILE = /usr/local/arm/arm-2007q1/bin/arm-none-linux-gnueabi-
```

为了编译方便,增加了编译命令:

```
# make { your board }
% : distclean % _config
$ (MAKE) && echo "^_^ Succeed!"
```

修改完成之后,可以测试配置。

```
# make at91rm9200dk
```

注意:该版本中提供了一个MAKEALL的脚本,可以实现整个编译。所以也可以不用添加上述编译命令,而是采用MAKEALL脚本:

```
[armlinux@ lqm develop]$ ./MAKEALL at91rm9200dk
```

④ 设置Flash和SDRAM时序。配置文件为include/configs/AT91RM9200dk.h。这需要根据Nor Flash和SDRAM芯片的Datasheet,逐项分析修改。

a) SDRAM初始化的配置

```
# define CONFIG_NR_DRAM_BANKS 1
# define PHYS_SDRAM 0x20000000
# define PHYS_SDRAM_SIZE 0x1000000    /* 16 megs */
# define CONFIG_SYS_PIOC_ASR_VAL 0xFFFF0000
```

第4章 Boot Loader

```
# define CONFIG_SYS_PIOC_BSR_VAL 0x00000000
# define CONFIG_SYS_PIOC_PDR_VAL 0xFFFF0000
# define CONFIG_SYS_EBI_CSA_VAL   0x00000002 /* CS1= CONFIG_SYS_SDRAM */
# define CONFIG_SYS_SDRC_CR_VAL   0x2188c154
# define CONFIG_SYS_SDRAM         0x20000000 /* address of the CONFIG_SYS_SDRAM */
# define CONFIG_SYS_SDRAM1        0x20000080 /* address of the CONFIG_SYS_SDRAM */
# define CONFIG_SYS_SDRAM_VAL     0x00000000
# define CONFIG_SYS_SDRC_MR_VAL   0x00000002 /* Precharge All */
# define CONFIG_SYS_SDRC_MR_VAL1  0x00000004 /* refresh */
# define CONFIG_SYS_SDRC_MR_VAL2  0x00000003 /* Load Mode Register */
# define CONFIG_SYS_SDRC_MR_VAL3  0x00000000 /* Normal Mode */
# define CONFIG_SYS_SDRC_TR_VAL   0x000002E0 /* Write refresh rate */
```

前面在 loader 的移植时，已经对 SDRAM 部分进行了详细分析。U-Boot 对 SDRAM 的初始化也类似，需要修改 SDRAMC_CR 寄存器的值。

b) Nor Flash 的配置

Nor Flash 为 8 MB，分为 64 个扇区，标记为 Sector[0～63]。其中，每个扇区 128 KB，目前分给 U-Boot.bin 的空间为 Sector 0，分为给环境变量的空间为 Sector 1。

```
# define PHYS_FLASH_1                0x10000000
# define PHYS_FLASH_2                0x0
# define PHYS_FLASH_SIZE             0x00800000  /* 2 megs main flash */
# define CONFIG_SYS_FLASH_BASE       PHYS_FLASH_1
# define CONFIG_SYS_MAX_FLASH_BANKS  1
# define CONFIG_SYS_MAX_FLASH_SECT   64
# define PHYS_FLASH_SECT_SIZE        (128* 1024)
# define CONFIG_SYS_FLASH_ERASE_TOUT    (2* CONFIG_SYS_HZ) /* Timeout for Flash Erase */
# define CONFIG_SYS_FLASH_WRITE_TOUT    (2* CONFIG_SYS_HZ) /* Timeout for Flash Write */
# define CONFIG_SYS_FLASH_UNLOCK_TOUT   (2* CONFIG_SYS_HZ)
```

c) 环境变量的配置

环境变量选择放在 U-Boot.bin 之后的扇区，即 Sector 1。

```
# define CONFIG_ENV_ADDR   (PHYS_FLASH_1 + 0x20000) /* after u-boot.bin */
# define CONFIG_ENV_SIZE   0x20000 /* sectors are 128K here */
```

上述工作完成后，即可测试 U-Boot.bin 是否能够正常启动。

```
[armlinux@ lqm develop]$ ./MAKEALL AT91RM9200dk
Configuring for AT91RM9200dk board...
   text    data     bss     dec     hex filename
  89876    3668  118800  212344   33d78 ./u-boot
[armlinux@ lqm develop]$ cp u-boot.bin /mnt/hgfs/common/
```

然后采用片内启动，用 XMODEM 先上传 loader.bin，再上传 u-boot.bin。如果能够看到

"U-Boot>",则说明 loader.bin 的 SDRAM 初始化正常,U-Boot 的基本初始化正常,这时并不能证明 U-Boot 的 SDRAM 初始化部分正常。所以接下来需要进行验证:

第一,环境变量修改测试。

```
U-Boot 2009.06 (Oct 05 2009 - 10:31:50)

U-Boot code: 20F00000 -> 20F16D68  BSS: -> 20F33E10
RAM Configuration:
Bank # 0: 20000000 16 MB
Flash:  8 MB
*** Warning - bad CRC, using default environment

In:    serial
Out:   serial
Err:   serial
U-Boot>
```

第一次启动 U-Boot 时会出现上述 warning,这是因为没有保存环境变量。设置相应的环境变量并保存,在测试环境变量是否正常的时候也检测了 Nor Flash 的读/写驱动是否正常。

```
U-Boot> setenv serverip 192.168.0.108       // 设置 tftp 服务器 IP
U-Boot> setenv ipaddr 192.168.0.102         // 设置本地 IP
U-Boot> setenv ethaddr e2:32:59:87:ae:a4    // 设置以太网 MAC 地址
U-Boot> saveenv                             // 保存环境变量
Saving Environment to Flash...
Un- Protected 1 sectors
Erasing Flash...
Erasing sector  1 ... done
Erased 1 sectors
Writing to Flash...\done
Protected 1 sectors
U-Boot> printenv                            // 打印环境变量
bootdelay= 3
baudrate= 115200
stdin= serial
stdout= serial
stderr= serial
serverip= 192.168.0.108
ipaddr= 192.168.0.102
ethaddr= e2:32:59:87:ae:a4
Environment size: 139/131068 bytes
```

设置 ethaddr 时要注意,这个地址必须是有效地址的;如果地址无效,则网络不会正常。U-Boot 提供了一个工具,可以生成有效的 MAC 地址,编译后则在 tools 下;上面使用的地址就是如此获取的。

```
[armlinux@ lqm tools]$ ./gen_eth_addr
e2:32:59:87:ae:a4
```

第 4 章 Boot Loader

第二,网络测试。

前面设置好了网络参数,那么可以使用 ping 命令来检测网络是否畅通。

```
U-Boot> ping $ (serverip)
host 192.168.0.108 is alive
```

注意:在 U-Boot 提示符下,可以用 $(var)的形式对已经设置的环境变量进行引用。

既然网络畅通,则可以开启 Host OS 的 TFTP 服务器,把 U-Boot.bin 固化到扇区 0。

```
U-Boot> tftp 20000000 u-boot.bin
TFTP from server 192.168.0.108; our IP address is 192.168.0.102
Filename 'u-boot.bin'.
Load address: 0x20000000
Loading: ##################
done
Bytes transferred = 93544 (16d68 hex)
U-Boot> protect off 1:0
Un- Protect Flash Sectors 0- 0 in Bank # 1
U-Boot> erase 1:0
Erase Flash Sectors 0- 0 in Bank # 1
Erasing sector    0 ...  done
U-Boot> cp.b 20000000 10000000 16d68
Copy to Flash.../done
```

注意,cp.b 的第三个参数为要复制的字节数,采用的是十六进制。这个参数必须比 u-boot.bin 的实际大小要大,同时不能超过扇区 0 的容量 128 KB。一般可以选择 TFTP 传输结束后打印出的大小。

固化成功后,接上短路片,重启,可得到如下显示:

```
U-Boot 2009.06 (Oct 05 2009 - 10:31:50)

U-Boot code: 20F00000 -> 20F16D68  BSS: -> 20F33E10
RAM Configuration:
Bank # 0: 20000000 16 MB
Flash:  8 MB
In:    serial
Out:   serial
Err:   serial
U-Boot> printenv
bootdelay= 3
baudrate= 115200
serverip= 192.168.0.108
ipaddr= 192.168.0.102
ethaddr= e2:32:59:87:ae:a4
stdin= serial
```

```
stdout= serial
stderr= serial
Environment size: 139/131068 bytes
U-Boot> ping $ (serverip)
host 192.168.0.108 is alive
```

可见，首先消除了前面的 waring，而且环境变量打印也没有问题，说明环境变量的设置，Nor Flash 的烧写都是正常的。其次，ping 功能正常，说明网络功能正常。最后，U-Boot 片外非压缩能够正常启动，说明 SDRAM 的初始化也没有问题。SDRAM 的初始化还可以通过下面两种方法来验证。

方法 1：使用 mw 和 md 测试

mw [内存的起始地址][要写入的数值][要写入的内存单元的数目]
md [内存的起始地址][要读取的内存单元的数目]

```
U-Boot> mw 20000000 55
U-Boot> mw 20000000 55 10
U-Boot> md 20000000 10
20000000: 00000055 00000055 00000055 00000055    U...U...U...U...
20000010: 00000055 00000055 00000055 00000055    U...U...U...U...
20000020: 00000055 00000055 00000055 00000055    U...U...U...U...
20000030: 00000055 00000055 00000055 00000055    U...U...U...U...
```

方法 2：使用 mtest 进行测试

mtest [内存的起始地址][内存的结束地址][模式][测试次数]

其中，模式分为如下几类：

```
static const ulong bitpattern[] = {
    0x00000001,    /* single bit */
    0x00000003,    /* two adjacent bits */
    0x00000007,    /* three adjacent bits */
    0x0000000F,    /* four adjacent bits */
    0x00000005,    /* two non- adjacent bits */
    0x00000015,    /* three non- adjacent bits */
    0x00000055,    /* four non- adjacent bits */
    0xaaaaaaaa,    /* alternating 1/0 */
};
U-Boot> mtest 20000000 20000010 1 10
Pattern FFFFFFF7  Writing...  Reading...Tested 16 iteration(s) without errors.
```

至此，U-Boot 的移植基本完成，这时要做好 patch 备份。

```
[armlinux@ lqm develop]$ make distclean
[armlinux@ lqm develop]$ cd ..
[armlinux@ lqm bootloader]$ diff - urN orig/ develop/ > u- boot.patch
```

第 4 章 Boot Loader

> **提示**
>
> 使用 AXD 调试 U-Boot 的方法
>
> U-Boot 的移植并非简单的事情,尤其是移植初期调试手段缺乏的情况下。AXD 是 ARM 公司提供的比较优秀的调试工具,能够更好地辅助定位。
>
> 打开 AXD,按下 Alt+L,则打开一个命令行调试工具,可以进行单步调试。假设通过 samba 服务来建立共享,然后在 windows 下将其映射到 J 盘。
>
> (1) **LoadBinary j:\u-boot.1.3.2\u-boot.bin 0x21f00000**
>
> 将一个文件导入 SDRAM(在 Linux 交叉编译的 u-boot.bin)。
>
> (2) **LoadSymbols j:\u-boot.1.3.2\u-boot**
>
> 导入符号表(在 Linux 交叉编译的 ELF 格式的文件,u-boot 在 u-boot 根目录下)。
>
> (3) **SetPC**
>
> 设置 PC 寄存器(设置初始化运行地址)。
>
> (4) **Run**
>
> 开始运行。
>
> 可以利用批处理文件(OB 命令)来免去敲击命令的麻烦。以调试 U-Boot 为例,写一个批处理文件放在 J 盘,文件名为 u-boot.txt,内容如下:
>
> ```
> loadbinary J:\u- boot- 1.3.2\u- boot.bin 0x00100000
> loadsymbols J:\u- boot- 1.3.2\u- boot.axf
> setpc 0x211F0000
> run
> ```
>
> 打开 AXD,按下 ALT+L,键盘输入 ob J:\u-boot.txt。则 AXD 自动运行批处理文件内的命令,自动载入 U-Boot 的二进制代码,自动载入符号表,设置指针为 0x00100000 并开始运行;如果在 AXD 中断运行,则自动显示源代码。

4.5 U-boot 的 3 种启动方式无关性设计

U-Boot 作为一款通用的 Boot Loader,在嵌入式系统领域是非常成功的。但是在 AT91RM9200 重映射机制的使用上存在不合理性,给移植带来了很多不便。本节详细介绍了 AT91RM9200 的重映射机制以及启动流程,提出了一种检测易失性存储介质的算法,采用情景分析的方法给出 U-Boot 的 3 种模式启动无关性的修正方案,对 U-Boot 移植和 Boot Loader 的设计有一定的参考价值。

4.5.1 背景介绍

在嵌入式系统中,程序代码必须放在非易失性存储介质里,而嵌入式处理器的速度远远大于非易失性存储介质的读取速度。为了缓解这种矛盾,这里介绍了一种高速缓存的技术方案,即利用高速的易失性存储介质,比如 SRAM,作为非易失性存储介质的高速缓存。因此,形成了典型的"金字塔式"的存储体系架构。但是因为处理器在体系结构的设计决定了上电或复位时从固定的位置取指,此时中断向量表仍然存放于低速非易失性介质里,所以不能有效提高处理器对异常处理的速度。为了解决这个问题,同时更好地支持存储体系架构,提高系统性能,提出了重映射的解决方案。

4.5.2 重映射的理论模型

要理解重映射,必须首先理解映射。映射的基本理论模型如图 4.6 所示。用公式表示为 $A \xrightarrow{F(X)} B$,其中,A 表示输入域,B 表示输出域,$F(X)$ 表示规则。那么 A 在规则 $F(X)$ 下能够与 B 对应,这种对应关系就是映射。

在嵌入式系统中,这个模型应用比较普遍,完全可以用硬件实现,也可以硬件和软件协同实现。根据作用时间不同,第一次称为映射,后面就称为重映射。基本理论相同,实现方式也类似。在不影响理解的情况下,后面不区分映射和重映射这两个术语。嵌入式系统中重映射对应的输入/输出都是地址数据,下面举一个完全硬件实现重映射的简单实例。

令 $A=\{0x00000000 \sim 0x000fffff\}$,实现到 $B=\{0x00100000 \sim 0x001fffff\}$ 的重映射。可以看出,它们的不同在于 A20~B20 这对地址线,所以硬件只需对此进行处理就可以了。如图 4.7 所示,无论 A20 为高电平还是低电平,对应的 B20 都是高电平。CPU 访问$\{0x00000000 \sim 0x000fffff\}$ 或者$\{0x00100000 \sim 0x001fffff\}$,在映射关系下,实际都是访问到$\{0x00100000 \sim 0x001fffff\}$。通过改变映射关系,可以把$\{0x00000000 \sim 0x000fffff\}$这个 1 MB 的地址空间映射到任意位置。这样就可以实现 CPU 从固定位置取值,但是实际对应的物理存储介质可以不同了。

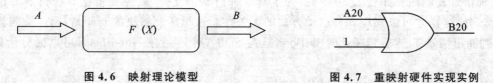

图 4.6　映射理论模型　　　　图 4.7　重映射硬件实现实例

根据重映射需求的不同,$F(X)$ 对应的复杂度也不同。为了分析方便,在 AT91RM9200 的重映射机制分析中,$F(X)$ 就作为一个黑匣子处理,对内部实现细节不做探讨。

4.5.3　U-boot 的不合理性分析

对 AT91RM9200 而言，入口位于 cpu/arm920t/start.S。代码如下：

```
        /*
         * 重定位中断向量表
         */
        ldr     r0, = _start
        ldr     r1, = 0x0
        mov     r2, # 16
copyex:
        subs    r2, r2, # 1
        ldr     r3, [r0], # 4
        str     r3, [r1], # 4
        bne     copyex
```

代码的作用就是把 U-Boot 开始的 0x40 个字节复制到 0x0 开始的位置，也就是实现了中断向量表的搬移。结合表 4.1，对于情景 1 那是没有问题的，这样实际就复制到 SRAM 中。但是，对于情景 2 和 3，就是不合理的了，因为此时 0x0 位置是 Nor Flash，它们都是不可以直接以字节写入的。那么就是说，对情景 2 和情景 3，这段代码无法实现将中断向量表复制到 SRAM 并将 SRAM 映射到 0x0 开始的 1 MB 地址空间内这个任务。

为了验证此结论，提出一个检测算法 1：向 0x0 位置写入 0x55，然后读取 0x0 的数值，看看是否为 0x55，如果是，说明此处为 SRAM；如果不是，说明此处为非易失性存储介质。

利用这个算法可以在 lib_arm/board.c 中插入测试代码，验证表 4.1 结论的正确性。经实验分析，表 4.1 是正确的，这样也就间接证明了上述代码的不合理性。

如果想要直接测试，那么也可以提供一个简单算法 2：就是在 lib_arm/board.c 中插入测试代码，读取从 0x0 开始的 0x40 个字节，然后与 U-Boot.bin 起始位置的 0x40 个字节对比，看看是否一致。

4.5.4　解决方案

三种情景复制内容如表 4.3 所列。为了对 3 种情景都支持，就需要根据 3 种情景的特点来进行区分，这样才可以实现 3 种启动方式的无关性。这里需要解决的问题是，通过检测算法 1 可以判断出情景 1；然后判断此时 U-Boot 是在 SDRAM 还是在 Nor Flash，可以区分情景 2 和情景 3。

对情景 1 和情景 2，因为此时 U-Boot 已经在 SDRAM 中，所以是否执行重映射对 U-Boot 本身的执行并无影响。但是对情景 3，此时 U-Boot 仍在 Nor Flash 中，boot memory 仍然指向 Nor Flash。一旦执行重映射，boot memory 会立即指向 SRAM，那么 PC 下一条指令就无法正常获取了。为了保证其正常获取，必须把跳转到 SDRAM 之前的代码复制到 SRAM 中，这样重映射前后就会实现无缝转换。（当然，这种实现方式对于 start.S 代码比较大的情况不合适。

如果是那样，可以采取另外的解决办法，就是在 lib_arm/board.c 中来通过算法 1 来决定是否执行重映射。这样复制的长度就可以统一为 0x40 个字节了。）

表 4.3　3 种情景复制内容对比

	复制起始位置	复制到达位置	复制的长度	是否重映射
情景 1	_start	0x0	16×4	否
情景 2	_start	0x200000	16×4	是
情景 3	0x10000000	0x200000	(_start_armboot-_start) >> 2 + 1	是

制作 patch 时，代码的主要修改部分如下：

```
diff -urN orig/cpu/arm920t/start.S develop/cpu/arm920t/start.S
--- orig/cpu/arm920t/start.S     2009-06-15 03:30:39.000000000 +0800
+++ develop/cpu/arm920t/start.S  2009-08-30 09:43:01.000000000 +0800
@@ -119,12 +119,33 @@
         bl red_LED_on
 # if    defined(CONFIG_AT91RM9200DK) || defined(CONFIG_AT91RM9200EK)
+        mov r0, #0x55
+        ldr r1, =0x0
+        str r0, [r1]
+        ldr r2, [r1]
+        cmp r2, r0
+        beq 1f
+        adr r0, _start
+        ldr r1, _TEXT_BASE
+        cmp r0, r1
+        beq 2f
+        bne 3f
+1:
         /*
          * relocate exception table
          */
         ldr    r0, =_start
         ldr    r1, =0x0
         mov    r2, #16
+        b copyex
+2:
+        ldr r0, =_start
+        b 4f
+3:
+        ldr r0, =0x10000000
+4:
+        mov r2, #16
+        ldr r1, =0x00200000
 copyex:
         subs   r2, r2, #1
         ldr    r3, [r0], #4
```

第4章 Boot Loader

```
@@ -259,8 +280,12 @@
         */
         mov     ip, lr
+        adr r0, _start
+        ldr r1, _TEXT_BASE
+        cmp r0, r1
+        beq 1f
         bl      lowlevel_init
-
+1:
         mov     lr, ip
         mov     pc, lr
    #endif /* CONFIG_SKIP_LOWLEVEL_INIT */
diff -urN orig/include/common.h develop/include/common.h
--- orig/include/common.h       2009-06-15 03:30:39.000000000 +0800
+++ develop/include/common.h    2009-08-30 09:45:11.000000000 +0800
@@ -695,6 +695,8 @@
 #error Read section CONFIG_SKIP_LOWLEVEL_INIT in README.
 #endif

+#define MEM_READ(addr)              (*(volatile unsigned long *)(addr))
+#define MEM_WRITE(addr, val)    (*(volatile unsigned long *)(addr)=(val))
 #define ARRAY_SIZE(x) (sizeof(x) / sizeof((x)[0]))

 #define DIV_ROUND(n,d)          (((n) + ((d)/2)) / (d))
diff -urN orig/lib_arm/board.c develop/lib_arm/board.c
--- orig/lib_arm/board.c        2009-06-15 03:30:39.000000000 +0800
+++ develop/lib_arm/board.c     2009-08-30 09:56:02.000000000 +0800
@@ -38,6 +38,8 @@
  * FIQ Stack: 00ebef7c
  */

+#define DEBUG
+
 #include <common.h>
 #include <command.h>
 #include <malloc.h>
@@ -296,6 +298,24 @@
 #if defined(CONFIG_VFD) || defined(CONFIG_LCD)
         unsigned long addr;
 #endif
+#if defined(CONFIG_AT91RM9200DK)
+        ulong i;
+#endif
+
+#if defined(CONFIG_AT91RM9200DK)
+        i = MEM_READ(0x0);
+        MEM_WRITE(0x0, 0x55);
+        if (MEM_READ(0x0) != 0x55) {
+                /*
+                 * boot memory is not sram
```

```
+                    *  so write 0x01 to MC_RCR
+                    *  in order to realize remap
+                    */
+                   MEM_WRITE(0xffffff00, 0x01);
+          } else {
+                   MEM_WRITE(0x0, i);
+          }
+ # endif

        /* Pointer is writable since we allocated a register for it */
        gd = (gd_t* )(_armboot_start - CONFIG_SYS_MALLOC_LEN - sizeof(gd_t));
@ @ - 321,6 + 341,12 @ @
        display_flash_config (flash_init ());
 # endif /* CONFIG_SYS_NO_FLASH */
+ # if defined(CONFIG_AT91RM9200DK) && defined(CONFIG_REMAP_TEST)
+       for (i= 0; i< 0x40; i+ = 4) {
+              printf("0x% 08lx: 0x% 08lx\n", i, MEM_READ(i));
+       }
+ # endif
+
 # ifdef CONFIG_VFD
 #    ifndef PAGE_SIZE
 #        define PAGE_SIZE 4096
```

编写代码实现上述修正之后,经过测试,在 3 种情景下 U-Boot 都可以正常运行。说明前面小节里的分析是正确的。实现 3 个情景的启动无关性,需要对重映射机制充分把握,对每一步的情景都要清晰,这样才可以很好的设计出启动方式无关性的代码。

4.6 Boot Loader 深入分析

4.6.1 将 ELF 文件转换为 BIN

在嵌入式系统中,固化到非易失性存储介质中的软件是 binary 格式。而 Linux 下的可执行文件是 ELF 格式,不能直接固化,必须转化为 bin 文件才能在目标板上运行。在编写硬件板级测试程序时,发现生成的 bin 文件过大。用二进制工具查看得知,在文件中有很大的"空洞"。因此,这里介绍了 Linux 下 ELF 文件转换为 bin 文件的方法,以避免"空洞"的产生。这个方法具有一般性,在类似程序设计中都可以采纳。

AT91RM9200 官方提供了两个例程:Loader,用于片内启动时加载 Boot Loader 到 SDRAM 执行;Boot,用于片外启动时将 Boot Loader 解压缩后,再跳转到 SDRAM 起始位置执行。这两个例程正好可以说明 ELF 文件转换为 bin 文件的两种情况,不过原例程并没有视两种情况区别对待,所以需要进行相应的优化。

第 4 章 Boot Loader

1. 方法一

这里以 AT91RM9200 Boot 为例。Boot 最终得到 boot.bin,为 bin 文件,可以直接固化到 NVM 中。它有两个组成部分,boot.text 和 boot.data。处理方式如下:

```
all: boot.binboot.bin:
boot.text boot.data
    cat $^ > $@
boot.text: boot
    $(OBJCOPY) -O binary -j .text $< $@
boot.data: boot
    $(OBJCOPY) -O binary -j .data $< $@
boot: $(OBJ)
    $(LD) $(LDFLAGS) $^ -o $@
```

下面看一下链接器的设置。

```
[armlinux@ lqm boot]$ cat ld.script
MEMORY {
    ram : ORIGIN = 0x20000000, LENGTH = 0xf000
    rom : ORIGIN = 0x00000000, LENGTH = 0xf000
}
SECTIONS {
    .text : {
        _stext = .;
        * (.text)
        * (.rodata* )
        . = ALIGN(4);
        _etext = .;
    } > rom
    .data : {
        _sdata = .;
        * (.data)
        * (.glue_7* )
        . = ALIGN(4);
        _edata = .;
    } > ram
    .bss : {
        _sbss = .;
        * (.bss)
        . = ALIGN(4);
        _ebss = .;
    } > ram
```

可见就内存空间的安排而言,.text 段放在 ROM 里,而 .data 放在 RAM 里。具体分布如图 4.8 所示。

也就是说,.text 和 .data 段的地址是不连续的,.data 段和 .bss 则是连续的。而 ELF 具有可执行属性

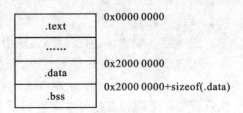

图 4.8 Boot 内存空间分布

的段只有.text 和.data。objcopy 如果直接采用-O binary 选项,则实际上是解析 ELF 文件信息,然后复制.text 段首地址到.data 的段尾地址。很明显,像地址不连续的情况就会出现空洞。如 boot,空洞会相当大,根本不适合下载。下面根据 Linux 下工具进行具体分析。

```
[armlinux@ lqm boot]$ arm-linux-readelf -a boot > elfinfo.txt
```

这样可以得到生成 ELF 文件的所有信息。主要信息如下:

```
Section Headers:
  [Nr] Name Type Addr Off Size ES Flg Lk Inf Al
  [0] NULL 00000000 000000 000000 00 0 0 0
  [1] .text PROGBITS 00000000 000074 002744 00 AX 0 0 4
  [2] .data PROGBITS 20000000 0027b8 0001c4 00 WAX 0 0 4
  [3] .bss NOBITS 200001c4 00297c 00841c 00 WA 0 0 4
  [4] .comment PROGBITS 00000000 00297c 000098 00 0 0 1
  [5] .shstrtab STRTAB 00000000 002a14 000035 00 0 0 1
  [6] .symtab SYMTAB 00000000 002b8c 000710 10 7 53 4
  [7] .strtab STRTAB 00000000 00329c 0003e0 00 0 0 1
Key to Flags:
  W (write), A (alloc), X (execute), M (merge), S (strings)
  I (info), L (link order), G (group), x (unknown)
  O (extra OS processing required) o (OS specific), p (processor specific)
```

可以看出,.text 从 0x0000 0000 开始,大小为 0x2744 字节;.data 从 0x2000 0000 开始,大小为 0x1c4;生成的 bin 文件应该为(0x2744+0x01c4)=0x2908=10 504 字节。这个可以用 ls -l 来验证。

不过,采用这种方式需要在程序中进行处理,主要任务就是完成代码的搬移和 bss 的清零处理。这也就是 crt0.S 的作用。

```
[armlinux@ lqm boot]$ cat crt0.S
@ r0 -> start of flash
@ r1 -> where to load data
@ r2 -> start of program
    .text
    .align
    .global main,_main
main:
_main:
    # copy .data section
    ldr r3, = _etext
    ldr r4, = _sdata
    ldr r5, = _edata
    subs r5, r5, r4
    bl copydata

    # clear .bss section
    ldr r4, = _sbss
    ldr r5, = _ebss
    subs r5, r5, r4
```

第 4 章 Boot Loader

```
        mov r0, # 0
        bl clearbss

        #  and jump to the kernel
        b boot
copydata:
        subs r5, r5, # 4
        ldr r6, [r3], # 4
        str r6, [r4], # 4
        bne copydata
        mov pc, lr
clearbss:
        subs r5, r5, # 4
        str r0, [r3], # 4
        bne clearbss
        mov pc, lr
```

2. 方法二

这里以自修改的 AT91RM9200 Loader 为例来介绍。

```
all: loader.bin
loader.bin: $ (OBJ)
$ (LD) $ (LDFLAGS) $ ^ - o loader
$ (OBJCOPY) - O binary loader $ @
```

链接设置如下:

```
[armlinux@ lqm loader]$  cat ld.script
MEMORY {
    ram : ORIGIN =  0x200000, LENGTH =  0x3000
}

SECTIONS {
    .text : {
        _stext = . ;
        * (.text)
        * (.rodata)
        . = ALIGN(4);
        _etext = . ;
    } > ram
    .data : {
        _sdata = . ;
        * (.data)
        * (.glue_7* )
        . = ALIGN(4);
        _edata = . ;
    } > ram
    .bss : {
        _sbss = . ;
        * (.bss)
```

```
        . = ALIGN(4);
        _ebss = .;
    } > ram
}
```

可见, .text 和 .data 的地址是连续的。这样,原来 loader 代码中的 crt0.S 文件是没有必要的。

boot 如果采用方法二的处理方法,则生成的 bin 文件为 0x2000 01c4,很容易验证。

理解了这些,设计 boot loader 时就会综合考虑链接器设置的内存空间分配和 bin 生成方式选择。显然,方法一适合 .text 和 .data 地址不连续的情况,方法二适合 .text 和 .data 地址连续的情况。从根本上来讲,是加载地和运行地的不一致造成的。Boot Loader 在设计时,大多都是加载地和运行地分离,所以需要将映像自加载地搬运到运行地,才能正常运行。分析清楚了这些,就能解决设计实验时出现的生成 bin 文件过大的问题了。

4.6.2 U-boot 源代码分析

U-Boot 的最新版本对 AT91RM9200 的支持比较完善,前面只是针对采用的 SDRAM、Flash 进行了配置。而对于全新的 SoC,移植的工作量是很大的。这时候就需要对 U-Boot 的软件架构有个比较深入的认识,所以研读源代码是非常有必要的。

这里采用的版本为 U-Boot - 2009.06。梳理源代码,通过阅读 README,首先对目录层次有个清晰的认识,如表 4.4 所示。

表 4.4 U-boot 目录层次

目录	描述
board	平台依赖文件,这里的平台一般指开发板
common	通用函数
cpu	平台依赖,存放 CPU 相关的目录文件
disk	通用,硬盘接口部分
doc	帮助文档
drivers	通用设备驱动程序
dtt	通用,数字温度测量器或者传感器的驱动
examples	应用例程
include	头文件和开发板配置文件
lib_generic	通用的库函数实现
lib_<arch>	平台依赖,存放对该架构通用的文件
net	通用,存放网络的程序
post	通用,存放上电自检程序
rtc	通用,RTC 的驱动程序
tools	小工具,用来构建 U-Boot image 或者 S-record 等

第 4 章 Boot Loader

1. U-boot 的编译体系

U-Boot 采用 Makefile 进行工程管理。由于 U-Boot 的规模要比 Linux 内核小得多,所以其 Makefile 相对也简单些。编译体系由顶层 Makefile 和各目录下的子 Makefile 构成,阅读时可以从顶层 Makefile 入手。

(1) make AT91RM9200dk_config

```
AT91RM9200dk_config   :   unconfig
        @ $ (MKCONFIG) $ (@ :_config= ) arm arm920t AT91RM9200dk atmel AT91RM9200
```

$(MKCONFIG)为脚本,它通过读取参数,来解析生成两个文件 include/config.mk 和 include/config.h。include/config.mk 定义了 ARCH 等必要的变量:

```
[armlinux@ lqm develop]$ cat include/config.mk
ARCH    = arm                    // 架构,对应上述参数中的第一个参数
CPU     = arm920t                // CPU 核,对应上述参数中的第二个参数
BOARD   = AT91RM9200dk           // 开发板,对应上述参数中的第三个参数
VENDOR  = atmel                  // 厂商,对应上述参数中的第四个参数
SOC     = AT91RM9200             // SoC,对应上述参数中的第五个参数
```

而 include/config.h 定义了依赖的头文件:

```
[armlinux@ lqm develop]$ cat include/config.h
/* Automatically generated - do not edit * /
# include < configs/AT91RM9200dk.h>
# include < asm/config.h>
```

(2) make CROSS_COMPILE=arm-linux-

```
# load ARCH, BOARD, and CPU configuration
include $ (obj)include/config.mk
export          ARCH CPU BOARD VENDOR SOC

ifndef CROSS_COMPILE
ifeq ($ (HOSTARCH),$ (ARCH))
CROSS_COMPILE =
else
…

ifeq ($ (ARCH),arm)
CROSS_COMPILE = arm-linux-
endif
…

endif           # HOSTARCH,ARCH
endif           # CROSS_COMPILE
export          CROSS_COMPILE
```

第一步生成配置信息完成后回到顶层 Makefile,则可以看到首先要下载相应的配置信息,并且根据配置信息进行配置。习惯上会在该文件中增加 CROSS_COMPILE,以防止每次都要

输入 make CROSS_COMPILE=arm-linux-。

默认情况下,执行的是 make all。

```
ALL + = $ (obj)u- boot.srec $ (obj)u- boot.bin $ (obj)System.map $ (U_BOOT_NAND)
$ (U_BOOT_ONENAND)
ifeq ($ (ARCH),blackfin)
ALL + = $ (obj)u- boot.ldr
endif
all:        $ (ALL)
```

与子 Makefile 的联系都采用了如下的方式,进入子目录,进行编译。

```
$ (SUBDIRS):    depend
        $ (MAKE) - C $ @ all
```

这样就可以很容易根据以后的开发板添加自己开发板的支持了。

2. U-boot 的程序入口

要查找程序的入口,则可以根据开发板的链接文件来确定。对 AT91RM9200dk 来说,其链接文件位于 board/atmel/AT91RM9200dk/u-boot.lds。关键部分如下:

```
ENTRY(_start)
SECTIONS
{
        . = 0x00000000;
        . = ALIGN(4);
        .text    :
        {
            cpu/arm920t/start.o    (.text)
            * (.text)
        }
```

可见,第一个要链接的是 cpu/arm920t/start.o,那么 U-Boot 的入口一定位于该程序中。查找得知,程序的入口位于 cpu/arm920t/start.S。

这里要清楚,为什么该文件的扩展名为大写字母 S 而不是小写字母 s。因为 GNU 的汇编器为 AS,它的内部预处理包含 3 个方面的工作:一是调整和去除额外的间隔符,保留每行关键字前的一个空格或者 TAB,其他任意的间隔符都转换为一个空格;二是去除所有注释,代之以一个空格或者新行的合适的数字;三是把字符常量转换成相应的数字值。它不能进行宏处理和文件包含处理,如果需要使用,那么可以交给 C 预处理器来处理。交给 CPP 处理的文件包含格式是不同的,需要用 #include,跟 C 的一样(AS 中用 .include)。那么 CPP 如何识别这样的文件呢?答案是通过后缀。man gcc 可以获得:

```
file.s
Assembler code.
file.S
```

第 4 章 Boot Loader

> Assembler code which must be preprocessed.

这也是为什么要采用 start.S 的原因了。其配置机制的结果引用就是通过 #include <config.h> 来完成的,对它的处理则是通过 CPP 完成的预处理。更多的资料请参考 GNU AS 的手册。

3. U-boot Stage 1 分析

该部分可以结合前面 Boot Loader 的启动流程来分析,完成的主要工作有:
- CPU 初始化,包括 MMU、Cache、时钟系统、SDRAM 等;
- 重定位,把自身代码从非易失性存储器(NVM)搬移到 SDRAM 中;
- 分配堆栈空间,设置堆栈指针;
- 清空 BSS 段;
- 跳转到第二阶段入口。

stage1 基本由汇编完成,所以需要熟悉 ARM 指令集。ARM 是一种典型的 RISC 架构,所以其指令长度一致,数量相对 CISC 架构要少,所以学习相对容易些。在这个阶段,可以系统学习一下 ARM 体系结构,推荐《ARM Architecture Reference Manual》。

stage1 做的第一步工作就是中断向量表的构建。

```
.globl _start
_start:         b       start_code              // 系统复位对应的跳转
                ldr     pc, _undefined_instruction  // 未定义的指令异常
                ldr     pc, _software_interrupt     // 软件中断异常
                ldr     pc, _prefetch_abort         // 内存操作异常
                ldr     pc, _data_abort             // 数据异常
                ldr     pc, _not_used               // 未使用
                ldr     pc, _irq                    // 慢速中断异常
                ldr     pc, _fiq                    // 快速中断异常
```

接下来是几个全局变量的定义,真正的起始代码为:

```
/*
 * the actual start code
 */
start_code:
        /*
         * set the cpu to SVC32 mode
         */
        mrs r0,cpsr
        bic r0,r0,# 0x1f
        orr r0,r0,# 0xd3
        msr cpsr,r0
```

然后是中断向量表的重映射,在 4.5 节已经详细介绍,在这里就不多做解释。

完成关闭看门狗,配置内部时钟后,需要把 U-Boot 搬移到 RAM 中。

```
# ifndef CONFIG_SKIP_RELOCATE_UBOOT
relocate:                       /* relocate U-Boot to RAM            */
        adr     r0, _start      /* r0 <- current position of code    */
        ldr     r1, _TEXT_BASE  /* test if we run from flash or RAM  */
        cmp     r0, r1          /* don't reloc during debug          */
        beq     stack_setup

        ldr     r2, _armboot_start
        ldr     r3, _bss_start
        sub     r2, r3, r2      /* r2 <- size of armboot             */
        add     r2, r0, r2      /* r2 <- source end address          */
copy_loop:
        ldmia   r0!, {r3- r10}  /* copy from source address [r0]     */
        stmia   r1!, {r3- r10}  /* copy to   target address [r1]     */
        cmp     r0, r2          /* until source end addreee [r2]     */
        ble     copy_loop
# endif     /* CONFIG_SKIP_RELOCATE_UBOOT */
```

分配堆栈、清零 BSS 数据段后，准备工作已经做好，可以通过"弹簧床"技术跳转到第二阶段了。

```
        ldr     pc, _start_armboot
_start_armboot:         .word start_armboot
```

这里可以利用 source Insight 查找 start_armboot 的参考，很容易找到该入口在 lib_arm/board.c 中定义，类似于 Linux 内核中的 start_kernel()。

4. U-boot Stage 2 分析

这部分是 U-Boot 的主要组成部分，入口位于 lib_arm/board.c 中的 start_armboot() 函数。这里只根据代码介绍基本的流程，具体的细节要靠读者仔细阅读，在有疑惑的地方动手修改，这样才能认识得更为深入。

① 为 global data 分配空间，并清零：

```
/* Pointer is writable since we allocated a register for it */
gd = (gd_t* )(_armboot_start - CONFIG_SYS_MALLOC_LEN - sizeof(gd_t));
/* compiler optimization barrier needed for GCC >= 3.4 */
__asm__ __volatile__(""::: "memory");

memset ((void* )gd, 0, sizeof (gd_t));
gd- >bd = (bd_t* )((char* )gd - sizeof(bd_t));
memset (gd- >bd, 0, sizeof (bd_t));

gd- >flags |= GD_FLG_RELOC;

monitor_flash_len = _bss_start - _armboot_start;
```

② 执行 init_sequence[] 中的初始化函数：

```c
    for (init_fnc_ptr = init_sequence; * init_fnc_ptr; ++ init_fnc_ptr) {
        if ((* init_fnc_ptr)() != 0) {
            hang ();
        }
    }
```

如果无法执行,则挂起。init_sequence[]数组保存了基本初始化函数的指针,算是集中管理。

```c
typedef int (init_fnc_t) (void);

int print_cpuinfo (void);

init_fnc_t * init_sequence[] = {
        cpu_init,          /* basic cpu dependent setup */
# if defined(CONFIG_ARCH_CPU_INIT)
        arch_cpu_init,     /* basic arch cpu dependent setup */
# endif
        board_init,        /* basic board dependent setup */
        interrupt_init,    /* set up exceptions */
        env_init,          /* initialize environment */
        init_baudrate,     /* initialze baudrate settings */
        serial_init,       /* serial communications setup */
        console_init_f,    /* stage 1 init of console */
        display_banner,    /* say that we are here */
# if defined(CONFIG_DISPLAY_CPUINFO)
        print_cpuinfo,     /* display cpu info (and speed) */
# endif
# if defined(CONFIG_DISPLAY_BOARDINFO)
        checkboard,        /* display board info */
# endif
# if defined(CONFIG_HARD_I2C) || defined(CONFIG_SOFT_I2C)
        init_func_i2c,
# endif
        dram_init,         /* configure available RAM banks */
# if defined(CONFIG_CMD_PCI) || defined (CONFIG_PCI)
        arm_pci_init,
# endif
```

③ 配置可用的 Nor Flash:

```c
# ifndef CONFIG_SYS_NO_FLASH
        /* configure available FLASH banks */
        display_flash_config (flash_init ());
# endif /* CONFIG_SYS_NO_FLASH */
```

④ K9 不需要考虑 LCD 相关配置,所以这里不考虑。

⑤ 初始化堆,为动态分配内存做好准备。

```c
    /* armboot_start is defined in the board- specific linker script */
    mem_malloc_init (_armboot_start - CONFIG_SYS_MALLOC_LEN);
```

⑥ 初始化 Nand Flash 和 Data Flash，K9 也没有采用。
⑦ 配置环境变量，重新定位参数区。

```
/* initialize environment */
env_relocate ();
```

⑧ 接下来是从环境变量中读取相关值，比如 ip 地址、MAC 地址，完成其他设备初始化后，就进入主循环。

```
/* main_loop() can return to retry autoboot, if so just run it again. */
for (;;) {
    main_loop ();
}
```

4.6.3　U-boot 的命令机制

如前所述，命令机制并非 Boot Loader 的必要组成部分，它只在调试阶段起作用。一个产品发布之后，这部分对最终用户是不可见的。

U-Boot 的命令机制并不复杂，可以分为 3 个部分：

1. 数据结构与命令的定义

U-Boot 为命令定义了一个统一的结构体 cmd_tbl_t，如下：

```
struct cmd_tbl_s {
        char          * name;            /* 命令名字 */
        int           maxargs;           /* 最大参数个数      */
        int           repeatable;        /* 是否允许重复执行 */
        /* 实现函数 */
        int           (* cmd)(struct cmd_tbl_s *, int, int, char * []);
        char          * usage;           /* 简短使用说明 */
# ifdef CONFIG_SYS_LONGHELP
        char          * help;            /* 详细帮助信息 */
# endif
# ifdef CONFIG_AUTO_COMPLETE
        int           (* complete)(int argc, char * argv[], char last_char, int maxv, char * cmdv[]);
# endif
};
typedef struct cmd_tbl_s    cmd_tbl_t;
```

U-Boot 为了方便命令查找，做了两个方面的工作：一是利用 gcc 的 __attribute__ 属性将所有命令定义都添加到 .section .u_boot_cmd 中；二是利用链接脚本获取 .u_boot_cmd 的起始地址和结束地址。这样，每个命令占用一个 sizeof(cmd_tbl_t)，.u_boot_cmd 就是 N * sizeof(cmd_tbl_t)。由于存在连续性，在命令查找时就可以采用顺序查找的方法，简便直接。

命令的定义方法如下：

第4章 Boot Loader

```
# define Struct_Section   __attribute__ ((unused,section (".u_boot_cmd")))
# define U_BOOT_CMD(name,maxargs,rep,cmd,usage,help) \
cmd_tbl_t __u_boot_cmd_# # name Struct_Section = {# name, maxargs, rep, cmd, usage}
# define U_BOOT_CMD_MKENT(name,maxargs,rep,cmd,usage,help) \
{# name, maxargs, rep, cmd, usage}
```

展开后相当于给每个命令的名字加了__u_boot_cmd_的前缀。U_BOOT_CMD_MKENT是获取一个命令的结构体信息,在子命令构建时用到。

链接器中的定义方法如下:

```
OUTPUT_ARCH(arm)
ENTRY(_start)
SECTIONS
{
        . = 0x00000000;
        . = ALIGN(4);
        .text      :
        {
          cpu/arm920t/start.o    (.text)
          * (.text)
        }
        . = ALIGN(4);
        .rodata : { * (SORT_BY_ALIGNMENT(SORT_BY_NAME(.rodata* ))) }
        . = ALIGN(4);
        .data : { * (.data) }
        . = ALIGN(4);
        .got : { * (.got) }
        . = .;
        __u_boot_cmd_start = .;
        .u_boot_cmd : { * (.u_boot_cmd) }
        __u_boot_cmd_end = .;
        . = ALIGN(4);
        __bss_start = .;
        .bss (NOLOAD) : { * (.bss) . = ALIGN(4); }
        _end = .;
}
```

__u_boot_cmd_start 和 __u_boot_cmd_end 相当于两个地址,分别表示.u_boot_cmd 的开始和结束。这在程序中是可以直接使用的。上述链接文件针对不同的开发板有所不同,但是.u_boot_cmd 部分是相同的。

2. 命令的查找与执行

理解了命令的定义及其存储方式后,就很容易实现命令的查找了。U-Boot 在 common/

command.c 中实现命令的查找,采用的方法是遍历.u_boot_cmd 段。比较命令定义结构体中的 name 是否相同,如果相同,则查找成功,返回 cmd_tbl_t 的指针;如果查找不成功,则返回 NULL。

```c
cmd_tbl_t * find_cmd_tbl (const char * cmd, cmd_tbl_t * table, int table_len)
{
        cmd_tbl_t * cmdtp;
        cmd_tbl_t * cmdtp_temp = table;    /* Init value */
        const char * p;
        int len;
        int n_found = 0;
    /*
     * 需要比较的命令名称的长度
     * 因为有的命令为 cp.b 形式,所以只比较 dot 号之前的部分
     */
        len = ((p = strchr(cmd, '.')) == NULL) ? strlen (cmd) : (p - cmd);
    /* 搜索命令列表 */
        for (cmdtp = table;
            cmdtp != table + table_len;
            cmdtp++) {
            if (strncmp (cmd, cmdtp->name, len) == 0) {
                if (len == strlen (cmdtp->name))
                    return cmdtp;    /* full match */
                cmdtp_temp = cmdtp;  /* abbreviated command ? */
                n_found++;
            }
        }
        if (n_found == 1) {              /* exactly one match */
            return cmdtp_temp;
        }
        return NULL;    /* not found or ambiguous command */
}
cmd_tbl_t * find_cmd (const char * cmd)
{
        int len = &__u_boot_cmd_end - &__u_boot_cmd_start;
        return find_cmd_tbl(cmd, &__u_boot_cmd_start, len);
}
```

实现了命令的查找,就可以封装实现命令的执行了。U-Boot 的命令执行是 common/main.c 中的 run_command 来实现,支持以分号分隔的多条命令的执行。这就需要按照分号对输入命令行进行解析,查找命令列表,如果找到就执行。

```c
int run_command (const char * cmd, int flag)
{
    按照分号分隔
    parse_line
```

第4章 Boot Loader

```
    find_cmd
(cmdtp-> cmd) (cmdtp, flag, argc, argv);
}
```

在 U-Boot> 下输入命令的名字,然后执行命令的过程如下：

```
for (;;) {
    /* 读取输入内容 */
        len = readline (CONFIG_SYS_PROMPT);
    /* 解析输入内容 */
        flag = 0;    /* assume no special flags for now */
        if (len > 0)
            strcpy (lastcommand, console_buffer);
        else if (len == 0)
            flag |= CMD_FLAG_REPEAT;
    /* 执行相应的命令 */
        if (len == -1)
            puts ("< INTERRUPT> \n");
        else
            rc = run_command (lastcommand, flag);
        if (rc <= 0) {
            lastcommand[0] = 0;
        }
}
```

3. 命令的配置

命令的配置选项都是以 CONFIG_CMD_ 为前缀的,主要有如下几个头文件：

```
include/config_cmd_all.h              // 包含支持的所有命令
include/config_cmd_default.h          // 常用的命令
include/configs/AT91RM9200dk.h        // 开发板的配置文件
common/Makefile                       // 根据配置进行命令的选择性编译
```

例如,笔者当前的配置为：

```
/*
 * Command line configuration.
 */
# include < config_cmd_default.h>

# define CONFIG_CMD_DHCP
# define CONFIG_CMD_PING
```

为了减小 U-Boot.bin 的映像大小,那么可以把不必要的命令去掉。

了解了 U-Boot 的命令机制后,如果需要,可以增加自己的命令。这里以最简单的 hello world 为例,介绍添加 U-Boot 自定义命令的步骤。

① 创建命令实现文件。

按照组织结构,命令实现文件在 common 文件夹下,命令方式为 cmd_name.c。其中,name 即为读者要定义的命令名称。

```
[armlinux@ lqm common]$ cat cmd_hello.c
# include < stdio.h>
# include < command.h>
int do_hello(cmd_tbl_t * cmdtp, int flag, int argc, char * argv[])
{
        printf("Name: % s\n", cmdtp- > name);
        printf("Maxargs: % d\n", cmdtp- > maxargs);
        printf("Repeatable: % d\n", cmdtp- > repeatable);
        printf("% s\n", cmdtp- > usage);
        printf("hello world.\n");
        return 0;
}
U_BOOT_CMD(
            hello, 1, 0, do_hello,
            "a simple test program",
            NULL
);
```

② 增加编译选项。在 common/Makefile 中增加:

```
COBJS- $ (CONFIG_CMD_HELLO) + = cmd_hello.o
```

③ 增加配置选项。在 include/configs/AT91RM9200dk.h 中增加:

```
# define CONFIG_CMD_HELLO
```

④ 编译验证。

```
[armlinux@ lqm develop]$ ./MAKEALL AT91RM9200dk
   text    data    bss    dec    hex filename
  90064    3688 118800 212552   33e48 ./u- boot
[armlinux@ lqm develop]$ cp u- boot.bin /mnt/hgfs/common/
```

片内启动,出现 U-Boot> 后,执行 hello,显示如下:

```
U-Boot> hello
Name: hello
Maxargs: 1
Repeatable: 0
a simple test program
hello world.
```

可见,自定义命令执行成功。

4.6.4 U-boot 的 source 实现

U-Boot 提供了 source 命令来执行脚本,该命令相当于 U-Boot 的一个子 shell,功能是按行读入脚本内容并执行。只不过这个 source 的实现有点简单,不支持历史记录、条件语句等。

source 的实现在 common/cmd_source.c,核心部分比较简单,按照换行符\n 分隔为行,以一行为单位执行,遇到错误退出。编写脚本时,往往要添加必要的注释,以提高可读性。U-Boot 的原 source 命令并不支持注释,那么可以修改处理部分,增加对注释的支持。下面是一种实现方法,注释为以"#"号开头的行。

```c
    {
        char * line = cmd;
        char * next = cmd;
        /*
         * 按\n分隔为单行
         * 以一行为单位执行
         * 如果遇到错误就终止
         */
        while (* next) {
            if (* next == '#') {
                while (* next++ != '\n') {
                    /* eat the whole line */;
                }
                line = next;
                continue;
            }
            if (* next == '\n') {
                * next = '\0';
                /* run only non- empty commands */
                if (* line) {
                    if (run_command (line, 0) < 0) {
                        rcode = 1;
                        break;
                    }
                }
                line = next + 1;
            }
            ++ next;
        }
        if (rcode == 0 && * line)
            rcode = (run_command(line, 0) >= 0);
    }
```

利用脚本可以很方便地实现多种功能,以 U-Boot.bin 映像的更新为例进行介绍。

1. 编译脚本

根据需求编写脚本文件。其中,注释部分用#开头,只支持行注释。U-Boot 环境变量可以在脚本中引用,引用的方式为$(var)。

第 4 章 Boot Loader

```
[armlinux@ lqm scripts]$ cat flash.source
# setenv
setenv loadaddr 20000000
setenv ubootaddr 10000000

tftp $ (loadaddr) u- boot.bin
protect off 1:0
erase 1:0
cp.b $ (loadaddr) $ (ubootaddr) $ (filesize)
```

2. 由 mkimage 工具来制作脚本映像

U-Boot 在 tools 下提供了一个映像制作工具 mkimage。编译完成时会生成 mkimage，可以把该可执行文件复制到/sbin 下，方便使用。

首先介绍一下 mkimage 的使用方法。基本用法为：

mkimage [- x] - A arch - O os - T type - C comp - a addr - e ep - n name - d data_file[:data_file...] image

(1) 选项-l

列出映像的头信息，比如 mkimage -l a.image。

(2) 选项-A

设定 TARGET 的架构，支持的几种架构为：

```
static table_entry_t uimage_arch[] = {
        {    IH_ARCH_INVALID,      NULL,         "Invalid ARCH",    },
        {    IH_ARCH_ALPHA,        "alpha",      "Alpha",           },
        {    IH_ARCH_ARM,          "arm",        "ARM",             },
        {    IH_ARCH_I386,         "x86",        "Intel x86",       },
        {    IH_ARCH_IA64,         "ia64",       "IA64",            },
        {    IH_ARCH_M68K,         "m68k",       "M68K",            },
        {    IH_ARCH_MICROBLAZE,   "microblaze", "MicroBlaze",      },
        {    IH_ARCH_MIPS,         "mips",       "MIPS",            },
        {    IH_ARCH_MIPS64,       "mips64",     "MIPS 64 Bit",     },
        {    IH_ARCH_NIOS,         "nios",       "NIOS",            },
        {    IH_ARCH_NIOS2,        "nios2",      "NIOS II",         },
        {    IH_ARCH_PPC,          "powerpc",    "PowerPC",         },
        {    IH_ARCH_PPC,          "ppc",        "PowerPC",         },
        {    IH_ARCH_S390,         "s390",       "IBM S390",        },
        {    IH_ARCH_SH,           "sh",         "SuperH",          },
        {    IH_ARCH_SPARC,        "sparc",      "SPARC",           },
        {    IH_ARCH_SPARC64,      "sparc64",    "SPARC 64 Bit",    },
        {    IH_ARCH_BLACKFIN,     "blackfin",   "Blackfin",        },
        {    IH_ARCH_AVR32,        "avr32",      "AVR32",           },
        {    - 1,                  "",           "",                },
};
```

第4章 Boot Loader

(3) 选项-O

设定操作系统类型,支持的类型为:

```
static table_entry_t uimage_os[] = {
            {   IH_OS_INVALID,     NULL,         "Invalid OS",         },
            {   IH_OS_LINUX,      "linux",       "Linux",              },
# if defined(CONFIG_LYNXKDI) || defined(USE_HOSTCC)
            {   IH_OS_LYNXOS,     "lynxos",      "LynxOS",             },
# endif
            {   IH_OS_NETBSD,     "netbsd",      "NetBSD",             },
            {   IH_OS_RTEMS,      "rtems",       "RTEMS",              },
            {   IH_OS_U_BOOT,     "u- boot",     "U-Boot",             },
# if defined(CONFIG_CMD_ELF) || defined(USE_HOSTCC)
            {   IH_OS_QNX,        "qnx",         "QNX",                },
            {   IH_OS_VXWORKS,    "vxworks",     "VxWorks",            },
# endif
# if defined(CONFIG_INTEGRITY) || defined(USE_HOSTCC)
            {   IH_OS_INTEGRITY,"integrity",     "INTEGRITY",          },
# endif
# ifdef USE_HOSTCC
            {   IH_OS_4_4BSD,     "4_4bsd",      "4_4BSD",             },
            {   IH_OS_DELL,       "dell",        "Dell",               },
            {   IH_OS_ESIX,       "esix",        "Esix",               },
            {   IH_OS_FREEBSD,    "freebsd",     "FreeBSD",            },
            {   IH_OS_IRIX,       "irix",        "Irix",               },
            {   IH_OS_NCR,        "ncr",         "NCR",                },
            {   IH_OS_OPENBSD,    "openbsd",     "OpenBSD",            },
            {   IH_OS_PSOS,       "psos",        "pSOS",               },
            {   IH_OS_SCO,        "sco",         "SCO",                },
            {   IH_OS_SOLARIS,    "solaris",     "Solaris",            },
            {   IH_OS_SVR4,       "svr4",        "SVR4",               },
# endif
            {   - 1,              "",            "",                   },
};
```

(4) 选项-T

设置映像的类型,支持的类型如下:

```
static table_entry_t uimage_type[] = {
1           {   IH_TYPE_INVALID,       NULL,         "Invalid Image",        },
            {   IH_TYPE_FILESYSTEM,   "filesystem",  "Filesystem Image",     },
            {   IH_TYPE_FIRMWARE,     "firmware",    "Firmware",             },
            {   IH_TYPE_KERNEL,       "kernel",      "Kernel Image",         },
            {   IH_TYPE_MULTI,        "multi",       "Multi- File Image",    },
            {   IH_TYPE_RAMDISK,      "ramdisk",     "RAMDisk Image",        },
            {   IH_TYPE_SCRIPT,       "script",      "Script",               },
            {   IH_TYPE_STANDALONE,   "standalone",  "Standalone Program",   },
            {   IH_TYPE_FLATDT,       "flat_dt",     "Flat Device Tree",     },
            {   - 1,                  "",            "",                     },
};
```

(5) 选项-C

设置压缩/非压缩方式，支持的选项如下：

```
static table_entry_t uimage_comp[] = {
            {    IH_COMP_NONE,      "none",       "uncompressed",        },
            {    IH_COMP_BZIP2,     "bzip2",      "bzip2 compressed",    },
            {    IH_COMP_GZIP,      "gzip",       "gzip compressed",     },
            {    IH_COMP_LZMA,      "lzma",       "lzma compressed",     },
            {    -1,                "",           "",                    },
};
```

(6) 选项-a

设定加载地址。

(7) 选项-e

设定执行的入口地址。

(8) 选项-n

设定映像的名字，这个可以自由设置。

(9) 选项-d

设定原文件，支持多映像方式，文件之间用冒号作为分隔。

(10) 选项-x

设定 XIP 方式就地执行。将上面的 flash.source 制作为 fl.img，如下：

```
[armlinux@ lqm scripts]$ mkimage -A ARM -O linux -T script -C none -n "source scripts" -d flash.source fl.img
Image Name:     Update U-Boot.bin
Created:        Tue Oct  6 15:18:39 2009
Image Type:     ARM Linux Script (uncompressed)
Data Size:      166 Bytes = 0.16 kB = 0.00 MB
Load Address: 0x00000000
Entry Point:  0x00000000
Contents:
    Image 0:       158 Bytes =     0 kB =  0 MB
[armlinux@ lqm scripts]$ ls fl.img flash.source
-rw-rw-r--      1 armlinux armlinux         230 Oct  6 14:52 fl.img
-rwx------      1 armlinux armlinux         158 Oct  6 10:35 flash.source*
[armlinux@ lqm scripts]$ cp fl.img /mnt/hgfs/common/
```

可以看到上面 fl.img 比 flash.source 多了 72 个字节，这个留待后面解决。

3. 验　证

```
U-Boot> tftp 20000000 fl.img
TFTP from server 192.168.0.108; our IP address is 192.168.0.102
Filename 'fl.img'.
Load address: 0x20000000
Loading: #
```

第4章 Boot Loader

```
done
Bytes transferred = 230 (e6 hex)
U-Boot> source 20000000
## Executing script at 20000000
# setenv

setenv loadaddr 20000000
setenv ubootaddr 10000000

tftp $ (loadaddr) u-boot.bin
protect off 1:0
erase 1:0
cp.b $ (loadaddr) $ (ubootaddr) $ (filesize)
TFTP from server 192.168.0.108; our IP address is 192.168.0.102
Filename 'u-boot.bin'.
Load address: 0x20000000
Loading: #################
done
Bytes transferred = 93768 (16e48 hex)
Un-Protect Flash Sectors 0-0 in Bank # 1
Erase Flash Sectors 0-0 in Bank # 1
Erasing sector  0 ... done
Copy to Flash...\done
```

上面有两个遗留问题没有解决：一是制作脚本映像和源文件相差72个字节，为什么会这样？二是 mkimage 中 -a 和 -e 两个选项指定的地址有什么区别？

这里先解决第一个问题，第二个问题到 U-Boot 引导内核映像时解决。第一个问题实际上需要研究 mkimage 如何制作映像。当前版本的 mkimage 支持多映像，即 multi-file image，结构如图 4.9 所示。

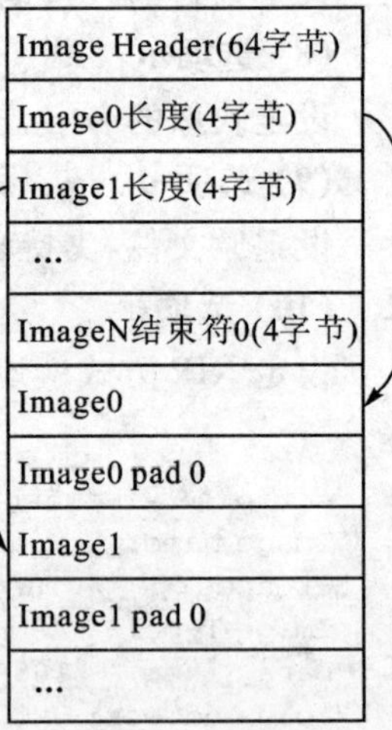

其中，Image Header 为：

```
typedef struct image_header {
        uint32_t    ih_magic;   /* Image Header Magic Number  */
        uint32_t    ih_hcrc;    /* Image Header CRC Checksum  */
        uint32_t    ih_time;    /* Image Creation Timestamp   */
        uint32_t    ih_size;    /* Image Data Size            */
        uint32_t    ih_load;    /* Data     Load    Address   */
        uint32_t    ih_ep;      /* Entry Point Address        */
        uint32_t    ih_dcrc;    /* Image Data CRC Checksum    */
        uint8_t     ih_os;      /* Operating System           */
        uint8_t     ih_arch;    /* CPU architecture           */
        uint8_t     ih_type;    /* Image Type                 */
        uint8_t     ih_comp;    /* Compression Type           */
        uint8_t     ih_name[IH_NMLEN]; /* Image Name          */
} image_header_t;
```

图 4.9 mkimage 映像结构图

| Image Header(64字节) |
| Image0长度(4字节) |
| Image1长度(4字节) |
| ... |
| ImageN结束符0(4字节) |
| Image0 |
| Image0 pad 0 |
| Image1 |
| Image1 pad 0 |
| ... |

该 Image Header 为 64 个字节,即 0x40。

接下来就是各个映像的大小,这是一个 uint32_t 的变量,占用了 4 字节。该区域以 uint32_t size 为 0 表示结束。之后就是各个映像的实际内容,该部分要求 4 字节对齐,但是最后一个映像不需要进行 pad 操作。Pad 的计算方法为:

$$pad = (4 - (sizeof(imageN) \% 4))\ Bytes$$

注意,N 不是最后一个映像。

这样就可以计算前面 flash.source→fl.img 的字节变化了。因为只有一个映像,所以不需要 pad。那么添加字节数为:sizeof(Image Header) + sizeof(Image 0 len) + sizeof(Image end) = 64 + 4 + 4 = 72,正好对应。也可以使用 vim 打开 fl.img,然后在命令行模式执行":%! xxd"来查看十六进制内容:

```
 1 0000000: 2705 1956 bf6f 1fbc 4aca fb10 0000 00a6  '..V.o..J.......
 2 0000010: 0000 0000 0000 0000 bcf1 ff2a 0502 0600  ...........*....
 3 0000020: 736f 7572 6365 2073 6372 6970 7473 0000  source scripts..
 4 0000030: 0000 0000 0000 0000 0000 0000 0000 0000  ................
 5 0000040: 0000 009e 0000 0000 2320 7365 7465 6e76  ........# setenv
 6 0000050: 0a0a 7365 7465 6e76 206c 6f61 6461 6464  ..setenv loadadd
 7 0000060: 7220 3230 3030 3030 3030 0a73 6574 656e  r 20000000.seten
 8 0000070: 7620 7562 6f6f 7461 6464 7220 3130 3030  v ubootaddr 1000
 9 0000080: 3030 3030 0a0a 7466 7470 2024 286c 6f61  0000..tftp $ (loa
10 0000090: 6461 6464 7229 2075 2d62 6f6f 742e 6269  daddr) u-boot.bi
11 00000a0: 6e0a 7072 6f74 6563 7420 6f66 6620 313a  n.protect off 1:
12 00000b0: 300a 6572 6173 6520 313a 300a 6370 2e62  0.erase 1:0.cp.b
13 00000c0: 2024 286c 6f61 6461 6464 7229 2024 2875   $ (loadaddr) $ (u
14 00000d0: 626f 6f74 6164 6472 2920 2428 6669 6c65  bootaddr) $ (file
15 00000e0: 7369 7a65 290a                           size).
```

粗体之前的 0x40 个字节为映像的头部信息,粗体部分为映像长度和结束标志。要注意,该部分是大端法表示,在使用的时候要注意字节序的转换。

本章总结

本章对 Boot Loader 进行了系统介绍,然后介绍了 AT91RM9200 的启动机制,在这个基础上,进行了多级 Boot Loader 的移植。

本章最后从源代码的角度对 Boot Loader 进行了深入分析,提出了一些修正的方案。读者可以根据自己的需求,增加实用的功能。在修改的过程中,才能对 U-Boot 等更为了解。

第 5 章

Linux 内核移植

本章目标
- 了解如何选择合适的嵌入式操作系统；
- 了解 Linux 2.6 内核的概况；
- 了解 Linux 2.6 Makefile 体系；
- 能够编译 Linux 2.6 内核,将其移植到 AT91RM9200 开发板上；
- 了解 Linux 内核编译后的映像格式；
- 掌握 Boot Loader 与内核的通信机制。

在第 1 章提到过,嵌入式系统有两大核心技术:硬件核心和软件核心。其中,硬件核心为嵌入式微处理器(Embedded Micro-Processor Unit,EMPU)或者嵌入式微控制器(Embedded Micro-Controller Unit),软件核心为嵌入式操作系统(Embedded Operating System,EOS)。通过之前章节的学习,读者也了解了 Linux 的基本知识。Linux 在服务器领域占有极为重要的地位,但是,它能否适用于嵌入式系统呢? 如果适用,那么在众多的嵌入式操作系统中,它的优势在哪里? 如何减小其生成映像的尺寸,以适应嵌入式系统空间要求苛刻的条件呢? 在本章,笔者会就这些问题展开探讨。

5.1 嵌入式操作系统的选择

在软件系统的设计中,嵌入式操作系统的选择非常重要。因为开发环境、Boot Loader、嵌入式文件系统和应用程序都是与嵌入式操作系统相关的,如果不首先选择合适的嵌入式操作系统,那么后续的工作都无法展开。嵌入式操作系统的选择有两个要素:系统类型和响应时间。选择时,必须综合考虑这两个因素,才能选择合适的嵌入式操作系统。

(1) 系统类型

按照系统的类型,嵌入式操作系统可以分为 3 类:商用系统、专用系统和开源系统。

商用系统:商业化的嵌入式操作系统。优点是功能强大、性能稳定、应用范围相对较广,而且辅助软件工具齐全,可以胜任许多不同的应用领域。但是商用系统的缺点是价格比较昂贵,如果嵌入式系统的成本有限制，那么很难选择商用系统。典型的代表有 WindRiver 的 Vxworks、微软公司的 Windows CE、Palm 公司的 Palm OS 等。

专用系统：一些专业厂家为公司产品特制的嵌入式操作系统，一般不会提供给应用开发者使用。

开源系统：开放源代码的嵌入式操作系统。这是近年来发展极为迅速的一类操作系统，其典型代表就是 μC/OS 和各类嵌入式 Linux 系统。开源系统的优点很多，比如免费、开源、性能优良、资源丰富、技术支持强等；缺点是技术难度比较大，后期维护可能比较困难。

(2) 响应时间

按照系统对响应时间的敏感程度，可以把嵌入式操作系统分为两大类：实时操作系统和非实时操作系统。

实时操作系统就是对响应时间要求非常苛刻的系统，当某个外部事件或请求发生时，相应的任务必须在规定的时间内完成相应的处理。实时系统的正确性不仅依赖于系统计算的逻辑结果，还依赖于产生这些结果所需要的时间。

例如，GPRS DTU 主要应用于工业控制领域，而该领域对成本要求比较苛刻，对图形用户界面大多没有要求，所以不能选择价格昂贵的商用系统。而专用系统也没有条件，所以选择开源系统是比较理想的。而 μC/OS 无法满足智能化 GPRS DTU 的需求，所以可以选择嵌入式 Linux。

嵌入式 Linux 的应用越来越广泛，是一个成熟而稳定的网络操作系统，如下列出的优点可以保证满足满足产品的需求：

1) 低成本开发系统

嵌入式 Linux 是开源系统，允许任何人获取并修改源码来进行应用开发，并且有强大的 Linux 社区的技术支持，从而可以提高开发产品的效率。

2) 对 ARM 硬件平台的支持度良好

嵌入式 Linux 可以支持 X86、PowerPC、ARM、MIPS 等多种体系结构；对 ARM 这个占据市场份额近 3/4 的体系结构，支持度尤为出色，已经移植到多种 ARM 硬件平台（包括 AT91RM9200DK、AT91RM9200EK 等）并经过了严密的测试，这样就可以减少大量的移植时间和人力资源，不仅降低成本，而且缩短上市时间，提高稳定度。

3) 可定制的内核

嵌入式 Linux 具有独特的内核模块机制，可以根据用户的需求，实时地将某些模块插入到内核或者从内核中移走，并能根据嵌入式设备的个性需要量体裁衣。经裁减的内核最小可以达到 150K 以下，尤其适合于嵌入式领域中资源受限的实际情况。这个性质对 GPRS DTU 的研发更为重要，在开发过程中，需求的某些细节可能发生改变，那么需要同时调整内核配置和文件系统。如果内核不具备可定制的特性，则是无法适应的。

4) 性能优异

嵌入式 Linux 内核精简、高效和稳定，能够充分发挥硬件的功能，因此它比其他操作系统的运行效率更高。

5) 良好的网络支持

当前嵌入式系统发展到面向 Internet 的阶段，同 Internet 结合是必然的趋势。而嵌入式 Linux 是首先实现 TCP/IP 协议栈的操作系统，它的内核结构在网络方面非常完整，并提供了对 PPP 协议等的支持，可以将本来属于 GPRS 模块内部协议栈完成的功能交由内核来完成；这样不仅可以降低成本，而且可以实现远程 Web 管理等多种智能化处理。

5.2 Linux 2.6 介绍

选择了嵌入式 Linux，还要选择内核版本。而在存储资源可以满足的前提下（Linux 2.6 内核的 footprint 比较大），最好选择 Linux 2.6 内核。尽管 Linux 2.6 并非一个真正的实时操作系统，但其改进的特性能够满足响应需求。Linux 2.6 已经在内核主体中加入了提高中断性能和调度响应时间的改进，其中有 3 个最显著的改进：采用可抢占内核、更加有效的调度算法以及同步性的提高。在嵌入式领域，Linux 2.6 除了提高实时性能、系统的移植更加方便外，还添加了新的体系结构和处理器类型，可以支持大容量内存模型、微控制器，同时还改善了 I/O 子系统、增添了更多的多媒体应用功能。

(1) 可抢占内核

在先前的内核版本中（包括 2.4 内核）不允许抢占以核心态运行的任务（包括通过系统调用进入内核模式的用户任务），只能等待它们自己主动释放 CPU，这样必然导致一些重要任务延时以等待系统调用结束。一个内核任务可以被抢占，为的是让重要的用户应用程序可以继续运行；这样做最主要的优势是极大地增强了系统的用户交互性。

2.6 内核并不是真正的实时操作系统，其在内核代码中插入了抢占点，允许调度程序中止当前进程而调用更高优先级的进程，通过对抢占点的测试避免不合理的系统调用延时。2.6 内核在一定程度上是可抢占的，比 2.4 内核具备更好的响应性。但也不是所有的内核代码段都可以被抢占，可以锁定内核代码的关键部分，确保 CPU 的数据结构和状态始终受到保护而不被抢占。

(2) 新的调度算法

早期的 2.6 版本的 Linux 内核使用了由 Ingo Molnar 开发的新调度算法，称为 O(1) 算法。O(1) 调度程序通过改善大量进程的吞吐率提高了 Linux 的扩展性和整体上的性能，尤其是在大型的 SMP 上。O(1) 在任务和 CPU 数目巨大时可以很好地扩展，具有很强的"亲合力"，以避免任务在 CPU 之间反复移动。O(1) 调度程序还允许跨 CPU 的负载平衡和 NUMA-aware 负载平衡。

但是，O(1)调度器区分交互式进程和批处理进程的算法与以前虽大有改进，但仍然在很多情况下会失效。有一些著名的程序总能让 O(1) 调度器性能下降，从而导致交互式进程反应缓慢。这些不足催生了 Con Kolivas 的楼梯调度算法 SD(Staircase Deadline)，以及后来的改进版本 RSDL(The Rotating Staircase Deadline Schedule)。Ingo Molnar 在 RSDL 之后开发了 CFS(Completely Fair Schedule)，并最终被 2.6.23 内核采用。CFS 用红黑树代替优先级数组，用完全公平的策略代替动态优先级策略，引入了模块管理器，调度力度较小。它修改了原来 Linux 2.6.0 调度器模块 70% 的代码。结构更简单灵活，算法适应性更高。

最近，Con Kolivas 在淡出了内核开发两年之后又带来了 BFS(Brain Fuck Scheduler)，这个调度器是专门为交互性强的桌面系统(少于 16 个核心)开发的，有较好的交互性能，较低的延迟；对桌面交互要求较高的用户来说，是一个值得期待的调度器。

(3) POSIX 线程及 NPTL

新的线程模型基于一个 1:1 的线程模型(一个内核线程对应一个用户线程)，包括内核对新 NPTL(Native POSIX Threading Library) 的支持，这是对以前内核线程方法的明显改进。2.6 内核同时还提供 POSIX signals 和 POSIX high-resolution timers。POSIX signals 不会丢失，并且可以携带线程间或处理器间的通信信息。嵌入式系统要求系统按时间表执行任务，POSIX timer 可以提供 1 kHz 的触发器使这一切变得简单，从而可以有效地控制进度。

(4) 对微控制器的支持

Linux 2.6 内核加入了多种微控制器的支持。无 MMU 的处理器以前只能利用一些改进的分支版本，比如 μClinux。而 2.6 内核已经将其整合进了新的内核中，开始支持多种流行的无 MMU 微控制器，如 Dragon ball、Cold Fire 系列等；同时也加入了许多流行的微控制器的支持，如 S3C2410、AT91RM9200 等。Linux 在无 MMU 控制器上仍支持多任务处理，但没有内存保护功能。

(5) 面向应用

嵌入式系统有用户定制的特点，硬件设计都是针对特定应用开发的，这给系统带来对非标准化设计支持的问题(如 IRQ 的管理)。Linux 2.6 采用的子系统架构将功能模块化，可以定制而对其他部分影响最小；提供了多种新技术的支持以实现各种应用开发，如 Advanced Linux Sound Architecture 和 Video4Linux 等，对多媒体信息处理更加方便；对 USB 2.0 的支持，提供了更高速的传输，满足短距离无线连接的需要。

本书采用了 Linux 2.6.20，内核映像的 footprint 大约 1.2 MB。此内核支持 AT91RM9200DK 开发板，所以打好相应的 patch 之后，要移植到 K9I AT91RM9200 开发板上，工作量并不是太大，工作的重点会转移到根据应用需求设计专用的嵌入式混合文件系统，并相应地定制裁减内核，以求达到最优化的配置。

Linux 2.6.20 的内核源代码可以到 http://www.kernel.org 上下载。下载完成后，建议做如下处理：

第 5 章 Linux 内核移植

```
[armlinux@ lqm kernel]$ autounzip linux-2.6.20.tar.bz2        // 解压缩
[armlinux@ lqm kernel]$ cp-rf linux-2.6.20 linux-2.6.20.orig  // 将源文件备份
[armlinux@ lqm kernel]$ ln -s linux-2.6.20 develop            // 建立软链接,方便查看
[armlinux@ lqm kernel]$ ln -s linux-2.6.20.orig/ orig         // 也方便制作补丁
[armlinux@ lqm kernel]$ ls
develop   linux-2.6.20   linux-2.6.20.orig   linux-2.6.20.tar.bz2   orig
```

处理完成后,查看一下内核的目录树,了解其树型结构。

```
[armlinux@ lqm kernel]$ cd develop/
[armlinux@ lqm develop]$ tree -L 1
.
|-- COPYING
|-- CREDITS
|-- Documentation           // 文档
|-- Kbuild                  // 内核编译系统的顶层 Kbuild 文件
|-- MAINTAINERS
|-- Makefile                // 内核编译系统的顶层 Makefile 文件
|-- README
|-- REPORTING- BUGS
|-- arch                    // 体系结构相关代码
|-- block                   // 块设备驱动程序
|-- crypto                  // 加解密相关的代码
|-- drivers                 // 设备驱动程序
|-- fs                      // Linux 支持的文件系统
|-- include                 // 核心头文件
|-- init                    // 内核初始化代码,不包括系统引导代码
|-- ipc                     // 内核进程间通信的代码
|-- kernel                  // 与平台无关的 kernel 代码:进程、定时、信号等
|-- lib                     // 与平台无关的标准库的代码
|-- mm                      // 内存管理的代码
|-- net                     // 核心的网络部分的代码
|-- scripts                 // 配置内核所需的脚本文件
|-- security                // 安全相关代码
|-- sound                   // 音频设备驱动
`-- usr                     // 关于 cpio 和 initramfs 的小工具

17 directories, 7 files
```

了解了 Linux 内核源代码的目录结构,在后续的源代码阅读和编译时都会有所帮助。

5.3 Makefile 体系

前面已经介绍过,GNU make 是 Linux 下的工程管理器,Linux 内核源代码就是使用 make 来管理的,其中,依赖解析文件 Makefile 是必不可少的,从内核目录树中可以看到内核编译系统的顶层 Makefile 文件。Linux 内核源代码的复杂性决定了不可能使用一个或几个 Makefile 文件来完成编译,而是设计了一套同样复杂、庞大,且为 Linux 内核定制的 Makefile

系统。它可以说是内核的一个子系统,是内核中比较特殊的一部分。编译不仅涉及本地编译,还涉及各个平台之间的交叉编译以及二进制文件格式等;也是对 Makefile 在功能上的扩充,使其在配置编译 Linux 内核的时候更加灵活、高效和简洁。

尽管它是一个复杂的系统,但对绝大部分内核开发者来说只需要知道如何使用,而无须了解其中的细节。它对绝大部分内核开发者基本上是透明的,隐藏了大部分实现细节,有效地降低了开发者的负担,能使其专注于内核开发,而不至于花费时间和精力在编译过程上。

下面首先简要了解一下内核 Makefile 体系。

内核 Makefile 体系包含了 Kconfig 和 Kbuild 两个系统。他曾经的维护人是 Sam Ravnborg <sam@ravnborg.org>。Kconfig 对应的是内核配置阶段,如使用命令 make menuconfig 就是在使用 Kconfig 系统。Kconfig 由以下 3 部分组成,如表 5.1 所列。

表 5.1 Kconfig 组成

文 件	含 义
scripts/kconfig/*	Kconfig 文件解析程序
kconfig	各个内核源代码目录中的 kconfig 文件
arch/$(ARCH)/defconfig	各个平台的默认配置文件

当 Kconfig 系统生成 .config 后,Kbuild 会依据 .config 编译指定的目标。后面会对 make %config 的流程进行情景分析,这里不必赘述。

Kbuild 是内核 Makefile 体系的重点,对应内核编译阶段,由 5 个部分组成,如表 5.2 所列。

表 5.2 Kbuild 组成

文 件	含 义
顶层 Makefile	根据不同的平台,对各类 target 分类并调用相应的规则 Makefile 生成目标
.config	内核配置文件
arch/$(ARCH)/Makefile	具体平台相关的 Makefile
scripts/Makefile.*	通用规则文件,面向所有的 Kbuild Makefiles,所起的作用可以从后缀名中得知
各子目录下的 Makefile 文件	由其上层目录的 Makefile 调用,执行其上层传递下来的命令

其中,scripts 目录下的编译规则文件及其目录下的 C 程序在整个编译过程起着重要的作用,如表 5.3 所列。

表 5.3 Scripts 目录文件

文件名	作 用
Kbuild.include	共用的定义文件,被许多独立的 Makefile.* 规则文件和顶层 Makefile 包含
Makefile.build	提供编译 built-in.o、lib.a 等的规则
Makefile.lib	负责归类分析 obj-y、obj-m 和其中的目录 subdir-ym 所使用的规则
Makefile.host	本机编译工具(hostprog-y)的编译规则

第 5 章 Linux 内核移植

续表 5.3

文件名	作 用
Makefile.clean	内核源码目录清理规则
Makefile.headerinst	内核头文件安装时使用的规则
Makefile.modinst	内核模块安装规则
Makefile.modpost	模块编译的第二阶段,由<module>.o 和<module>.mod 生成<module>.ko 时使用的规则

顶层 Makefile 主要负责完成 vmlinux(内核文件)与 *.ko(内核模块文件)的编译。顶层 Makefile 读取.config 文件,并根据.config 文件确定访问哪些子目录,再通过递归向下访问子目录的形式完成。顶层 Makefile 同时根据.config 文件原封不动地包含一个具体架构的 Makefile,其名字类似于 arch/$(ARCH)/Makefile。该架构 Makefile 向顶层 Makefile 提供其架构的特别信息。

每一个子目录都有一个 Makefile 文件,用来执行从其上层目录传递下来的命令。子目录的 Makefile 也从.config 文件中提取信息,生成内核编译所需的文件列表。

上面简要介绍了内核 Makefile 的总体结构,但当打开顶层 Makefile 文件时还可能因为它的复杂而觉得无从下手。但是内核 Makefile 就是 Makefile,和最简单的 Makefile 遵循着同样的规则。所以只要静心分析,不难掌握。当然,在阅读内核的 Makefile 前,最好对 Makefile 和 shell 脚本有一定的基础。接下来进行具体的情景分析。

根据 Makefile 的执行规则,分析 Makefile 时首先必须确定一个目标,然后才能确定所有的依赖关系,最后根据更新情况决定是否执行相应的命令。所以要看懂内核 Makefile 的大致框架,首先要了解里面所定义的目标。而内核 Makefile 所定义的目标基本上可以通过 make help 打印出来(因为 help 本身就是顶层 Makefile 的一个目标,里面是打印帮助信息的 echo 命令)。这些目标可以分为以下几个大类,如表 5.4 所列。

表 5.4 Linux 内核 make 目标

目 标	常用目标举例		作 用
配置	%config	config	启动 Kconfig,以不同界面来配置内核
		menuconfig	
		xconfig	
编译	all		编译 vmlinux 内核映像和内核模块
	vmlinux		编译 vmlinux 内核映像
	modules		编译内核模块
安装	headers_install		安装内核头文件/模块
	modules_install		

续表 5.4

目标	常用目标举例	作用
源码浏览	tags TAGS cscope	生成代码浏览工具所需要的文件
静态分析	checkstack namespacecheck headers_check	检查并分析内核代码
内核打包	%pkg	以不同的安装格式编译内核
文档转换	%doc	把 kernel 文档转成不同格式
构架相关 （以 arm 为例）	zImage	生成压缩的内核映像
	uImage	生成压缩的 U-Boot 可引导的内核映像
	install	安装内核映像

其中，构架相关目标在顶层 Makefile 上并未出现，而是包含在平台相关的 Makefile(arch/$(ARCH)/Makefile)中。

以 menuconfig 为例，来介绍一下内核 Makefile 的分析方法。首先，当在内核源码的根目录下执行 make menuconfig 命令时，根据规则，make 程序读取顶层 Makefile 文件及其包含的 Makefile 文件，内建所有的变量、明确规则和隐含规则，并建立所有目标和依赖之间的依赖关系结构链表。make 程序最终会调用规则：

```
config %config: scripts_basic outputmakefile FORCE
    $(Q)mkdir -p include/linux include/config
    $(Q)$(MAKE) $(build)= scripts/kconfig $@
```

调用的原因是我们指定的目标 menuconfig 匹配了"%config"。它的依赖目标是 scripts_basic、outputmakefile 以及 FORCE。也就是说，在完成了这 3 个依赖目标后，下面的两个命令才会执行，以完成指定的目标 menuconfig。

所以首先来看这 3 个依赖目标实现的简要过程：

1. scripts_basic

make 程序会调用规则：

```
scripts_basic:
           $(Q)$(MAKE) $(build)= scripts/basic
```

没有依赖目标，所以直接执行了以下的指令。只要将指令展开，就知道 make 做了什么操作。其中，比较不好展开的是 $(build)，其定义在 scripts/Kbuild.include 中：

```
build := -f $ (if $ (KBUILD_SRC),$ (srctree)/)scripts/Makefile.build obj
```

所以展开后是:

```
make -f scripts/Makefile.build obj= scripts/basic
```

也就是 make 解析执行 scripts/Makefile. build 文件,且参数 obj= scripts/basic。而在解析执行 scripts/Makefile. build 文件的时候,scripts/Makefile. build 又会通过解析传入参数来包含对应文件夹下的 Makefile 文件(scripts/basic/Makefile),从中获得需要编译的目标。确定这个目标以后,通过目标的类别来继续包含一些 scripts/Makefile. * 文件。例如,scripts/basic/Makefile 中内容如下:

```
hostprogs-y       := fixdep docproc hash
always            := $ (hostprogs-y)

# fixdep is needed to compile other host programs
$ (addprefix $ (obj)/,$ (filter- out fixdep,$ (always))): $ (obj)/fixdep
```

所以,scripts/Makefile. build 会包含 scripts/Makefile. host。相应的语句如下:

```
# Do not include host rules unless needed
ifneq ($ (hostprogs-y)$ (hostprogs-m),)
include scripts/Makefile.host
endif
```

此外,scripts/Makefile. build 包含 include scripts/Makefile. lib 等必须的规则定义文件,在这些文件的共同作用下完成对 scripts/basic/Makefile 中指定的程序进行编译。

由于 Makefile. build 的解析执行牵涉了多个 Makefile. * 文件,过程较为复杂,碍于篇幅无法一条一条指令地分析,有兴趣的读者可以自行分析。这里介绍两篇经典的分析文档:《kbuild 实现分析》及《Kbuild 系统原理分析》,读者可自行上网下载学习。

2. outputmakefile

make 程序会调用规则如下:

```
PHONY + = outputmakefile
# outputmakefile generates a Makefile in the output directory, if using a
# separate output directory. This allows convenient use of make in the
# output directory.
outputmakefile:
ifneq ($ (KBUILD_SRC),)
    $ (Q)ln - fsn $ (srctree) source
    $ (Q)$ (CONFIG_SHELL) $ (srctree)/scripts/mkmakefile \
        $ (srctree) $ (objtree) $ (VERSION) $ (PATCHLEVEL)
endif
```

从这里可以看出:outputmakefile 是当 KBUILD_SRC 不为空(指定 O=dir,编译输出目录和源代码目录分开),且在输出目录建立 Makefile 时才执行命令的。所以当我们在源码根目录下执行 make menuconfig 命令时,这个目标是空的,什么都不做。

3. FORCE

这是一个在内核 Makefile 中随处可见的伪目标,它的定义在顶层 Makefile 的最后:

```
PHONY + = FORCE
FORCE:
```

这是一个完全的空目标,但是为什么要定义一个这样的空目标,并让许多目标将其作为依赖目标呢?原因如下:正因为 FORCE 是一个没有命令或者依赖目标,不可能生成相应文件的伪目标。当 make 执行此规则时,总会认为 FORCE 不存在,必须完成这个目标,所以它是一个强制目标。也就是说,规则一旦执行,make 就认为它的目标已经被执行并更新过了。当它作为一个规则的依赖时,由于依赖总认为被更新过,因此作为依赖所在的规则中定义的命令总会被执行。所以可以这么说,只要执行依赖包含 FORCE 的目标,其目标下的命令必被执行。

在 make 完成了以上 3 个目标之后,就开始执行下面的命令,首先是:

```
$ (Q)mkdir -p include/linux include/config
```

这个很好理解,就是建立两个必须的文件夹。然后:

```
$ (Q)$ (MAKE) $ (build)= scripts/kconfig $ @
```

这和我们上面分析的 (Q)(MAKE) $(build)=结构相同,将其展开得到:

```
make -f scripts/Makefile.build obj= scripts/kconfig menuconfig
```

所以,这个指令的效果是使 make 解析执行 scripts/Makefile.build 文件,且参数 obj= scripts/kconfig menuconfig。这样,Makefile.build 会包含对应文件夹下的 Makefile 文件(scripts/kconfig/Makefile),并完成 scripts/kconfig/Makefile 下的目标:

```
menuconfig: $ (obj)/mconf
    $ < $ (Kconfig)
```

这个目标的依赖条件是 $(obj)/mconf,通过分析可知它其实是对应以下规则:

```
mconf-objs    := mconf.o zconf.tab.o $ (lxdialog)
……
ifeq ($ (MAKECMDGOALS),menuconfig)
    hostprogs-y + = mconf
endif
```

也就是编译生成本机使用的 mconf 程序。完成依赖目标后,通过 scripts/kconfig/Makefile 中对 Kconfig 的定义可知,最后执行:

```
mconf arch/$ (SRCARCH)/Kconfig
```

而对于 conf 和 xconf 等都有类似的过程。所以,总结起来,当 make %config 时,内核根

第 5 章　Linux 内核移植

目录的顶层 Makefile 会临时编译出 scripts/kconfig 中的工具程序 conf/mconf/qconf 等负责对 arch/$(SRCARCH)/Kconfig 文件进行解析。这个 Kconfig 又通过 source 标记调用各个目录下的 Kconfig 文件构建出一个 Kconfig 树，使得工具程序构建出整个内核的配置界面。配置结束后，工具程序就会生成常见的 .config 文件。

内核 Makefile 体系虽然复杂，但是层次非常清晰。如果在内核中增加某功能，比如添加自己编写的驱动程序，根据 Makefile 的层次来增加对该驱动支持是非常简单的。

一般来说，对于一个新驱动代码的添加，驱动工程师只需要在内核源码 drivers 目录的相应子目录下添加新设备驱动源码，并增加或修改该目录下的 Kconfig 和 Makefile 文件即可。比如已经写好了一个 LED 的驱动程序，名为 at91rm9200_led.c。将驱动源码文件 at91rm9200_led.c 复制到 linux-X.Y.Z/drivers/char 目录。在该目录下的 Kconfig 文件中添加 LED 驱动的配置选项：

```
config AT91RM9200_LED
        bool "Support for at91rm9200 led drivers"
        depends on   ARCH_AT91RM9200
        default n
        --- help---
            Say Y here if you want to support for AT91RM9200 LED drivers.
```

在该目录下的 Makefile 文件中添加对 LED 驱动的编译：

```
obj-$(CONFIG_ AT91RM9200_LED)    +=   at91rm9200_led.o
```

这样就可以在 make menuconfig 的时候看到这个配置选项，并进行配置了。

这个复杂的 Makefile 体系体现了很多优秀程序共有的设计思想，有很多值得借鉴的地方。比如模块化设计、简化编程接口，使得自行添加模块更加简洁。阅读分析这样复杂的 Makefile 对于学习、编写 Makefile、shell 脚本有很好的参考价值。如果读者正在学习 Makefile 的编写和阅读，那么可以耐心分析一下内核的 Makefile 体系；只要认真分析了一两个目标的实现，就会发现在阅读一些小软件的 Makefile 时已经是轻车熟路了。

5.4　内核的移植

前面已经了解了 Linux 2.6 内核的目录结构，也对 Makefile 体系有了认识，下面就可以进入正题：将之移植到 K9I AT91RM9200 开发板上。因为 Linux 2.6.20 对 AT91RM9200DK 开发板有了很好的支持，而 K9I 的硬件设计与 AT91RM9200DK 相似，所以在移植工作量上并不大。

这时读者可能要问，到底怎样才算是移植成功呢？这里给出笔者的看法。

内核的移植，其实与内核的裁减密切联系在一起。一般要根据应用的需求来定制所需要内核的功能模块,这样经过定制裁减之后的内核能够在目标开发板上运行稳定,满足了产品的需求,这就算内核移植成功。

从另一个方面来看,产品需求是变化的,那么内核的配置也要相应地发生变化。从学习的角度来讲,更为重要的是在掌握定制方法的同时,对内核进行深入的研究。内功扎实了,才能游刃有余。内核的定制可能涉及内核功能模块的修改,这对开发者的要求很高。所以,该层次的工作在嵌入式系统设计中含金量非常高,有志于在内核方面做出精深研究的读者可以进行专攻。

本节先从通常的学习角度来介绍最基本的移植方法,后续在文件系统设计时,还会根据文件系统应用的需求对内核进行相应的修改。

5.4.1 基本移植

前面已经下载了 Linux 标准内核,要想移植到 K9I AT91RM9200 开发板上,首先要给标准内核打上 AT91RM9200 的 patch;其次根据 K9I AT91RM9200 的特点,来进行不同部分的移植,直至调试加载成功。

1. 下载 patch

AT91RM9200 的 Linux 2.6 和 2.4 的内核补丁可以到 http://maxim.org.za/at91_26.html 上下载。该网站不仅包括 AT91RM9200 的内核补丁,还包括 ATMEL 公司的 sam9 系列处理器的内核补丁。下载地址如下 http://maxim.org.za/AT91RM9200/2.6/2.6.20-at91.patch.gz

下载完成后,就可以给内核打上"补丁"了,这样就省掉了很大的工作。

```
[armlinux@ lqm kernel]$ cp /mnt/hgfs/common/2.6.20- at91.patch .
[armlinux@ lqm kernel]$ ls
2.6.20- at91.patch  linux- 2.6.20           linux- 2.6.20.tar.bz2
develop            linux- 2.6.20.orig   orig
[armlinux@ lqm kernel]$ cd linux- 2.6.20
[armlinux@ lqm linux- 2.6.20]$ ls
COPYING         MAINTAINERS      arch          fs         kernel    scripts
CREDITS         Makefile         block         include    lib       security
Documentation   README           crypto        init       mm        sound
Kbuild          REPORTING- BUGS  drivers       ipc        net       usr
[armlinux@ lqm linux- 2.6.20]$ patch - p1 < ../2.6.20- at91.patch
patching file arch/arm/configs/at91sam9263ek_defconfig
patching file arch/arm/configs/csb337_defconfig
patching file arch/arm/configs/csb637_defconfig
patching file arch/arm/mach- at91rm9200/Kconfig
patching file arch/arm/mach- at91rm9200/Makefile
patching file arch/arm/mach- at91rm9200/at91rm9200.c
patching file arch/arm/mach- at91rm9200/at91rm9200_devices.c
patching file arch/arm/mach- at91rm9200/at91rm9200_time.c
patching file arch/arm/mach- at91rm9200/at91sam9260.c
```

第 5 章 Linux 内核移植

```
patching file arch/arm/mach-at91rm9200/at91sam9260_devices.c
patching file arch/arm/mach-at91rm9200/at91sam9261.c
patching file arch/arm/mach-at91rm9200/at91sam9261_devices.c
patching file arch/arm/mach-at91rm9200/at91sam9263.c
patching file arch/arm/mach-at91rm9200/at91sam9263_devices.c
patching file arch/arm/mach-at91rm9200/at91sam926x_time.c
patching file arch/arm/mach-at91rm9200/board-carmeva.c
patching file arch/arm/mach-at91rm9200/board-csb337.c
patching file arch/arm/mach-at91rm9200/board-csb637.c
patching file arch/arm/mach-at91rm9200/board-dk.c
patching file arch/arm/mach-at91rm9200/board-eb9200.c
patching file arch/arm/mach-at91rm9200/board-ek.c
patching file arch/arm/mach-at91rm9200/board-kb9202.c
patching file arch/arm/mach-at91rm9200/board-sam9260ek.c
patching file arch/arm/mach-at91rm9200/board-sam9261ek.c
patching file arch/arm/mach-at91rm9200/board-sam9263ek.c
patching file arch/arm/mach-at91rm9200/clock.c
patching file arch/arm/mach-at91rm9200/generic.h
patching file arch/arm/mach-at91rm9200/ics1523.c
patching file arch/arm/mach-at91rm9200/leds.c
patching file arch/arm/mach-at91rm9200/pm.c
patching file arch/arm/mach-at91rm9200/pm_slowclock.S
patching file arch/arm/mm/Kconfig
patching file drivers/char/Kconfig
patching file drivers/char/Makefile
patching file drivers/char/at91_spi.c
patching file drivers/char/at91_spidev.c
patching file drivers/i2c/busses/Kconfig
patching file drivers/i2c/busses/i2c-at91.c
patching file drivers/leds/Kconfig
patching file drivers/leds/Makefile
patching file drivers/leds/leds-at91.c
patching file drivers/mmc/at91_mci.c
patching file drivers/mtd/devices/Kconfig
patching file drivers/mtd/devices/Makefile
patching file drivers/mtd/devices/at91_dataflash.c
patching file drivers/mtd/nand/at91_nand.c
patching file drivers/net/Kconfig
patching file drivers/net/arm/at91_ether.c
patching file drivers/net/macb.c
patching file drivers/net/macb.h
patching file drivers/pcmcia/at91_cf.c
patching file drivers/serial/atmel_serial.c
patching file drivers/spi/Kconfig
patching file drivers/spi/Makefile
patching file drivers/spi/atmel_spi.c
patching file drivers/spi/atmel_spi.h
patching file drivers/spi/spi_at91_bitbang.c
patching file drivers/usb/gadget/at91_udc.c
patching file drivers/usb/gadget/at91_udc.h
patching file drivers/usb/host/ohci-at91.c
```

```
patching file include/asm-arm/arch-at91rm9200/at91_mci.h
patching file include/asm-arm/arch-at91rm9200/at91_pdc.h
patching file include/asm-arm/arch-at91rm9200/at91_rstc.h
patching file include/asm-arm/arch-at91rm9200/at91sam9260_matrix.h
patching file include/asm-arm/arch-at91rm9200/at91sam9263.h
patching file include/asm-arm/arch-at91rm9200/at91sam9263_matrix.h
patching file include/asm-arm/arch-at91rm9200/at91sam926x_mc.h
patching file include/asm-arm/arch-at91rm9200/board.h
patching file include/asm-arm/arch-at91rm9200/cpu.h
patching file include/asm-arm/arch-at91rm9200/debug-macro.S
patching file include/asm-arm/arch-at91rm9200/entry-macro.S
patching file include/asm-arm/arch-at91rm9200/gpio.h
patching file include/asm-arm/arch-at91rm9200/hardware.h
patching file include/asm-arm/arch-at91rm9200/ics1523.h
patching file include/asm-arm/arch-at91rm9200/irqs.h
patching file include/asm-arm/arch-at91rm9200/spi.h
patching file include/asm-arm/arch-at91rm9200/timex.h
patching file include/asm-avr32/arch-at32ap/at91_pdc.h
patching file include/linux/atmel_pdc.h
```

这个补丁列表也需要注意。如果要让 Linux 内核支持一款新的开发板，那么从这份列表中可以看出应该从哪些地方入手。如果从 0 开始移植，让 Linux 可以在 AT91RM9200 处理器上跑起来，至少要移植 arch，这是体系结构相关的部分，因目标处理器的不同而不同。其中，arch/arm/boot/compressed/目录和 arch/arm/mach-at91/目录下的文件是必须的；否则，Linux 是无法在 AT91RM9200 处理器上跑起来的，其他都是相应驱动的移植，让外设也能正常工作。

2. 编 译

首先要更改顶层 Makefile 中的 ARCH 和 CROSS_COMPILE。将下面两行：

```
185 ARCH            ? = $ (SUBARCH)
186 CROSS_COMPILE   ? =
```

更改为：

```
185 ARCH            ? = arm
186 CROSS_COMPILE   ? = arm-linux-
```

然后查找默认的配置文件，进行预编译。

```
[armlinux@ lqm linux-2.6.20]$ find arch -name "*defconfig" | grep "at91rm9200*"
arch/arm/configs/at91rm9200dk_defconfig
arch/arm/configs/at91rm9200ek_defconfig
[armlinux@ lqm linux-2.6.20]$ make at91rm9200dk_defconfig
[armlinux@ lqm linux-2.6.20]$ make at91rm9200dk_defconfig
  HOSTCC  scripts/basic/fixdep
  HOSTCC  scripts/basic/docproc
  HOSTCC  scripts/kconfig/conf.o
  HOSTCC  scripts/kconfig/kxgettext.o
  SHIPPED scripts/kconfig/zconf.tab.c
```

第 5 章　Linux 内核移植

```
  SHIPPED scripts/kconfig/lex.zconf.c
  SHIPPED scripts/kconfig/zconf.hash.c
  HOSTCC  scripts/kconfig/zconf.tab.o
  HOSTLD  scripts/kconfig/conf
*
* Linux Kernel Configuration
*
*
* Code maturity level options
...
```

这样至少可以编译成功。在这个基础上进行相应的定制裁减。

```
[armlinux@ lqm linux- 2.6.20]$ make uImage
scripts/kconfig/conf - s arch/arm/Kconfig
  CHK     include/linux/version.h
  UPD     include/linux/version.h
  SYMLINK include/asm- arm/arch - > include/asm- arm/arch- at91rm9200
  Generating include/asm- arm/mach- types.h
  CHK     include/linux/utsrelease.h
  UPD     include/linux/utsrelease.h
  SYMLINK include/asm - > include/asm- arm
  CC      arch/arm/kernel/asm- offsets.s
In file included from include/linux/stddef.h:4,
                 from include/linux/posix_types.h:4,
                 from include/linux/types.h:14,
                 from include/linux/capability.h:16,
                 from include/linux/sched.h:46,
                 from arch/arm/kernel/asm- offsets.c:13:
include/linux/compiler.h:46: # error Sorry, your compiler is too old/not recognized.
make[1]: * * * [arch/arm/kernel/asm- offsets.s] Error 1
make: * * * [prepare0] Error 2
[armlinux@ lqm linux- 2.6.20]$ arm- linux- gcc -- version
2.95.3
```

需要注意，编译 Linux 2.6 内核至少需要 gcc 3.2 以上。更改编译器，并将其添加进 PATH 中。

```
[armlinux@ lqm linux- 2.6.20]$ vi ~ /.bash_profile
[armlinux@ lqm linux- 2.6.20]$ source ~ /.bash_profile
[armlinux@ lqm linux- 2.6.20]$ make uImage
```

这样就可以编译完成并得到 uImage 了。

可以将 U-Boot 固化到 Nor Flash，从片外启动，然后设置从 TFTP 服务器获取 uImage 和 ramdisk，来测试 uImage 是否能够正常工作。如果不能正常工作，就需要针对出现的问题来调试解决了。

5.4.2 出现的问题

基本移植完成之后，出现问题是不可避免的。这时就要综合利用多种方法去解决出现的问题，在解决问题的过程中，要注意总结，积累经验。

1. U-boot 与内核的 machine ID 不匹配的问题

移植好内核后，加载到开发板上，出现问题：

```
Error: unrecognized/unsupported machine ID
```

这个问题还是因为 U-Boot 和 Linux kernel 之间没有统一好。U-Boot 和 Linux kernel 都会支持多种开发板，它们对所支持的开发板都会分配一个 machine ID 来进行区分。U-Boot 对 AT91RM9200DK 开发板设置为 MACH_TYPE_AT91RM9200DK，而 Linux 内核却使用了 MACH_TYPE_AT91RM9200。因此，造成了上述问题。下面从源代码的角度进行具体的分析。

U-Boot 中 include/asm-arm/mach-types.h 支持的 at91rm9200 的 machine ID 有：

```
# define MACH_TYPE_AT91RM9200        251
# define MACH_TYPE_AT91RM9200DK      262
```

在 board/at91rm9200dk/at91rm9200dk.c 中，实际使用的是 MACH_TYPE_AT91RM9200。

```
int board_init (void)
{
  /* Enable Ctrlc */
  console_init_f ();

  /* Correct IRDA resistor problem */
  /* Set PA23_TXD in Output */
  ((AT91PS_PIO) AT91C_BASE_PIOA)- > PIO_OER =  AT91C_PA23_TXD2;

  /* memory and cpu- speed are setup before relocation */
  /* so we do _nothing_ here */
  /* arch number of AT91RM9200DK- Board */
  gd- > bd- > bi_arch_number =  MACH_TYPE_AT91RM9200;
  /* adress of boot parameters */
  gd- > bd- > bi_boot_params =  PHYS_SDRAM +  0x100;

  return 0;
}
```

Linux kernel 在 arch/arm/tools/mach-types 中列出了所支持的 AT91RM9200 系列的 machine ID：

at91rm9200	ARCH_AT91RM9200	AT91RM9200	251
at91rm9200dk	ARCH_AT91RM9200DK	AT91RM9200DK	262
at91rm9200tb	ARCH_AT91RM9200TB	AT91RM9200TB	380

第 5 章 Linux 内核移植

at91rm9200kr	MACH_AT91RM9200KR	AT91RM9200KR	450
at91rm9200ek	MACH_AT91RM9200EK	AT91RM9200EK	705
at91rm9200utl	MACH_AT91RM9200UTL	AT91RM9200UTL	821
at91rm9200kg	MACH_AT91RM9200KG	AT91RM9200KG	975
at91rm9200rb	MACH_AT91RM9200RB	AT91RM9200RB	1060
at91rm9200df	MACH_AT91RM9200DF	AT91RM9200DF	1119

arch/arm/boot/compressed/head-at91rm9200.S 支持的有：

```
.section ".start", "ax"
        @ Atmel AT91RM9200- DK : 262
        mov r3, # (MACH_TYPE_AT91RM9200DK & 0xff)
        orr r3, r3, # (MACH_TYPE_AT91RM9200DK & 0xff00)
        cmp r7, r3
        beq 99f

        @ Cogent CSB337 : 399
        mov r3, # (MACH_TYPE_CSB337 & 0xff)
        orr r3, r3, # (MACH_TYPE_CSB337 & 0xff00)
        cmp r7, r3
        beq 99f

        @ Cogent CSB637 : 648
        mov r3, # (MACH_TYPE_CSB637 & 0xff)
        orr r3, r3, # (MACH_TYPE_CSB637 & 0xff00)
        cmp r7, r3
        beq 99f

        @ Atmel AT91RM9200- EK : 705
        mov r3, # (MACH_TYPE_AT91RM9200EK & 0xff)
        orr r3, r3, # (MACH_TYPE_AT91RM9200EK & 0xff00)
        cmp r7, r3
        beq 99f

        @ Conitec Carmeva : 769
        mov r3, # (MACH_TYPE_CARMEVA & 0xff)
        orr r3, r3, # (MACH_TYPE_CARMEVA & 0xff00)
        cmp r7, r3
        beq 99f

        @ KwikByte KB920x : 612
        mov r3, # (MACH_TYPE_KB9200 & 0xff)
        orr r3, r3, # (MACH_TYPE_KB9200 & 0xff00)
        cmp r7, r3
        beq 99f

        @ Embest ATEB9200 : 923
        mov r3, # (MACH_TYPE_ATEB9200 & 0xff)
        orr r3, r3, # (MACH_TYPE_ATEB9200 & 0xff00)
        cmp r7, r3
        beq 99f
```

```
            @  Sperry- Sun KAFA : 662
            mov r3, # (MACH_TYPE_KAFA & 0xff)
            orr r3, r3, # (MACH_TYPE_KAFA & 0xff00)
            cmp r7, r3
            beq 99f

            @  Ajeco 1ARM : 1075
            mov r3, # (MACH_TYPE_ONEARM & 0xff)
            orr r3, r3, # (MACH_TYPE_ONEARM & 0xff00)
            cmp r7, r3
            beq 99f

            @  Unknown board, use the AT91RM9200DK board
            @  mov r7, # MACH_TYPE_AT91RM9200
            mov r7, # (MACH_TYPE_AT91RM9200DK & 0xff)
            orr r7, r7, # (MACH_TYPE_AT91RM9200DK & 0xff00)
99:
```

真正的配置信息是在 arch/arm/mach-at91rm9200/board-dk.c 中。

```
MACHINE_START(AT91RM9200DK, "Atmel AT91RM9200- DK")
    /* Maintainer: SAN People/Atmel * /
    .phys_io = AT91_BASE_SYS,
    .io_pg_offst = (AT91_VA_BASE_SYS > > 18) & 0xfffc,
    .boot_params = AT91_SDRAM_BASE + 0x100,
    .timer = &at91rm9200_timer,
    .map_io = dk_map_io,
    .init_irq = dk_init_irq,
    .init_machine = dk_board_init,
MACHINE_END
```

由此可以看出，Uboot 使用的 AT91RM9200 的 machine ID，而内核配置的是 at91rm9200dk 的 machine ID，这种情况下就出现了不一致。所以更改的方法：

① 把 U-boot 中 board init 中更改为 MACH_TYPE_AT91RM9200DK

② 把 MACHINE_START(AT91RM9200DK，"Atmel AT91RM9200-DK")更改为 MACHINE_START(AT91RM9200，"Atmel AT91RM9200-DK")。

只要 U-Boot 和 Linux kernel 一致即可。

2. 串口的设置和配置

内核版本为 Linux 2.6.20，修改 AT91RM9200 的串口驱动。在文件 h/arm/mach-at91rm9200/board-dk.c 中：

```
/*
 * Serial port configuration.
 *   0 .. 3 = USART0 .. USART3
```

```
*   4 = DBGU
* /static struct at91_uart_config __initdata dk_uart_config = {
   .console_tty = 0,          /* ttyS0 */
   .nr_tty      = 2,
   .tty_map     = { 4, 1, -1, -1, -1 }    /* ttyS0, ..., ttyS4 */
};
```

理解各项的含义，需要弄清楚 at91_uart_config 结构体的细节。定义地址在 include/asm-arm/arch-at91rm9200/board.h。

```
/* Serial */
struct at91_uart_config {
    unsigned short console_tty; /* tty number of serial console */
    unsigned short nr_tty;      /* number of serial tty's */
    short tty_map[];            /* map UART to tty number */
};
```

可见，这个结构体要实现 SoC 硬件设备与 tty 设备名之间的对应关系。at91rm9200 的 serial 设备有 DEGU、USART0、USART1、USART2、USART3。硬件设计上来说，DEGU 作为调试通道，一般是有的。而串行口的设计上，可以设计为两个，也可以设计为 4 个，依定需求而确定。

at91_uart_config 的 console_tty 是调试终端对应的设备名，这里一般会选择 ttyS0。这个与 bootloader 命令行参数设计中 "console=ttySAC0,115200" 似乎有点冲突，具体细节需要考虑。

nr_tty 是串口设备的数目，比如现在在用的板子只有 3 个串口，那么就要设定为 3。

tty_map 是映射对应函数。初始化的值是 SoC 设备代表的数字，其中，DEGU 为 4, USART[0－3] 分别为 [0－3]。

```
DEGU(4)   ---> ttyS0
USART0(0) ---> ttyS1
USART1(1) ---> ttyS2
USART2(2) ---> ttyS3
USART3(3) ---> ttyS4
```

如果设定为上述对应关系，那么 .tty_map = { 4, 0, 1, 2, 3 }。

如果串口小于 5 个，那么用 -1 表示不存在。例如，在现在这块开发板上面，对应关系如下：

```
DEGU(4)   ---> ttyS0
（下面没有使用）
USART0(0) ---> ttyS1
USART1(1) ---> ttyS2
USART2(2) ttyS3
USART3(3) ttyS4
```

所以,.tty_map? = { 4, -1, -1, -1, -1 }

当然，自然对应关系最好，也可以让 DEGU 对应 ttyS3，不过相应的变化启动脚本要发生变化。

3. 内核的网卡驱动 bug 解决

内核启动后，因为 MAC 地址为全零，所以是非法地址，这样网卡是无法正常驱动的。所以在内核代码文件 drivers/net/arm/at91_ether.c 写入合法的 MAC 地址，以保证网卡正常工作。

```
/*
 * Set the ethernet MAC address in dev- > dev_addr
 * /static void __init get_mac_address(struct net_device * dev)
{
    # if 0
    /* Check Specific- Address 1 * /
    if      (unpack_mac_address(dev,       at91_emac_read(AT91_EMAC_SA1H), at91
_emac_read(AT91_EMAC_SA1L)))
        return;
    /* Check Specific- Address 2 * /
    if      (unpack_mac_address(dev,       at91_emac_read(AT91_EMAC_SA2H), at91
_emac_read(AT91_EMAC_SA2L)))
        return;
    /* Check Specific- Address 3 * /
    if      (unpack_mac_address(dev,       at91_emac_read(AT91_EMAC_SA3H), at91
_emac_read(AT91_EMAC_SA3L)))
        return;
    /* Check Specific- Address 4 * /
    if      (unpack_mac_address(dev,       at91_emac_read(AT91_EMAC_SA4H), at91
_emac_read(AT91_EMAC_SA4L)))
        return;
    # endif
    static char def_mac[] = {0x36, 0xB9, 0x04, 0x00, 0x24, 0x80};
    memcpy(dev- > dev_addr, def_mac, 6);
    printk(KERN_ERR "at91_ether: Your bootloader did not configure a MAC address.\n");
}
```

这样就解决了。如果不想显示"Your bootloader did not configure a MAC address."的提示，那么在"memcpy(dev—>dev_addr, def_mac, 6);"后面添加"return;"就可以了。

当然，到此为止只能说内核基本移植成功。这里只是介绍一般的移植方法，而嵌入式系统的一个重要特点就是它的专用性，因为专用，所以对内核的配置要求会有很大的不同。很多时候需要在内核的框架下增加功能，比如添加一个字符设备驱动。

5.5 内核映像格式

完成了上面的内核移植以后，接下来就是用 make menuconfig；make zImage 等命令来生成内核了。有类似经验的读者知道，生成 zImage 内核的位置在 arch/arm/boot 目录下。但是细心的读者可能会发现，内核根目录下有名为 vmlinux 的映像文件，arch/arm/boot/compressed/也有这个文件,它们有什么不同？它们和启动所需要的 zImage 有什么关系？下面简要地介绍一下。

5.5.1 生成过程

研究一下由 Boot Loader 引导并启动的 zImage 内核映像是怎么生成的,上述问题也就迎刃而解了。

内核根目录下的 vmlinux 映像文件是内核 Makefile 的默认目标。这个 vmlinux 映像的生成可以通过阅读内核 Makefile 文件得知,简单的说,Makefile 解析内核配置文件.config,递归到各目录下编译出.o 文件,最后将其链接成 vmlinux。而这个链接成的 vmlinux 文件是一个包含内核代码的静态可执行 ELF 文件,可以通过 file 命令来验证这一点。它不能通过 Boot Loader 引导并启动,如果想要使其可引导,则必须使用编译工具链中的 objcopy 命令把这个 ELF 格式的 vmlinux 转化为二进制格式的 vmlinux.bin 才行。而平常使用的 zImage 文件就是这个 vmlinux 文件经过多次转换得到的。现在先仔细研究一下它的生成过程。

1. arch / $ (ARCH) /Makefile

首先嵌入式中经常使用的编译目标 zImage 并不在顶层 Makefile 文件中,而在被顶层 Makefile 包含的 arch/ $ (ARCH)/Makefile 文件中,对于 AT91RM9200 来说就是 arch/arm/Makefile 文件。其中的部分规则如下：

```
……
boot :=  arch/arm/boot
……
# Convert bzImage to zImage
bzImage: zImage

zImage Image xipImage bootpImage uImage: vmlinux
        $ (Q)$ (MAKE) $ (build)= $ (boot) MACHINE= $ (MACHINE) $ (boot)/$ @
```

从这里可以看出,zImage 的依赖是顶层 vmlinux 文件,下面的命令展开得到：

```
make - f scripts/Makefile.build obj=  arch/arm/boot   MACHINE= arch/arm/mach- at91   arch/arm/boot/ zImage
```

可以看出 zImage 其实是 make 解析 arch/arm/boot 目录下的 Makefile 文件生成的,而参数传递了目标芯片信息和目标"arch/arm/boot/zImage"。所以 zImage 其实是在 arch/arm/boot 目录下完成编译的,这就是为什么可引导 zImage 映像会在 arch/arm/boot 目录下。

2. arch / $ (ARCH) /boot /Makefile

现在来分析一下 arch/arm/boot/Makefile 中的部分规则,看看目标 zImage 的生成：

```
$ (obj)/Image: vmlinux FORCE
    $ (call if_changed,objcopy)
```

```
@echo ' Kernel: $@ is ready'
$(obj)/compressed/vmlinux: $(obj)/Image FORCE
    $(Q)$(MAKE) $(build)=$(obj)/compressed $@
$(obj)/zImage:    $(obj)/compressed/vmlinux FORCE
    $(call if_changed,objcopy)
    @echo ' Kernel: $@ is ready'
```

先看最后一行，可以得知 arch/arm/boot/zImage 的依赖目标是 arch/arm/boot/compressed/vmlinux，且目标 zImage 是其二进制化的产物。

而 arch/arm/boot/compressed/vmlinux 是如何得到的呢？再看上一规则，arch/arm/boot/compressed/vmlinux 的依赖目标是 arch/arm/boot/Image。这个依赖目标的生成由最上层的规则决定，显然 arch/arm/boot/Image 是由顶层 vmlinux 二进制化得到的。而中间这行规则的含义是 arch/arm/boot/compressed/vmlinux 由 make 解析 arch/arm/boot/compressed/ 目录下的 Makefile 文件生成的，这条命令展开得到：

```
make  -f scripts/Makefile.build obj= arch/arm/boot/compressed
arch/arm/boot/compressed/vmlinux
```

3. arch/$(ARCH)/boot/compressed/Makefile

最后就来分析一下 arch/arm/boot/compressed/Makefile 中的部分规则，看看 arch/arm/boot/compressed/vmlinux 的生成：

```
$(obj)/vmlinux: $(obj)/vmlinux.lds $(obj)/$(HEAD) $(obj)/piggy.o \
        $(addprefix $(obj)/, $(OBJS)) FORCE
    $(call if_changed,ld)
    @:
$(obj)/piggy.gz: $(obj)/../Image FORCE
    $(call if_changed,gzip)
$(obj)/piggy.o:  $(obj)/piggy.gz FORC
```

上面的第一条规则就说明其实 arch/arm/boot/compressed/vmlinux 是由几个部分根据 arch/arm/boot/compressed/vmlinux.lds 脚本链接而成的：

- $(obj)/$(HEAD)：arch/arm/boot/compressed/head.o，在链接时处于 vmlinux 的最前面。主要做一些必要的初始化工作，如初始化 CPU、中断描述符表 IDT 和内存页目录表 GDT 等，最后跳到 misc.c 中的 decompress_kernel 函数进行内核的自解压工作。
- $(addprefix $(obj)/, $(OBJS)：arch/arm/boot/compressed/ misc.o，位于 head.o 之后，是内核自解压的实现代码。
- $(obj)/piggy.o：arch/arm/boot/compressed/ piggy.o，其实是 arch/arm/boot/Image 经过 gzip 压缩后（piggy.gz），再借助 piggy.S 一起编译出的 ELF 可链接文件。其中的原理可以看看 piggy.S 源码：

第 5 章　Linux 内核移植

```
        .section .piggydata,# alloc
        .globl    input_data
input_data:
        .incbin    "arch/arm/boot/compressed/piggy.gz"
        .globl    input_data_end
input_data_end:
```

这样跟踪下来，zImage 的产生过程已经看完了，但是看上去关系有点复杂，所以现在结合流程图简单地总结一下，如图 5.1 所示。

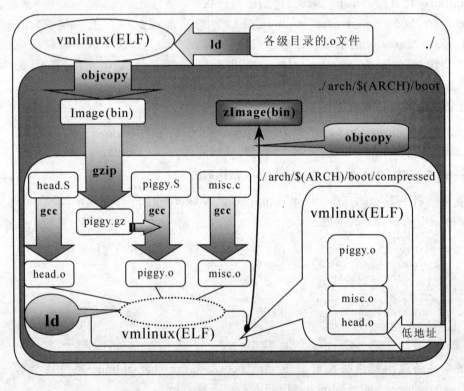

图 5.1　zImage 流程图

顶层 vmlinux 是 ELF 格式的可执行文件，必须将其二进制化生成 Image 后才可由 Boot Loader 引导。为了实现压缩的内核映像，arch/arm/boot/compressed/Makefile 又将这个非压缩映像 Image 做 gzip 压缩，生成了 piggy.gz。但要实现在启动时自解压，必须将这个 piggy.gz 转化为.o 文件，并同初始化程序 head.o 和自解压程序 misc.o 一同链接，生成 arch/arm/boot/compressed/vmlinux。最后，arch/arm/boot/Makefile 将这个 ELF 格式的 arch/arm/boot/compressed/vmlinux 二进制化得到可引导的压缩内核映像 zImage。

5.5.2 zImage 自解压引导过程

从上面的介绍可以看到 zImage 的生成经历了两次大的链接过程：
① 顶层 vmlinux 的生成，由 arch/arm/boot/vmlinux.lds 决定。
② arch/arm/boot/compressed/vmlinux 的生成，由 arch/arm/boot/compressed/vmlinux.lds 决定。

所以，实现 Boot Loader 引导的压缩映像 zImage 的入口是由 arch/arm /boot/compressed/vmlinux.lds 决定的。从这个链接脚本中可以看出压缩映像的入口在哪。

```
OUTPUT_ARCH(arm)
ENTRY(_start)
SECTIONS
{
  . = TEXT_START;
  _text = .;

  .text : {
    _start = .;
    * (.start)
    * (.text)
……
```

我们可以在 arch/arm/boot/compressed/head.S 找到这个 start 入口，这样就可以从这里开始用代码分析的方法研究 Boot Loader 跳转到压缩内核映像后的自解压启动过程：

```
……
/*
 * sort out different calling conventions
 */
        .align
start:
        .type   start,# function
        .rept 8
        mov r0, r0
        .endr

        b       1f
        .word   0x016f2818      @ 用于 Boot Loader 的魔数
        .word   start           @ 加载和运行 zImage 的绝对地址
        .word   _edata          @ zImage 的结束地址
1:      mov     r7, r1          @ 保存 machine ID 到 r7,由 Boot Loader 放入 r1
        mov     r8, r2          @ 保存内核启动参数指针到 r8
# ifndef __ARM_ARCH_2__
        /*
         * Booting from Angel - need to enter SVC mode and disable
         * FIQs/IRQs (numeric definitions from angel arm.h source).
         * We only do this if we were in user mode on entry.
```

```
                *  /
                mrs     r2, cpsr            @ get current mode
                tst     r2, # 3             @ not user?
                bne     not_angel
                mov     r0, # 0x17          @ angel_SWIreason_EnterSVC
                swi     0x123456            @ angel_SWI_ARM
        not_angel:
                mrs     r2, cpsr            @ turn off interrupts to
                orr     r2, r2, # 0xc0      @ prevent angel from running
                msr     cpsr_c, r2
        # else
                teqp    pc, # 0x0c000003    @ 关闭所有中断
        # endif
                /*
                 * Note that some cache flushing and other stuff may
                 * be needed here - is there an Angel SWI call for this?
                 */

                /*
                 * some architecture specific code can be inserted
                 * by the linker here, but it should preserve r7, r8, and r9.
                 */

                .text
                adr     r0, LC0                     @ 将后面的 LC0 地址(当前运行时的地址)放入 r0
                ldmia   r0, {r1, r2, r3, r4, r5, r6, ip, sp}    @ 将 LC0 处的数据放入相应的寄存器
                subs    r0, r0, r1                  @ 计算运行是的实际地址和编译时确定的差值
                beq     not_relocated               @ 如果为 0,说明代码就在编译时确定的地址运行
                /*
                 * 否则代码运行在不同的地址上,所以必须修正一些指针变量数据
                 *     r5 - zImage 入口地址基地址
                 *     r6 - GOT 表的起始地址
                 *     ip - GOT 表的结束地址
                 */
                add     r5, r5, r0
                add     r6, r6, r0
                add     ip, ip, r0
        # ifndef CONFIG_ZBOOT_ROM
                /* 若没有定义 CONFIG_ZBOOT_ROM,此时运行的是完全位置无关代码
                 * 位置无关代码,也就是不能有绝对地址寻址。所以为了保持相对地址正确
                 * 需要将 bss 段以及堆栈的地址都进行调整
                 * If we're running fully PIC === CONFIG_ZBOOT_ROM = n,
                 * we need to fix up pointers into the BSS region.
                 *     r2 - BSS 起始地址
                 *     r3 - BSS 结束地址
                 *     sp - 栈基址
                 */
                add     r2, r2, r0
                add     r3, r3, r0
```

```
        add     sp, sp, r0
        /*
         * 重定向整个 GOT 表中的入口
         */
1:      ldr     r1, [r6, #0]        @ relocate entries in the GOT
        add     r1, r1, r0          @ table.  This fixes up the
        str     r1, [r6], #4        @ C references.
        cmp     r6, ip
        blo     1b
# else
        /*
         * 重定向 GOT 表中的入口
         * 只对 GOT 表中在 BSS 段以外的入口进行重定位
         */
1:      ldr     r1, [r6, #0]        @ relocate entries in the GOT
        cmp     r1, r2              @ entry < bss_start ||
        cmphs   r3, r1              @ _end < entry
        addlo   r1, r1, r0          @ table.  This fixes up the
        str     r1, [r6], #4        @ C references.
        cmp     r6, ip
        blo     1b
# endif
@ 无需重定向或已经完成重定向
not_relocated:  mov     r0, #0
1:      str     r0, [r2], #4        @ 清零 BSS 段数据
        str     r0, [r2], #4
        str     r0, [r2], #4
        str     r0, [r2], #4
        cmp     r2, r3
        blo     1b

        /*
         * 完成 C 环境的建立,打开缓存机制
         * 设置一些指针
         * 开始解压内核
         */
        bl      cache_on

        mov     r1, sp              @ 将堆栈指针存到 r1,堆栈是向下生长的
        add     r2, sp, #0x10000    @ 所以 r1 为解压函数所需缓冲区的起始地址
                                    @ r2 为结束地址,缓冲区大小 64K
/*
 * 检查解压时是否会自我覆盖
 *      r4 =    解压后的内核最终存放地址(入口地址)
 *      r5 =    zImage 入口地址(已修正,当前运行值)
 *      r2 =    解压函数所需缓冲区的结束
 * 如果: r4 >= r2 或者 r4 + 解压出的内核大小 <= r5 就不会自我覆盖
 * 可以直接解压到 r4 存放的地址处
 * 否则需要先将内核解压至解压函数缓冲区的后面(r2 地址处)
```

第5章 Linux 内核移植

```
 *      最后复制重定向代码到解压后的内核区的后面
 * /
        cmp     r4, r2
        bhs     wont_overwrite    @ 跳入直接解压程序段
        sub     r3, sp, r5        @ r3 = sp - r5 为大于 zImage 的大小的数据
        add     r0, r4, r3, lsl # 2   @ r0 = 解压后的内核存放地址+ 大于 4 倍 zImage 的大小
        cmp     r0, r5
        bls     wont_overwrite    @ 跳入直接解压程序段
        @ 会自我覆盖,需要先解压至解压函数缓冲区的后面
        mov     r5, r2            @ decompress after malloc space
        mov     r0, r5
        mov     r3, r7
        bl      decompress_kernel @ 跳入 arch/arm/boot/compressed/misc.c 中的解压函数
        add     r0, r0, # 127 + 128@ alignment + stack
        bic     r0, r0, # 127     @ align the kernel length
/*
 * r0      = 解压后的内核长度
 * r1- r3  = 未使用
 * r4      = 解压后的内核最终存放地址(入口地址)
 * r5      = 解压后内核暂存基址,
 * r6      = 处理器 ID
 * r7      = machine ID
 * r8      = 内核启动参数指针
 * r9- r14 = corrupted
 * /
        add     r1, r5, r0        @ r1= 解压后内核数据暂存区的结束地址
        adr     r2, reloc_start   @ r2= 当前内核重定向代码的基地址
        ldr     r3, LC1           @ r3= 内核重定向代码的长度(包括 call_kernel 等函数)
        add     r3, r2, r3        @ r3= 当前内核重定向代码的结束地址
1:      ldmia   r2!, {r9- r14}    @ 拷贝内核重定向代码
        stmia   r1!, {r9- r14}
        ldmia   r2!, {r9- r14}
        stmia   r1!, {r9- r14}
        cmp     r2, r3
        blo     1b
        add     sp, r1, # 128     @ 重定向堆栈数据
        bl      cache_clean_flush
        add     pc, r5, r0        @ 跳入内核重定向代码
/*
 *  没有自我覆盖的危险
 *
 * r4    = 解压后的内核最终存放地址(入口地址)
 * r7    = machine ID
 * /
wont_overwrite:     mov   r0, r4  @ r0= 解压后的内核最终存放地址(入口地址)
        mov     r3, r7 @ r3= machine ID
        bl      decompress_kernel @ 跳入 arch/arm/boot/compressed/misc.c 中的解压函数
        b       call_kernel @ 跳入 call_kernel 函数入口,进入已解压内核的引导
```

```
            .type   LC0, # object
LC0:        .word   LC0             @ r1  此处的地址(编译时已确定)
            .word   __bss_start     @ r2  bss 的起始地址
            .word   _end            @ r3  bss 的结束地址
            .word   zreladdr        @ r4  解压后的内核最终存放地址(入口地址)
            .word   _start          @ r5  zImage 入口地址
            .word   _got_start      @ r6 GOT 表的起始地址
            .word   _got_end        @ ip GOT 表的结束地址
            .word   user_stack+ 4096@ sp
LC1:        .word   reloc_end - reloc_start
            .size   LC0, . - LC0
……
/*
 * All code following this line is relocatable.  It is relocated by
 * the above code to the end of the decompressed kernel image and
 * executed there.  During this time, we have no stacks.
 *
 * r0      = 解压后的内核长度
 * r1- r3   = 未使用
 * r4      = 解压后的内核最终存放地址(入口地址)
 * r5      = 解压后内核暂存基址,
 * r6      = 处理器 ID
 * r7      = machine ID
 * r8      = 内核启动参数指针
 * r9- r14 = corrupted
 */
            .align   5
reloc_start:    add    r9, r5, r0
            sub    r9, r9, # 128     @ 不复制堆栈中的数据
            debug_reloc_start
            mov    r1, r4
1:
            .rept   4
            ldmia   r5!, {r0, r2, r3, r10 - r14}  @ 重定向内核代码
            stmia   r1!, {r0, r2, r3, r10 - r14}
            .endr

            cmp    r5, r9
            blo    1b
            add    sp, r1, # 128      @ 重定向堆栈指针
            debug_reloc_end
call_kernel: cache_clean_flush
            bl    cache_off
@ 以下是引导内核必须的事项
            mov    r0, # 0            @ r0 必须为 0
            mov    r1, r7             @ r1= machine ID
            mov    r2, r8             @ r2= 内核启动参数指针
            mov    pc, r4             @ 跳入解压后的内核入口地址,开始启动内核
```

现在对内核的自解压引导过程有很深的了解。下面就简单地总结一下这个自解压引导的

过程：程序跳入 start 入口后 head.S 就开始对 CPU 进行初始化，并对各寄存器进行初始化，为 C 程序的运行做好准备。然后开始检测自解压之后的内核代码会不会覆盖 zImage。如果不会，则直接解压到编译时确定的那个入口地址，再跳到那个地址开始启动内核。如果会，则先将内核解压到 zImage 所运行的堆栈之后，并将内核重定向代码（包括 call_kernel 等函数）放到解压好的内核之后，然后跳到重定向代码运行，将解压好的内核重定向到编译时确定的那个入口地址，最后跳到那个地址开始启动内核。所以在用 Boot Loader 将内核的代码复制到内存时，只要不覆盖内核启动参数就可以了。至于自解压是否会覆盖自身，内核的自解压代码自己会处理，这时内核 section 的分布如表 5.5 所列。

表 5.5 内核的 section 分布

内核映像分布	占用的空间
.text	zImage
.got	
.data	
.bss	
.stack	4 KB
解压函数所需的缓冲区	64 KB
解压后的内核代码	.text 至 .stack 长度的 4 倍
head.S 中的内核重定位代码	reloc_start 至 reloc_end

5.6 Boot Loader 与内核的通信机制

5.6.1 基本模型

这里，笔者先不立即展开 Boot Loader 与内核通信机制的细节论述，而是先说明一个观点：看问题要抓住本质，之后再研究细节。如果开始就陷入到细节的纠缠中，很难看到最本质的东西，理解也就不会深入。

首先分析一下 Boot Loader 与内核的通信机制的基本模型。

这里最本质的部分是"通信"，那么到底怎样才能通信呢？首先要有"通信"的双方，其次是要有传输的方式，最后是彼此能够理解"通信"的内容。在这里，通信的双方是 Boot Loader 和 Linux 内核。Boot Loader 要将文件系统、串口等的基本信息传递给 Linux 内核，这就是通信的内容。因为两者在软件系统上是分离的，所以传输的方式就可以借助于存储介质，比如将这些内容存放于 Nor Flash 或者 SDRAM 中的一个区域，不过前提是双方约定好该区域的起始地址，这样才能都访问到该区域。为了能够理解这部分内容，双方必须约定好内容组织方式。Boot Loader 按照此方式存储于该区域，Linux 内核找到该区域，按照此方式来读取并解析，以实现"通信"。

从这个分析来看，道理是很简单的，双方关心的是两个要素：一是存储区域的首基址，二是内容的组织方式。双方都能根据这个地址找到内容，根据组织方式进行解析，就会实现通信。

5.6.2 tagged list 组织方式

如果要了解组织方式，则可以直接查看源代码，也可以查看文档。U-Boot 和 Linux 内核的文档都比较丰富，虽然有些文档可能有些落后。U-Boot 的文档位于 doc 文件夹内，Linux 内核的文档位于 Documentation 文件夹内。Linux 的 Documentation 是一个很好的学习库，几乎所有的问题在这里都能有初步的解答。如果要想继续深入，那么就要读源代码了。学习上，先看 README，然后翻阅 Documentation，无疑是一条捷径。而且，是否有完备的文档，也是判断这个软件是否优秀的重要标准。

在 Documentation/arm/Booting 中，介绍要启动 ARM Linux 所需要的最小工作：
① 初始化 RAM；
② 初始化串口；
③ 检测 machine type；
④ 设置内核 tagged list；
⑤ 调用内核映像。

其中，第④步工作设置内核 tagged list 就指的是二者通信内容的组织方式。早期的内核参数传递是基于 struct param_struct 的，但是这种方式因为结构中每个成员的位置是固定的，不方便扩展，如下：

```
# define COMMAND_LINE_SIZE 1024
/*  This is the old deprecated way to pass parameters to the kernel  */
struct param_struct {
  union {
    struct {
      unsigned long page_size;    /*  0 * /
      unsigned long nr_pages;     /*  4 * /
      unsigned long ramdisk_size; /*  8 * /
      unsigned long flags;        /* 12 * /
# define FLAG_READONLY 1
# define FLAG_RDLOAD 4#
define FLAG_RDPROMPT 8
      unsigned long rootdev;          /* 16 * /
      unsigned long video_num_cols;   /* 20 * /
      unsigned long video_num_rows;   /* 24 * /
      unsigned long video_x;          /* 28 * /
      unsigned long video_y;          /* 32 * /
      unsigned long memc_control_reg; /* 36 * /
      unsigned char sounddefault;     /* 40 * /
      unsigned char adfsdrives;       /* 41 * /
```

```
      unsigned char bytes_per_char_h; /* 42 */
      unsigned char bytes_per_char_v; /* 43 */
      unsigned long pages_in_bank[4]; /* 44 */
      unsigned long pages_in_vram;   /* 60 */
      unsigned long initrd_start;    /* 64 */
      unsigned long initrd_size;     /* 68 */
      unsigned long rd_start;        /* 72 */
      unsigned long system_rev;      /* 76 */
      unsigned long system_serial_low;  /* 80 */
      unsigned long system_serial_high; /* 84 */
      unsigned long mem_fclk_21285;  /* 88 */
    } s;
    char unused[256];
  } u1;
  union {
    char paths[8][128];
    struct {
      unsigned long magic;
      char n[1024 - sizeof(unsigned long)];
    } s;
  } u2;
  char commandline[COMMAND_LINE_SIZE];
};
```

现在采用的方式是基于 struct tag 的方式,如 Documentation/arm/Booting 的第四部分：设置内核 tagged list。

——————————————————————————————

Boot Loader 必须创建和初始化内核 tagged list。一个有效的 tagged list 从 ATAG_CORE 开始,以 ATAG_NONE 结束。ATAG_CORE 可以为空,也可以非空,但是当其为空时,应将其 size 域设置为 2,而 ATAG_NONE 的 size 域必须设置为 0。

Boot Loader 至少要传递系统内存的大小和根文件系统的位置,因此,最小的 tagged list 如下所示：

```
         +-----------------+
base ->  | ATAG_CORE  |   |
         +-----------------+  |
         | ATAG_MEM   |   | increasing address
         +-----------------+  |
         | ATAG_NONE  |   |
         +-----------------+  v
```

tagged list 应该存储在系统的 RAM 中,这个位置不能被覆盖掉,推荐的存储位置是 RAM 的前 16 KB。

但是现在还是不太清晰其组织方式,可以查看一下内核代码 include/asm-arm/setup.h 中的具体定义方式：

```c
# define COMMAND_LINE_SIZE 1024
/* The list ends with an ATAG_NONE node. */
# define ATAG_NONE       0x00000000
struct tag_header {
        __u32 size;
        __u32 tag;
};
/* The list must start with an ATAG_CORE node */
# define ATAG_CORE       0x54410001
struct tag_core {
        __u32 flags;            /* bit 0 = read-only */
        __u32 pagesize;
        __u32 rootdev;
};
/* it is allowed to have multiple ATAG_MEM nodes */
# define ATAG_MEM        0x54410002
struct tag_mem32 {
        __u32   size;
        __u32   start;  /* physical start address */
};
/* VGA text type displays */
# define ATAG_VIDEOTEXT  0x54410003
struct tag_videotext {
        __u8            x;
        __u8            y;
        __u16           video_page;
        __u8            video_mode;
        __u8            video_cols;
        __u16           video_ega_bx;
        __u8            video_lines;
        __u8            video_isvga;
        __u16           video_points;
};
/* describes how the ramdisk will be used in kernel */
# define ATAG_RAMDISK    0x54410004
struct tag_ramdisk {
        __u32 flags;            /* bit 0 = load, bit 1 = prompt */
        __u32 size;             /* decompressed ramdisk size in _kilo_ bytes */
        __u32 start;            /* starting block of floppy-based RAM disk image */
};
/* describes where the compressed ramdisk image lives (virtual address) */
/*
 * this one accidentally used virtual addresses - as such,
 * it´s deprecated.
 */
# define ATAG_INITRD     0x54410005
```

```c
/* describes where the compressed ramdisk image lives (physical address) */
#define ATAG_INITRD2    0x54420005

struct tag_initrd {
        __u32 start;            /* physical start address */
        __u32 size;             /* size of compressed ramdisk image in bytes */
};

/* board serial number. "64 bits should be enough for everybody" */
#define ATAG_SERIAL     0x54410006

struct tag_serialnr {
        __u32 low;
        __u32 high;
};
...

/* command line: \0 terminated string */
#define ATAG_CMDLINE    0x54410009

struct tag_cmdline {
        char    cmdline[1];     /* this is the minimum size */
};
...

struct tag {
        struct tag_header hdr;
        union {
                struct tag_core         core;
                struct tag_mem32        mem;
                struct tag_videotext    videotext;
                struct tag_ramdisk      ramdisk;
                struct tag_initrd       initrd;
                struct tag_serialnr     serialnr;
                struct tag_revision     revision;
                struct tag_videolfb     videolfb;
                struct tag_cmdline      cmdline;

                /*
                 * Acorn specific
                 */
                struct tag_acorn        acorn;

                /*
                 * DC21285 specific
                 */
                struct tag_memclk       memclk;
        } u;
};

struct tagtable {
        __u32 tag;
        int (* parse)(const struct tag *);
};

#define tag_member_present(tag,member)                          \
```

```
            ((unsigned long)(&((struct tag * )0L)- > member + 1)        \
                < = (tag)- > hdr.size * 4)
# define tag_next(t)        ((struct tag * )((__u32 * )(t) + (t)- > hdr.size))
# define tag_size(type)   ((sizeof(struct tag_header) + sizeof(struct type)) > > 2)
# define for_each_tag(t,base)                 \
        for (t = base; t- > hdr.size; t = tag_next(t))
```

好了,明确了 tagged list 的具体定义,就可以从源代码的实现来进行分析了。

5.6.3 Boot Loader 实现

以 U-Boot-2009.06 为例,涉及启动的参数有:

```
bootcmd= tftp 20800000 uImage;tftp 20a00000 ramdisk;bootm 20800000
bootargs= root = /dev/ram    rw    initrd = 0x20a00000,5000000    ramdisk_size= 4096
console= ttyS0,115200 mem = 16M init= /sbin/init
```

其中,bootargs 是要传递的命令行参数,bootcmd 是执行内核引导的动作。bootcmd 中实际包含了 3 个步骤的操作,具体如下:

1) tftp 20800000 uImage

通过 tftp 协议把 Linux 内核映像 uImage 读入到 SDRAM 0x2080 0000 处。如前所述,该映像是满足 U-Boot 格式要求的,前面有 0x40 的 image_header_t 头。

2) tftp 20a0 0000 ramdisk

这个是把 ramdisk 型文件系统加载到 SDRAM 0x20a0 0000 处,该地址通过命令行参数传递给内核。

3) bootm 2080 0000

指定从 0x2080 0000 位置开始执行,把控制权交给内核。

由此可见,在把控制权交给内核之前,U-Boot 所做的工作,包括内核 tagged list 的设置、初始化工作的准备都是由命令 bootm 来完成的。明确了这点,下面开始分析 bootm 的源代码。

在 U-Boot 的命令机制一节已经对 U-Boot 的命令实现原理进行了讲解,这里不再赘述。按照 U-Boot 的命令机制原理,很容易找到 bootm 的实现位于 common/cmd_bootm.c 中,处理函数为 do_bootm()。

先看一下 U-Boot 启动 Linux 内核时的打印信息,然后根据打印信息去理解这个启动的流程会更方便些。

```
// step 1
# # Booting kernel from Legacy Image at 20800000 ...
// step 2
   Image Name:     Linux kernel
   Image Type:     ARM Linux Kernel Image (gzip compressed)
```

第 5 章 Linux 内核移植

```
    Data Size:    1268705 Bytes =   1.2 MB
    Load Address: 20008000
    Entry Point:  20008000
// step 3
    Verifying Checksum ... OK
// step 4
    Uncompressing Kernel Image ... OK
// step 5
Starting kernel ...
```

可见,bootm 首先要显示启动信息,然后从指定的位置读入头并验证头信息。调用关系为:do_bootm→bootm_start→boot_get_kernel→image_get_kernel。

```c
static void * boot_get_kernel (cmd_tbl_t * cmdtp, int flag, int argc, char * argv[],
        bootm_headers_t * images, ulong * os_data, ulong * os_len)
...
            // 检测 image type,并进行处理
            switch (genimg_get_format ((void * )img_addr)) {
            case IMAGE_FORMAT_LEGACY:
                // step 1
                printf ("# # Booting kernel from Legacy Image at % 081x ...\n",
                        img_addr);
                hdr = image_get_kernel (img_addr, images- > verify);
                if (! hdr)
                    return NULL;
                show_boot_progress (5);

                /* 获取 OS 的数据和长度 */
                switch (image_get_type (hdr)) {
                case IH_TYPE_KERNEL:
                    * os_data = image_get_data (hdr);
                    * os_len = image_get_data_size (hdr);
                    break;
                case IH_TYPE_MULTI:
                    image_multi_getimg (hdr, 0, os_data, os_len);
                    break;
                default:
                    printf ("Wrong Image Type for % s command\n", cmdtp- > name);
                    show_boot_progress (- 5);
                    return NULL;
                }
```

image_get_kernel 的主要工作是检测 image 头信息并做验证,具体如下:

```c
static image_header_t * image_get_kernel (ulong img_addr, int verify)
{
            image_header_t * hdr = (image_header_t * )img_addr;
            // 校验头部信息,检查 Magic Number
            if (! image_check_magic(hdr)) {
```

```
        puts ("Bad Magic Number\n");
        show_boot_progress (- 1);
        return NULL;
    }
    show_boot_progress (2);

    // 校验头部的CRC(hcrc)
    if (! image_check_hcrc (hdr)) {
        puts ("Bad Header Checksum\n");
        show_boot_progress (- 2);
        return NULL;
    }

    show_boot_progress (3);
    // step2：打印解析的头部信息，如前Image Name 等
    image_print_contents (hdr);

    // 跳过头部，检测数据部分的CRC(dcrc)
    if (verify) {
        // step 3
        puts ("   Verifying Checksum ... ");
        if (! image_check_dcrc (hdr)) {
            printf ("Bad Data CRC\n");
            show_boot_progress (- 3);
            return NULL;
        }
        puts ("OK\n");
    }
    show_boot_progress (4);

    // 判断目标板的arch类型是否合适
    if (! image_check_target_arch (hdr)) {
        printf ("Unsupported Architecture 0x% x\n", image_get_arch (hdr));
        show_boot_progress (- 4);
        return NULL;
    }
    return hdr;
}
```

再回到 do_bootm 函数，在获取并解析完成映像头之后，接下来会加载内核映像。

```
ret = bootm_load_os(images.os, &load_end, 1);
```

函数 bootm_load_os 根据 image 头中的信息来进行相应的处理。在本实例中，采用的压缩映像格式，所以进入的处理流程会是：

```
static int bootm_load_os(image_info_t os, ulong * load_end, int boot_progress)
...
            case IH_COMP_GZIP:
                // step 4：解压缩信息
                printf ("   Uncompressing % s ... ", type_name);
                if (gunzip ((void * )load, unc_len,
```

```
                         (uchar * )image_start, &image_len) != 0) {
        puts ("GUNZIP: uncompress, out- of- mem or overwrite error "
            "- must RESET board to recover\n");
        if (boot_progress)
            show_boot_progress (- 6);
        return BOOTM_ERR_RESET;
    }
    * load_end = load + image_len;
    break;
```

再返回到 do_bootm，因为解析 image 头已经完成，根据 image 头的信息将内核加载到 SDRAM 的指定位置也已经完成，接下来就要根据要引导的操作系统类型执行调用内核前的处理工作。具体代码如下：

```
boot_fn = boot_os[images.os.os];
boot_fn(0, argc, argv, &images);
```

其中，boot_os 的内容如下：

```
boot_os_fn *  boot_os[] = {
# ifdef CONFIG_BOOTM_LINUX
            [IH_OS_LINUX] = do_bootm_linux,
# endif
# ifdef CONFIG_BOOTM_NETBSD
            [IH_OS_NETBSD] = do_bootm_netbsd,
# endif
# ifdef CONFIG_LYNXKDI
            [IH_OS_LYNXOS] = do_bootm_lynxkdi,
# endif
# ifdef CONFIG_BOOTM_RTEMS
            [IH_OS_RTEMS] = do_bootm_rtems,
# endif
# if defined(CONFIG_CMD_ELF)
            [IH_OS_VXWORKS] = do_bootm_vxworks,
            [IH_OS_QNX] = do_bootm_qnxelf,
# endif
# ifdef CONFIG_INTEGRITY
            [IH_OS_INTEGRITY] = do_bootm_integrity,
# endif
};
```

boot_fn 是一个函数指针，定义类型为：

```
typedef int boot_os_fn (int flag, int argc, char * argv[],
            bootm_headers_t * images); /* pointers to os/initrd/fdt * /
```

所以第二句实际上相当于：

```
do_bootm_linux (0, argc, argv, &images);
```

那么接下来就转入 do_bootm_linux,位于 lib_arm/bootm.c 中。该函数并没有打印信息,当然可以在该函数中添加相应的打印信息,以辅助调试和理解。

```
int do_bootm_linux(int flag, int argc, char * argv[], bootm_headers_t * images)
{
                bd_t    * bd = gd- > bd;
                char    * s;
                int     machid = bd- > bi_arch_number;
                void    (* theKernel)(int zero, int arch, uint params);
// 读取环境变量bootargs
# ifdef CONFIG_CMDLINE_TAG
                char * commandline = getenv ("bootargs");
                printf("@ @ @ cmdline: % s\n", commandline);
# endif
                if ((flag ! = 0) && (flag ! = BOOTM_STATE_OS_GO))
                    return 1;
                // 指向内核入口点地址
                theKernel = (void (* )(int, int, uint))images- > ep;
                printf("@ @ @ theKernel entry: % 08lx\n", (ulong)theKernel);
```

这里的内核入口地址即为 0x2000 8000。添加的打印调试信息显示如下:

```
@ @ @ cmdline: root= /dev/ram rw initrd= 0x20a00000,5000000 ramdisk_size= 4096 console= ttyS0,115200 mem= 16M init= /sbin/init
@ @ @ theKernel entry: 20008000
```

接下来就是设置 tagged list,然后启动内核。

```
// 内核tagged list 设置
# if defined (CONFIG_SETUP_MEMORY_TAGS) || \
    defined (CONFIG_CMDLINE_TAG) || \
    defined (CONFIG_INITRD_TAG) || \
    defined (CONFIG_SERIAL_TAG) || \
    defined (CONFIG_REVISION_TAG) || \
    defined (CONFIG_LCD) || \
    defined (CONFIG_VFD)
                setup_start_tag (bd);
# ifdef CONFIG_SERIAL_TAG
                setup_serial_tag (&params);
# endif
# ifdef CONFIG_REVISION_TAG
                setup_revision_tag (&params);
# endif
# ifdef CONFIG_SETUP_MEMORY_TAGS
                setup_memory_tags (bd);
# endif
# ifdef CONFIG_CMDLINE_TAG
                setup_commandline_tag (bd, commandline);
# endif
```

```
# ifdef CONFIG_INITRD_TAG
        if (images- > rd_start && images- > rd_end)
            setup_initrd_tag (bd, images- > rd_start, images- > rd_end);
# endif
# if defined (CONFIG_VFD) || defined (CONFIG_LCD)
        setup_videolfb_tag ((gd_t * ) gd);
# endif
        setup_end_tag (bd);
# endif
```

其中,以命令行参数的 tag 设置为例,主要步骤如下:

```
static void setup_commandline_tag (bd_t * bd, char * commandline)
{
    char * p;
    if (! commandline)
        return;
    /* eat leading white space */
    for (p = commandline; * p == ' '; p++);
    /* skip non- existent command lines so the kernel will still
     * use its default command line.
     */
    if (* p == '\0')
        return;
    params- > hdr.tag = ATAG_CMDLINE;
    params- > hdr.size =
        (sizeof (struct tag_header) + strlen (p) + 1 + 4) > > 2;
    strcpy (params- > u.cmdline.cmdline, p);
    params = tag_next (params);
}
```

一切准备就绪了,现在启动内核:

```
// step 5 :内核启动入口
/* we assume that the kernel is in place */
printf ("\nStarting kernel ...\n\n");

cleanup_before_linux ();

//启动内核,必须让设置 3 个寄存器
//r0 = 0,
//r1 = machine type number
//r2 = tagged list 在SDRAM 中的起始地址
theKernel (0, machid, bd- > bi_boot_params);
/* does not return */
```

第三个参数即为 tagged list 在 SDRAM 中的位置,是通过 bd 来获得的。其 bd 对应结构类型在 include/asm-arm/u-boot.h 中:

```
typedef struct bd_info {
    int              bi_baudrate;       /* serial console baudrate */
    unsigned long    bi_ip_addr;        /* IP Address */
    struct environment_s            * bi_env;
    ulong            bi_arch_number;    /* unique id for this board */
    ulong            bi_boot_params;    /* where this board expects params */
    struct           /* RAM configuration */
    {
        ulong start;
        ulong size;
    }                bi_dram[CONFIG_NR_DRAM_BANKS];
} bd_t;
```

那么 bd 的初始化赋值是在哪里呢？是在 board_init 函数中。

```
int board_init (void)
{
        /* Enable Ctrlc */
        console_init_f ();
        /* Correct IRDA resistor problem */
        /* Set PA23_TXD in Output */
        ((AT91PS_PIO) AT91C_BASE_PIOA)-> PIO_OER = AT91C_PA23_TXD2;
        /* memory and cpu-speed are setup before relocation */
        /* so we do _nothing_ here */
        /* arch number of AT91RM9200DK-Board */
        gd-> bd-> bi_arch_number = MACH_TYPE_AT91RM9200DK;
        /* adress of boot parameters */
        gd-> bd-> bi_boot_params = PHYS_SDRAM + 0x100;
        return 0;
}
```

由此可见，U-Boot 将 tagged list 列表存放在 SDRAM 起始地址＋0x100 的位置，在本实例中，即存在 0x2000 0100 处。这个地址是和 Linux 约定好的。

到此为止，U-Boot 的准备工作就都完成了，下面分析内核接收 U-Boot 的参数的过程。

5.6.4 Linux 内核实现

Linux 内核映像可以采用压缩映像，也可以采用非压缩映像。由此带来的问题是：如果采用压缩映像，则必须首先解压缩，然后跳转到解压缩之后的代码处执行；如果是非压缩映像，那么直接执行。这里暂不关心 Linux 如何处理这两种情况，只关心内核真正开始执行后如何处理 tagged list 的接收与解析。

内核启动后最初会检验是否为支持的 machine type，这个在之前的移植过程中已经讲解。之后跳转到 start_kernel 函数，位于 init/main.c。

```
asmlinkage void __init start_kernel(void)
```

```
{
            char * command_line;
            extern struct kernel_param __start___param[], __stop___param[];
            smp_setup_processor_id();
            /*
             * Need to run as early as possible, to initialize the
             * lockdep hash:
             */
            unwind_init();
            lockdep_init();

            local_irq_disable();
            early_boot_irqs_off();
            early_init_irq_lock_class();
    /*
     * Interrupts are still disabled. Do necessary setups, then
     * enable them
     */
            lock_kernel();
            boot_cpu_init();
            page_address_init();
            printk(KERN_NOTICE);
            printk(linux_banner);
            setup_arch(&command_line);
            unwind_setup();
            setup_per_cpu_areas();
            smp_prepare_boot_cpu();    /* arch-specific boot-cpu hooks */
```

其中,setup_arch 是分析的重点了,位于 arch/arm/kernel/setup.c 中。

```
void __init setup_arch(char * * cmdline_p)
{
            struct tag * tags = (struct tag *)&init_tags;
            struct machine_desc * mdesc;
            char * from = default_command_line;

            setup_processor();
            // 设置machine arch type
            mdesc = setup_machine(machine_arch_type);
            machine_name = mdesc->name;

            if (mdesc->soft_reboot)
                reboot_setup("s");

            if (mdesc->boot_params)
                tags = phys_to_virt(mdesc->boot_params);

            /*
             * If we have the old style parameters, convert them to
             * a tag list.
             */
            if (tags->hdr.tag != ATAG_CORE)
```

```
            convert_to_tag_list(tags);
        if (tags->hdr.tag != ATAG_CORE)
            tags = (struct tag *)&init_tags;
        if (mdesc->fixup)
            mdesc->fixup(mdesc, tags, &from, &meminfo);
        if (tags->hdr.tag == ATAG_CORE) {
            if (meminfo.nr_banks != 0)
                squash_mem_tags(tags);
            parse_tags(tags);
        }

        init_mm.start_code = (unsigned long) &_text;
        init_mm.end_code   = (unsigned long) &_etext;
        init_mm.end_data   = (unsigned long) &_edata;
        init_mm.brk        = (unsigned long) &_end;

        memcpy(saved_command_line, from, COMMAND_LINE_SIZE);
        saved_command_line[COMMAND_LINE_SIZE-1] = '\0';
        parse_cmdline(cmdline_p, from);
        paging_init(&meminfo, mdesc);
        request_standard_resources(&meminfo, mdesc);
#ifdef CONFIG_SMP
        smp_init_cpus();
#endif

        cpu_init();
        /*
         * Set up various architecture-specific pointers
         */
        init_arch_irq = mdesc->init_irq;
        system_timer  = mdesc->timer;
        init_machine  = mdesc->init_machine;
#ifdef CONFIG_VT
#if defined(CONFIG_VGA_CONSOLE)
        conswitchp = &vga_con;
#elif defined(CONFIG_DUMMY_CONSOLE)
        conswitchp = &dummy_con;
#endif
#endif
}
```

该函数所做的第一步工作是 setup_processor,是设置处理器,这是多处理器相关部分,暂时不探讨。第二步是 setup_machine。这需要仔细分析了。

首先,machine_arch_type 仅仅在 setup.c 开头有定义,这是全局变量,两者之间一定存在联系:

```
unsigned int processor_id;
unsigned int __machine_arch_type;
EXPORT_SYMBOL(__machine_arch_type);
```

看看头文件,应该有 #include <asm/mach-types.h>,但是未编译时并没有,可以确定是

第5章 Linux 内核移植

编译的过程中自动生成的,这就需要分析 Makefile 了。首先看 setup.c 所在层次的 Makefile,没有关于 mach-types.h 的信息,然后查看上层 Makefile,发现了:

```
PHONY + = maketools FORCE
maketools: include/linux/version.h include/asm- arm/.arch FORCE
        $ (Q)$ (MAKE) $ (build)= arch/arm/tools include/asm- arm/mach- types.h
```

这就是说到 arch/arm/tools 文件夹下面编译,得到 include/asm-arm/mach-types.h。

```
[armlinux@ lqm tools]$ pwd
/home/armlinux/kernel/develop/arch/arm/tools
[armlinux@ lqm tools]$ cat Makefile
#
# linux/arch/arm/tools/Makefile
#
# Copyright (C) 2001 Russell King
#
include/asm- arm/mach- types.h: $ (src)/gen- mach- types $ (src)/mach- types
        @ echo ´  Generating $ @ ´
        $ (Q)$ (AWK) -f $ ^ > $ @ || { rm -f $ @ ; /bin/false; }
```

由此判断出 mach-types.h 是如何生成的,主要是利用 awk 脚本处理 mach-types 文件来生成。mach-types 与 AT91RM9200 相关的部分为:

```
[armlinux@ lqm tools]$ grep "AT91RM9200" mach- types
at91rm9200              ARCH_AT91RM9200         AT91RM9200          251
at91rm9200dk            ARCH_AT91RM9200DK       AT91RM9200DK        262
at91rm9200tb            ARCH_AT91RM9200TB       AT91RM9200TB        380
at91rm9200kr            MACH_AT91RM9200KR       AT91RM9200KR        450
at91rm9200ek            MACH_AT91RM9200EK       AT91RM9200EK        705
at91rm9200utl           MACH_AT91RM9200UTL      AT91RM9200UTL       821
at91rm9200kg            MACH_AT91RM9200KG       AT91RM9200KG        975
at91rm9200rb            MACH_AT91RM9200RB       AT91RM9200RB        1060
at91rm9200df            MACH_AT91RM9200DF       AT91RM9200DF        1119
```

如果内核新增加一个单板的支持,则也要相应地获取 machine ID,并添加到 mach-types 文件中。生成 include/asm-arm/mach-types.h 之后与 AT91RM9200DK 有关的部分为:

```
# ifdef CONFIG_ARCH_AT91RM9200DK
#  ifdef machine_arch_type
#   undef machine_arch_type
#   define machine_arch_type      __machine_arch_type
#  else
#   define machine_arch_type      MACH_TYPE_AT91RM9200DK
#  endif
#  define machine _ is _ at91rm9200dk ()       (machine _ arch _ type = = MACH _ TYPE _ AT91RM9200DK)
# else
#  define machine_is_at91rm9200dk()     (0)
# endif
```

由此就知道了，这里的 machine_arch_type 为 262，所以此函数实际上执行"mdesc = setup_machine(262);"，它要填充结构体 machine_desc，在 include/asm/mach/arch.h 中定义如下：

```
struct machine_desc {
  /*
   * Note! The first four elements are used
   * by assembler code in head-armv.S
   */
  unsigned int      nr;              /* architecture number */
  unsigned int      phys_ram;        /* start of physical ram */
  unsigned int      phys_io;         /* start of physical io */
  unsigned int      io_pg_offst;     /* byte offset for io
                     * page table entry */

  const char        *name;           /* architecture name */
  unsigned int      param_offset;    /* parameter page */

  unsigned int      video_start;     /* start of video RAM */
  unsigned int      video_end;       /* end of video RAM */

  unsigned int      reserve_lp0 :1;  /* never has lp0 */
  unsigned int      reserve_lp1 :1;  /* never has lp1 */
  unsigned int      reserve_lp2 :1;  /* never has lp2 */
  unsigned int      soft_reboot :1;  /* soft reboot */
  void              (* fixup)(struct machine_desc *,
                    struct param_struct *, char **,
                    struct meminfo *);
  void              (* map_io)(void);/* IO mapping function */
  void              (* init_irq)(void);
};
```

另外，还提供了一系统的宏，用于填充该结构体：

```
/*
 * Set of macros to define architecture features.  This is built into
 * a table by the linker.
 */
#define MACHINE_START(_type,_name)                  \
static const struct machine_desc __mach_desc_##_type     \
 __attribute_used__                                  \
 __attribute__((__section__(".arch.info.init"))) = {  \
    .nr          = MACH_TYPE_##_type,               \
    .name        = _name,

#define MACHINE_END                                  \
};
```

在 arch/arm/mach-at91rm9200/board-dk.c 中，实例定义如下：

```
MACHINE_START(AT91RM9200DK, "Atmel AT91RM9200-DK")
    /* Maintainer: SAN People/Atmel */
    .phys_io     = AT91_BASE_SYS,
```

第 5 章　Linux 内核移植

```
        .io_pg_offst    = (AT91_VA_BASE_SYS >> 18) & 0xfffc,
        .boot_params    = AT91_SDRAM_BASE + 0x100,
        .timer          = &at91rm9200_timer,
        .map_io         = dk_map_io,
        .init_irq       = dk_init_irq,
        .init_machine   = dk_board_init,
MACHINE_END
```

从这里可以知道，内核在这里设置了 U-Boot 存放 tagged list 的起始地址 boot_params＝AT91_SDRAM_BASE ＋ 0x100。machine ID 也设置为 262，即 AT91RM9200DK。可见，基本的信息已经具备了，而且从这里也可以看出，启动参数地址由这个段就可以完成，不需要传递了。

下面看看这个函数完成什么功能：

```
static struct machine_desc * __init setup_machine(unsigned int nr)
{
        struct machine_desc * list;
        /*
         * locate machine in the list of supported machines.
         */
        list = lookup_machine_type(nr);
        if (! list) {
                printk("Machine configuration botched (nr % d), unable "
                        "to continue.\n", nr);
                while (1);
        }
        printk("Machine: % s\n", list- > name);
        return list;
}
```

上述功能就很简单了，就是查看是否有 mach-type 为 262 的结构存在，如果存在就打印出 name。这也就是开机启动后，出现 Machine：Atmel AT91RM9200-DK 的原因了。

接下来关注：

```
if (mdesc- > param_offset)
    tags = phys_to_virt(mdesc- > param_offset);
```

很明显，这里的 mdesc→param_offset 并不为 0，而是 0x20000100，所以要做一步变换，就是物理地址映射成虚拟地址，把这个地址附给 tags 指针。然后就是判断是 param_struct 类型还是 tags 类型，如果是 param_struct 类型，那么首先转换成 tags 类型，然后对 tags 类型进行解析。

```
if (tags && tags- > hdr.tag != ATAG_CORE)
    convert_to_tag_list((struct param_struct * )tags,
        meminfo.nr_banks == 0);
if (tags && tags- > hdr.tag == ATAG_CORE)
    parse_tags(tags);
```

要注意 parse_tags 函数是非常重要的，它有隐含的功能，不太容易分析。跟踪上去，主要

看这个函数:

```
/*
 * Parse all tags in the list, checking both the global and architecture
 * specific tag tables.
 */
static void __init parse_tags(const struct tag * t)
{
    for (; t->hdr.size; t = tag_next(t))
        if (! parse_tag(t))
            printk(KERN_WARNING
                "Ignoring unrecognised tag 0x%08x\n",
                t->hdr.tag);
}
/*
 * Scan the tag table for this tag, and call its parse function.
 * The tag table is built by the linker from all the __tagtable
 * declarations.
 */
static int __init parse_tag(const struct tag * tag)
{
    extern struct tagtable __tagtable_begin, __tagtable_end;
    struct tagtable * t;

    for (t = &__tagtable_begin; t < &__tagtable_end; t++)
        if (tag->hdr.tag == t->tag) {
            t->parse(tag);
            break;
        }
    return t < &__tagtable_end;
}
```

这里又用到链接器传递参数,现在就来解析每个部分。先看一下 tagtable 是如何来的。首先看 include/asm-arm/setup.h,看看宏的定义,也就是带有 __tag,就归属为.taglist 段。

```
# define __tag __attribute__((unused, __section__(".taglist")))
# define __tagtable(tag, fn) \
static struct tagtable __tagtable_##fn __tag = { tag, fn }
```

利用 __tag 又构造了一个复杂的宏 __tagtable,实际上就是定义了 tagtable 列表。现在看 setup.c 中的宏形式示例:

```
__tagtable(ATAG_CMDLINE, parse_tag_cmdline);
```

展开之后为:

```
static struct tagtable __tagtable_ATAG_CMDLINE __tag = {
  ATAG_CMDLINE,
  parse_tag_cmdline
};
```

于是，段.taglist 就是这样一系列的结构体。那么上述函数实际上就是把传递进来的 tag 与此表比较，如果 tag 标记相同，证明设置了此部分功能，就执行相应的解析函数。以 ATAG_CMDLINE 为例，就要执行：

```
static int __init parse_tag_cmdline(const struct tag * tag)
{
    strlcpy(default_command_line, tag- > u.cmdline.cmdline, COMMAND_LINE_SIZE);
    return 0;
}
__tagtable(ATAG_CMDLINE, parse_tag_cmdline);
```

这样也就是实现了把 tag 中的命令行参数复制到了 default_command_line 中。

再返回到文件 arch/arm/kernel/setup.c，看函数 setup_arch，定义中有：

```
char * from =  default_command_line;
```

说明 from 指向数组 default_command_line。当完成 tag 解析的时候，所有传递过来的参数实际上已经复制到了相应的部分，比如命令行设置复制到了 default_command_line。其他类似，看相应的解析行为函数就可以了。后面执行：

```
memcpy(saved_command_line, from, COMMAND_LINE_SIZE);
```

这就比较容易理解了，就是将传递进来的命令行参数复制到 saved_command_line，后面还可以打印出此信息。

到此为止，Linux 内核已经可以到约定的 0x2000 0100 处找到 tagged list 的信息，并对该信息进行了解析，获得了想要的内容，"通信"成功！

情景分析的方法在这里比较适用，推荐读者在后续的学习中使用。

本章总结

本章介绍了嵌入式系统的两大核心中的 EOS-Linux，并对为什么选择 Linux 2.6 内核做出了说明。Linux 内核代码达数百万行，能有效地组织管理是非常重要的。Makefile 体系则很好地完成了这个任务。从细节出发，按照场景分析，对 Makefile 体系进行了深入探讨。

本章对内核移植的基本方法进行了讲解，暂时没有将产品需求和文件系统的要求考虑在内，只是一个基本的框架。读者在这个框架下，可以根据实际的应用进行更多的扩展，在实践中提升自己。

最后，本章对不太容易理解的内核映像格式，以及 Boot Loader 与内核的通信机制进行了深入分析，并相应地介绍了方法。读者可以思考这些方法，选择适合的部分，并将其融入到自己的学习和实践中。

第 6 章 文件系统

本章目标
- 掌握 Linux 库的概念和制作方法;
- 能够独立制作基本的根文件系统;
- 掌握修改现有的文件系统映像的方法;
- 能够根据产品需求,独立制作复杂的嵌入式混合文件系统。

嵌入式系统与通用 PC 不同,其存储设备一般不采用硬盘等大容量介质,而是使用 Flash、CF 卡、SD 卡等专门为嵌入式系统设计的存储介质。这些存储介质构成了我们使用的数据的支撑,但是如果只是直接访问二进制数据,会非常不方便。所以,文件系统就出现了,它主要用来组织和管理数据。如果要构建嵌入式文件系统,那么就需要考虑两个方面的问题:一是根据采用的存储介质选择文件系统的类型,这将关系到文件系统的读/写性能、尺寸大小等;二是文件系统内容的选择,这关系到产品能够提供的功能。

对于第一个选择,只是简单地做一下介绍,因为其涉及的内容相对比较深入,如果对基于不同存储介质的文件系统的性能等有兴趣,可以作为专项研究。本章重点关注的是第二个选择,根据产品的需求来定制自己的文件系统的内容,形成有特色的产品。

6.1 概 述

内核启动后,第一个必须挂载的文件系统称为根文件系统(root filesystem),如果系统不能从指定设备上挂载根文件系统,那么系统就出错而退出启动。如果已经挂载好了文件系统,那么之后就可自动或者手动挂载其他的文件系统(我们称之为用户文件系统)。在嵌入式系统中,可以同时存在不同的文件系统。后面会对该种类型的文件系统进行详细的介绍。

前面已经提到,文件系统用来管理和组织存储介质的数据,那么根据存储介质的不同类型,可以分为以下 3 种类型的文件系统:

1. 基于 Flash 的文件系统

鉴于 Flash 存储介质的读/写特点,传统的 Linux 文件系统已经不适合应用在嵌入式系统中，比如 ext2 文件系统是为像 IDE 那样的块设备设计的，这些设备的逻辑块是 512 字节、1 024 字节等大小，没有提供很好的扇区擦写支持，不支持损耗平衡，没有掉电保护，也没有特别完美的扇区管理，这不太适合于扇区大小因设备类型而划分的闪存设备。基于这样的原因，产生了很多专为 Flash 设备而设计的文件系统。常见的专用于闪存设备的文件系统如下：

(1) Romfs

传统型的 Romfs 文件系统是最常使用的一种文件系统，是一种简单的、紧凑的、只读的文件系统，不支持动态擦写保存；它按顺序存放所有的文件数据，所以这种文件系统格式支持应用程序以 XIP 方式运行，在系统运行时可以获得可观的 RAM 节省空间。μcLinux 系统通常采用 Romfs 文件系统。

(2) Cramfs

Cramfs 是 Linux 的创始人 Linus Torvalds 开发的一种可压缩只读文件系统。在 Cramfs 文件系统中，每一页被单独压缩，可以随机页访问，其压缩比高达 2∶1，为嵌入式系统节省大量的 Flash 存储空间。Cramfs 文件系统以压缩方式存储，在运行时解压缩，所以不支持应用程序以 XIP 方式运行，所有的应用程序要求被复制到 RAM 里运行；但这并不代表比 Ramfs 需求的 RAM 空间要大一点。因为 Cramfs 采用分页压缩的方式存放档案，在读取档案时，不会一下子就耗用过多的内存空间，只针对目前实际读取的部分分配内存，尚没有读取的部分不分配内存空间；当读取的档案不在内存时，Cramfs 文件系统自动计算压缩后资料所存的位置，再及时解压缩到 RAM 中。

另外，它的速度快，效率高，其只读的特点有利于保护文件系统免受破坏，提高了系统的可靠性；但是它的只读属性同时又是它的一大缺陷，使得用户无法对其内容进行扩充。Cramfs 映像通常放在 Flash 中，但是也能放在别的文件系统里，使用 loopback 设备可以把它安装到别的文件系统里。

(3) JFFS/JFFS2

JFFS 文件系统最早是由瑞典 Axis Communications 公司基于 Linux2.0 的内核为嵌入式系统开发的文件系统。JFFS2 是 Red Hat 公司基于 JFFS 开发的闪存文件系统，最初是针对 Red Hat 公司的嵌入式产品 eCos 开发的嵌入式文件系统，是一个可读/写的、压缩的、日志型文件系统，并提供了崩溃/掉电安全保护，克服了 JFFS 的一些缺点；使用了基于哈希表的日志节点结构，大大加快了对节点的操作速度；支持数据压缩；提供了"写平衡"支持；支持多种节点类型；提高了对闪存的利用率，降低了内存的消耗。这些特点使 JFFS2 文件系统成为目前 Flash 设备上最流行的文件系统格式，它的缺点就是当文件系统已满或接近满时，JFFS2 运行会变慢，这主要是因为碎片收集的问题。

(4) YAFFS/YAFFS2

YAFFS/YAFFS2 是一种和 JFFSx 类似的闪存文件系统，它是专为嵌入式系统使用 Nand 型闪存而设计的一种日志型文件系统。和 JFFS2 相比，它减少了一些功能，所以速度更

第 6 章 文件系统

快,而且对内存的占用比较小。此外,YAFFS 自带 Nand 芯片的驱动,并且为嵌入式系统提供了直接访问文件系统的 API;用户可以不使用 Linux 中的 MTD 与 VFS,直接对文件系统操作。YAFFS2 支持大页面的 Nand 设备,并且对大页面的 Nand 设备做了优化。JFFS2 在 Nand 闪存上表现并不稳定,更适合于 Nor 闪存,所以相对于大容量的 Nand 闪存,YAFFS 是更好的选择。

2. 基于 RAM 的文件系统

(1) Ramfs

Ramfs 是 Linus Torvalds 开发的,Ramfs 文件系统把所有的文件都放在 RAM 里运行,通常是 Flash 系统用来存储一些临时性或经常要修改的数据。相对于 ramdisk 来说,Ramfs 的大小可以随着所含文件内容大小变化,而 ramdisk 的大小是固定的。

(2) Tmpfs

Tmpfs 是基于内存的文件系统,因为 Tmpfs 驻留在 RAM 中,所以写/读操作发生在 RAM 中。Tmpfs 文件系统大小可随所含文件内容大小变化,使得能够最理想地使用内存;Tmpfs 驻留在 RAM,所以读和写几乎都是瞬时的。Tmpfs 的一个缺点是当系统重新引导时会丢失所有数据。

3. 基于 NFS 的文件系统

NFS 是由 Sun 开发并发展起来的一项在不同机器、不同操作系统之间通过网络共享文件的技术。在嵌入式 Linux 系统的开发调试阶段,可以利用该技术在主机上建立基于 NFS 的根文件系统,挂载到嵌入式设备,可以很方便地修改根文件系统的内容。

存储设备需要驱动程序,以提供底层的基本数据访问的方法。在嵌入式 Linux 中,常用的有 3 种:

(1) Blkmem 驱动层

Blkmem 驱动是为 μcLinux 专门设计的,也是最早的一种块驱动程序,现在仍然有很多嵌入式 Linux 操作系统选将其作为块驱动程,尤其是在 μcLinux 中。相对来说它是最简单的,而且只支持建立在 Nor 型 Flash 和 RAM 中的根文件系统。使用 Blkmem 驱动,建立 Flash 分区配置比较困难,这种驱动程序为 Flash 提供了一些基本擦除/写操作。

(2) RAMdisk 驱动层

RAMdisk 驱动层通常应用在标准 Linux 中无盘工作站启动的情况,对 Flash 存储器并不提供任何的直接支持。RAMdisk 就是在开机时把一部分的内存虚拟成块设备,并且把之前准备好的档案系统映像解压缩到该 RAMdisk 环境中。在 Flash 中放置一个压缩的文件系统时,可以将文件系统解压到 RAM,使用 RAMdisk 驱动层支持一个保持在 RAM 中的文件系统。

(3) MTD 驱动层

为了尽可能避免针对不同的技术使用不同的工具,以及为不同的的技术提供共同的能力,

Linux 内核纳入了 MTD 子系统(memory Technology Device)。它提供了一致且统一的接口，让底层的 MTD 芯片驱动程序无缝地与较高层接口组合在一起。

JFFS2、Cramfs、YAFFS 等文件系统都可以安装成 MTD 块设备。MTD 驱动也可以为那些支持 CFI 接口的 Nor 型 Flash 提供支持。虽然 MTD 可以建立在 RAM 上，但它是专为基于 Flash 的设备而设计的。MTD 包含特定 Flash 芯片的驱动程序，开发者要选择适合自己系统的 Flash 芯片驱动。Flash 芯片驱动向上层提供读、写、擦除等基本的操作，MTD 对这些操作进行封装后向用户层提供 MTD char 和 MTD block 类型的设备。

MTD char 类型的设备包括/dev/mtd0、/dev/mtdl 等，它们提供对 Flash 原始字符的访问。MTD block 类型的设备包括/dev/mtdblock0、/dev/mtdblock1 等；MTD block 设备是将 Flash 模拟成块设备，这样可以在这些模拟的块设备上创建像 Cramfs、JFFS2 等格式的文件系统。

MTD 驱动层也支持在一块 Flash 上建立多个 Flash 分区，每一个分区作为一个 MTD block 设备，可以把系统软件和数据等分配到不同的分区上，同时可以在不同的分区采用不用的文件系统格式。这一点非常重要，正是由于这一点才为嵌入式系统多文件系统的建立提供了灵活性。

了解了前面的基本理论，就可以从系统的角度去看文件系统的组成框图了，如图 6.1 所示。

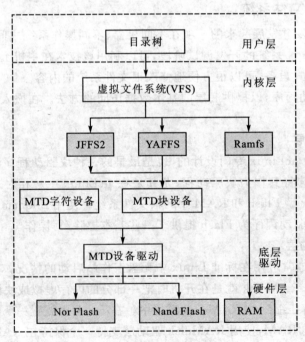

图 6.1 Linux 文件系统结构框图

6.2 库

在制作嵌入式文件系统时，一个绕不过去的概念就是库。在 Linux 下，库有静态库和共享库两种。选择静态库还是动态库，都需要根据实际需求进行权衡。这都需要对库的概念有清晰的认识。

6.2.1 库的概述

大家知道，编译之后生成的二进制代码就是目标代码，它是不可以直接执行的。经过链接之后生成可执行代码，也就是可执行代码实际上是目标代码、操作系统的启动代码、库代码三者的总和。当然，不是简单地融合在一起，这个过程是比较复杂的，由链接器来完成这个工作。

由于目标代码和可执行代码都是操作系统相关的文件格式，所以是不兼容的。例如，Linux 下不支持 Windows 的 exe 可执行文件格式，Windows 也不支持 Linux 下 ELF 可执行文件格式。

库在本质上是可执行代码的二进制格式。库有 3 种使用形式：静态库、共享库、动态库。静态库供链接器使用，在链接时加载；共享库在链接时定位，在运行时加载；动态库是共享库的另一种变化形式，也是在运行时加载，不过并非在程序运行开始时加载，而是在程序中的语句需要使用该函数时才载入。动态库可以在程序运行期间释放动态库所占用的内存。Linux 下的库文件分为共享库和静态库两大类。它们之间的差别就在于加载时刻不同，如上所述。区分库类型的方法就是看文件后缀，通常共享库以 .so（shared object）结尾，而静态库通常以 .a 结尾（archive）。在终端默认情况下，共享库通常为绿色，而静态库为黑色。

6.2.2 库的命名

GNU 的库的使用必须遵守 Library GNU Public License（LGPL 许可协议）。该协议和 GNU 许可协议略有不同，开发人员可以免费使用 GNU 库进行软件开发，但必须保证向用户提供所用库函数的源代码。

系统中可用的库默认存在/usr/lib 和/lib 目录中。库文件名由前缀 lib、库名以及后缀组成。根据库的类型不同，后缀名也不一样。共享库的后缀名由.so 和版本号组成，静态库的后缀名为.a。采用旧的 a.out 格式的共享库的后缀名为.sa。

```
libname.so.major.minor
libname.a
```

这里的 name 可以是任何字符串，用来唯一标识某个库。该字符串可以是一个单字、几个字符，甚至是一个字母。数学共享库的库名为 libm.so.5，这里的标识字符为 m，版本号为 5。libm.a 则是静态数学库。

如果是静态链接,则自动寻找静态库。如果指定了静态链接,而库路径下仅有相应的共享库文件,则依然提示找不到。对于静态链接程序而言,所有目标文件都集中在一起而成为可执行文件,它不需要其他的支持就可以到兼容的系统中运行。正是因为所有的都集中,所以静态编译的文件特别大,占用空间就大。

共享库在链接时只是定位,知道库的位置,在运行时才会载入库。这样,问题就来了:它怎么载入库呢?是通过共享库加载器来完成的。对于 ELF 文件,使用的共享库加载器为 ld-linux.so.2。所以要想使用共享库,首先应该有 ld-linux.so.2 作为共享库加载器。那么,又产生的问题是:在运行时如何找到共享库的位置呢?无论何时载入程序打算运行时,共享库都应该位于以下位置:

① 环境变量 LD_LIBRARY_PATH 列出的所有用分号分隔的位置。
② 文件/etc/ld.so.cache 中找到的库的列表,由工具 ldconfig 维护。
③ 目录/lib。
④ 目录/usr/lib。

6.2.3 库的制作方法

1. 静态库的制作

静态库可以由工具 ar 来制作。ar 是 Linux 下的归档工具,它把目标文件收集到一个归档文件,并且维护一个表格,用来说明每个目标文件在归档文件中定义了哪些符号。链接器 ld 把目标文件中对符号的引用和归档文件中目标文件对该符号的定义绑定在一起。

```
ar rcs libname.a hello.o test.o
```

其中,使用的选项有:
- r 表示把目标文件包含在库中,替换任何在归档文件中已经存在的同名目标文件。
- c 表示如果目标库不存在,则默认创建该库。
- s 表示维护映射符号表到目标文件名的表格。

创建静态库一般就使用 rcs 组合。若想参考更为详细的资料,可以使用 man 查看其使用手册。

2. 共享库的制作

首先编写一个最简单的 hello 程序。

```
[armlinux@ lqm test]$ cat libhello.c
#include <stdio.h>
void hello(void)
{
    printf("libhello %s\n", __FILE__);
}
```

```
[armlinux@ lqm test]$ cat libhello.h
extern void hello(void);

[armlinux@ lqm test]$ cat main.c
# include "libhello.h"
int main(void)
{
        hello();
        return 0;
}
```

① 使用-fPIC 为共享库构造一个目标文件。其中,-fPIC 表示生成与位置无关的代码,可以在任何地址被链接和装载。

```
gcc -fPIC -Wall -g -c libhello.c
```

② 创建共享库。

```
gcc -g -shared -Wl,-soname,soname -o libname filelist liblist
```

-Wl 表示将该选项传递给 ld,使用逗号来替换掉空格。这里的 soname 是库的 soname, libname 是库的名字,包括完整的版本号;filelist 是想要放到库中的目标文件列表;liblist 是库将要访问的库列表。

对上述实例来说,可以建立库 libhello.so.0。

```
gcc -g -shared -Wl,-soname,libhello.so.0 -o libhello.so.0.0 libhello.o -lc
```

③ 创建软链接。

```
ln -sf libhello.so.0.0 libhello.so.0
ln -sf libhello.so.0 libhello.so
```

④ 编译 main.c。

```
gcc -Wall -g -c main.c -o main.o
gcc -g -o main main.o -L. -lhello
```

⑤ 执行。

```
# LD_LIBRARY_PATH= $ (pwd) ./main
libhello libhello.c
```

制作更为复杂的共享库,主要的步骤也是如此,不过需要对细节有更多的了解。

6.3 一个最简单的根文件系统

制作文件系统可以先做一个最简单最基本的小型文件系统,这样一来不容易被复杂的文

第6章 文件系统

件系统干扰，看不清本质；二来可以了解与内核之间的关系，在最基本文件系统的基础上逐步添加功能，既了解了枝干的骨架，又熟悉了花叶的细节，这样才可能熟悉文件系统。

要验证最小的根文件系统，那么最合适的方案就是/bin /dev/ /lib /lost+found。bin 下只有一个 sh 程序，dev 下只有 console，lib 下存放的 sh 依赖共享库。这样只是实现了一个功能，即打开一个 shell 终端程序，但是不能做任何工作。如果采用静态链接制作 sh，那么 lib 文件夹也可以不需要。这个文件系统虽然不具备任何功能，但就像是一个 demo 程序，向读者展示了以下几个方面的内容：

- ➢ 如何制作文件系统映像；
- ➢ 如何为文件系统映像增加功能；
- ➢ 内核如何挂载文件系统；
- ➢ Boot Loader 的命令行参数如何设置；
- ➢ 文件系统正常加载的标志是什么。

首先分析一下内核挂载根文件系统的过程，主要流程是加载内核可识别的根文件系统（这里的可识别是指可以识别文件系统格式），然后打开 console，寻找第一个执行程序 init（这是标准规定），找到后就开始执行。具体参看 init/main.c 中的 init 函数，基本初始化，完成命令行的解析后：

```
if (sys_open((const char __user * ) "/dev/console", O_RDWR, 0) < 0)
    printk(KERN_WARNING "Warning: unable to open an initial console.\n");
```

所以，应该在/dev 下包含 console 设备文件；否则，就会出现无法打开初始化终端的提示。

```
/*
 * We try each of these until one succeeds.
 *
 * The Bourne shell can be used instead of init if we are
 * trying to recover a really broken machine.
 */
if (execute_command) {
    run_init_process(execute_command);
    printk(KERN_WARNING "Failed to execute % s. Attempting "
        "defaults...\n", execute_command);
```

这里的 execute_command 是一个全局变量，在解析传递进内核的命令行参数时确定的。

```
static int __init init_setup(char * str)
{
    unsigned int i;

    execute_command = str;
    /*
     * In case LILO is going to boot us with default command line,
     * it prepends "auto" before the whole cmdline which makes
     * the shell think it should execute a script with such name.
```

```
 * So we ignore all arguments entered _before_ init= ... [MJ]
 */
 for (i = 1; i < MAX_INIT_ARGS; i++)
   argv_init[i] = NULL;
 return 1;
}
__setup("init= ", init_setup);
```

这里的 __setup 是一个宏定义，比较复杂，定义在 include/linux/init.h 中。

```
# define __setup(str, fn)                                    \
    __setup_param(str, fn, fn, 0)

# define __setup_param(str, unique_id, fn, early)            \
    static char __setup_str_# # unique_id[] __initdata = str;\
    static struct obs_kernel_param __setup_# # unique_id     \
        __attribute_used__                                   \
        __attribute__((__section__(".init.setup")))          \
        __attribute__((aligned((sizeof(long)))))             \
        = { __setup_str_# # unique_id, fn, early }
```

这里利用了 gcc 的一些扩展用法，暂时忽略，先来关注流程。如果指定了 init=filename，那么首先按照指定文件执行。如果没有指定，则要按照下列顺序依次执行：

```
run_init_process("/sbin/init");
run_init_process("/etc/init");
run_init_process("/bin/init");
run_init_process("/bin/sh");

panic("No init found. Try passing init= option to kernel.");
```

可见，如果这 4 个位置都没有找到，或者找到文件但是不可执行，那么就会产生 kernel panic。而这个 kernel panic 是最为常见的一个错误提示了。

分析到这里，也就清楚为什么最小的根文件系统会是这样了。具体制作步骤如下。

1. 制作一个 ramdisk 映象

```
//生成映像文件
[armlinux@ lqm armlinux]$  dd if= /dev/zero of= if.img bs= 1k count= 15360
15360+ 0 records in
15360+ 0 records out
//格式化文件系统
[armlinux@ lqm armlinux]$  mke2fs -F -v -m0 if.img
mke2fs 1.32 (09- Nov- 2002)
Filesystem label=
OS type: Linux
Block size= 1024 (log= 0)
Fragment size= 1024 (log= 0)
3840 inodes, 15360 blocks
0 blocks (0.00% ) reserved for the super user
```

第 6 章　文件系统

```
First data block= 1
2 block groups
8192 blocks per group, 8192 fragments per group
1920 inodes per group
Superblock backups stored on blocks:
        8193

Writing inode tables: done
Writing superblocks and filesystem accounting information: done

This filesystem will be automatically checked every 33 mounts or
180 days, whichever comes first.  Use tune2fs - c or - i to override.
// 创建挂载点
[armlinux@ lqm armlinux]$  mkdir mount_point
[armlinux@ lqm armlinux]$  mount - o loop if.img mount_point/
mount: only root can do that
[armlinux@ lqm armlinux]$  su
Password:
[root@ lqm armlinux]#  mount - o loop if.img mount_point/
// 回环挂载
[root@ lqm armlinux]#  ls
apps  bin  bootloader  fs  if.img  kernel  mount_point  test
[root@ lqm armlinux]#  tree mount_point/
mount_point/
`-- lost+ found          // 自动生成 lost_found,表示已经格式化好了

1 directory, 0 files
```

其中,of 指定生成映象的名字,bs 是块的大小,count 是 ramdisk 的大小,单位是 KB。mke2fs 是初始化 ramdisk 中的文件系统,完成挂载后会出现 lost+found 文件夹。

提示

dd 的使用方法

dd 是 Linux 下一个很有用的工具,作用是用指定大小的块复制一个文件,并在复制的同时进行指定的转换。可以用 dd 来生成指定大小的映像,这里只介绍前面操作中 dd 各个选项的含义。想要了解的更为详细,则可以通过 man 手册查看或者 google 搜索。

dd if= /dev/zero of= if.img bs= 1k count= 15360

1) if=file

即输入文件名,默认为标准输入。这里的输入采用/dev/zero,是一个输入设备,可以用它来初始化文件。

2) of=file

即输出文件名,默认为标准输出。这里输出到文件 if.img,当然这个名字可以任意写。

3) bs=bytes

同时,设置读/写块的大小为 bytes。这里的设置按照 1 KB 的块大小进行操作。

4) count=block number

读取块的数目。这里设置为 15 360,可以计算出 if.img 的大小为 15 360 KB,即 15 MB。调整该参数,则可以生成不同大小的映像。

2. 添加内容

```
| |-- bin
| | |-- bash
| | `-- sh -> bash
| |-- dev
| | `-- console
| |-- lib
| | |-- ld-2.1.3.so
| | |-- ld-linux.so.2 -> ld-2.1.3.so
| | |-- libc-2.1.3.so
| | |-- libc.so.6 -> libc-2.1.3.so
| | |-- libtermcap.so.2 -> libtermcap.so.2.0.8
| | `-- libtermcap.so.2.0.8
| `-- lost+found
```

这是制作的根文件系统的最小部分。其中,bash 和 lib 里面的共享库是从开发板的 ramdisk 中摘出来的。至于 bash 用了哪些共享库,可以通过 arm-linux-readelf 查找;不过需要注意的是,前面工具没有列出 ld-linux.so.2,而这个共享库加载器是必需的。在 host 下,可以使用 ldd 查看可执行文件依赖的共享库,比较全面。/etc/ld.so.conf 和 /etc/ld.so.cache 并非必须的,在嵌入式系统中,完全可以把需要用到的共享库放到 /lib 或者 /usr/lib 下面,这样就不需要设定 LD_LIBRARY_PATH,也不需要这两种 /etc/ 下的配置文件了。不过应用多的情况下,为了加以区别,也可以使用上述两种方式添加库的查找路径。

3. 制作完成并加载

```
[root@ lqm fs]# umount new
[root@ lqm fs]# gzip -c -v9 ramdisk > ramdisk.gz
```

然后加载 ramdisk.gz,因为这个阶段属于测试阶段,如果频繁烧写 Flash,则会降低 Flash 的寿命,所以可以采取 ftp 直接下载到 SDRAM 的方法,等待测试完成并且功能稳定后,再固化到 Flash 中,完成最终的映像固化。ftp 下载的具体步骤如下:

```
//首先利用 setenv 设置环境变量,完成后可以查看:
U-Boot> printenv
bootdelay= 3
baudrate= 115200
ipaddr= 192.168.0.102
ethaddr= e2:32:59:87:ae:a4
serverip= 192.168.0.108
```

第6章 文件系统

```
bootargs= root= /dev/ram     rw      initrd= 0x20a00000,6000000     ramdisk _size=
15360 console= ttyS0,115200 mem= 16M
stdin= serial
stdout= serial
stderr= serial
bootcmd= tftp 20a00000 ramdisk;tftp 20800000 uImage;bootm 20800000

Environment size: 305/131068 bytes
// 直接执行 bootcmd
U-Boot>  run bootcmd
TFTP from server 192.168.0.108; our IP address is 192.168.0.102
Filename 'ramdisk'.
Load address: 0x20a00000
Loading: ################################################
         ################################################
         ################################################
         ################################################
done
Bytes transferred =  4086187 (3e59ab hex)
TFTP from server 192.168.0.108; our IP address is 192.168.0.102
Filename 'uImage'.
Load address: 0x20800000
Loading: ################################################
         ##
done
Bytes transferred =  1339828 (1471b4 hex)
## Booting kernel from Legacy Image at 20800000 ...
   Image Name:   RAM disk
   Image Type:   ARM Linux Kernel Image (gzip compressed)
   Data Size:    1339764 Bytes =   1.3 MB
   Load Address: 20008000
   Entry Point:  20008000
   Verifying Checksum ... OK
   Uncompressing Kernel Image ... OK

Starting kernel ...

Linux version 2.6.20 (armlinux@ lqm) (gcc version 4.2.0 20070413 (prerelease) (CodeS-
ourcery Sourcery G++ Lite 2007q1- 21)) # 1 Sat Aug 29 18:44:20 CST 2009
CPU: ARM920T [41129200] revision 0 (ARMv4T), cr= c0003177
Machine: Atmel AT91RM9200- DK
// 这时正常启动内核了

IP Protocols: ICMP, UDP, TCP
IP: routing cache hash table of 512 buckets, 4Kbytes
TCP: Hash tables configured (established 1024 bind 1024)
NET4: Unix domain sockets 1.0/SMP for Linux NET4.0.
NetWinder Floating Point Emulator V0.97 (double precision)
RAMDISK: Compressed image found at block 0
// 执行到此处就停住了,也就是说挂载失败
```

> **提示**
>
> bootargs 的参数说明：
>
> **bootargs= root= /dev/ram   rw   initrd= 0x20a00000,6000000   ramdisk_size= 15360 console= ttyS0,115200 mem= 16M**
>
> 1）root=
>
> 这里指明挂载根文件系统的设备名，如果是/dev/ram，表明采用 ramdisk；如果采用 MTD 分区，一般就跟 MTD 分区设备名，比如/dev/mtdblock3 等。
>
> 2）rw
>
> 表明根文件系统为可读/写类型。ro 则为只读根文件系统。
>
> 3）initrd=addr，size
>
> addr 代表 initrd 要加载到 SDRAM 中的首地址；后面跟的 size 为十进制，表明要加载的映像的大小。这个数字比实际的 ramdisk 映像大，否则会加载不完整，导致错误。
>
> 4）ramdisk_size=
>
> 告诉内核 ramdisk_size 的大小，这是读者用 dd 创建的原始 ramdisk 的大小，而不是压缩之后 ramdisk 的大小。内核要根据这个值来进行挂载。
>
> 5）console=dev，baudrate
>
> console 指明串口设备名和波特率。对 Linux 2.4 核，一般用 ttyS0；对 Linux 2.6 核，一般用 ttySAC0。
>
> 6）mem=sdram size
>
> 告诉内核 SDRAM 的大小。
>
> 对于非 ramdisk 的根文件系统，要指定 rootfstype，比如 rootfstype=cramfs，同时内核配置上要支持该文件系统。对 init 进程，也可以在 U-Boot 命令行中指定，比如 init=/linuxrc。我们平时常用到的命令行参数，也就这么多了。

上述执行的结果是会失败的。为什么呢？首先要明白 ramdisk 的本质是利用一块内存来模拟出硬盘。那么前提就是提供的内存必须大于 ramdisk 的大小。在 K9I 中，SDRAM 一共为 16 MB，而上述操作 ramdisk 的大小 15 MB，所以 SDRAM 的空间不能满足 ramdisk 的需求。所以在嵌入式系统中，资源的利用是始终需要仔细权衡的。首先要规划好 SDRAM 空间如何去使用，这样才能决定制作多大的 ramdisk；否则，无法挂载成功。

笔者采用的设计中，SDRAM 的空间划分如表 6.1 所列。

第 6 章 文件系统

表 6.1 K9I SDRAM 空间划分

SDRAM 地址	映 像	备 注
0x2000 0000		
0x2000 8000	解压后的 uImage 的首基址	必须满足解压后 kernel 的内存需求
0x2080 0000	压缩后的 uImage 的存储位置	该区域必须大于等于 uImage 的大小
0x20a0 0000	ramdisk 在 SDRAM 中的首基址	该区域必须大于等于制作的原始 ramdisk 的大小
0x20f0 0000	U-Boot 的作用区域	
0x20ff ffff		

通过这张表可以很清晰地看到,ramdisk 最大只能是 0x20f0 0000 − 0x20a0 0000 = 0x500000 = 5 MB,也就是制作的 ramdisk 最大不能超过 5 MB。初始设计时没有考虑到这一点,就会出现上面的问题。

在内存资源比较紧张的情况下,可以考虑根文件系统的类型选择。如果采用基于 RAM 的文件系统(比如 ramdisk),就不满足需求;这时也可以考虑基于 Flash 的文件系统(比如 cramfs)。它不会一次加载到 SDRAM 中,而是根据需求动态释放到 SDRAM,这样就节省了 SDRAM 的空间,利用率也更高一些。但是基于 Flash 的文件系统需要 MTD 支持,这就需要在内核中增加对 MTD 驱动的支持。同样地,Boot Loader 的命令行参数也要进行相应的调整。

采用 cramfs 就需要考虑 Flash 资源的利用。笔者暂时的 Flash 分配方案如表 6.2 所列。

表 6.2 K9I Nor Flash 空间划分

MTD 分区	Nor Flash 地址	映 像	备 注
mtd1	0x1000 0000	u-boot	128 KB
mtd2	0x1002 0000	parameters	128 KB
mtd3	0x1004 0000	kernel	2 MB
mtd4	0x1024 0000	rootfs	3 MB
mtd5	0x1054 0000	userfs	2 MB+768 KB

下面介绍制作 cramfs 的验证步骤:

//step1:制作 cramfs
```
[root@ lqm fs]# mkfs.cramfs rootfs root.cramfs
```

//step2:固化 cramfs 到 mtd4
//这一部分在 U-Boot 提示符下面完成,注意提前打开 TFTP 服务器,做好设置
```
U-Boot> tftp 20000000 root.cramfs
TFTP from server 192.168.0.108; our IP address is 192.168.0.102
Filename 'root.cramfs'.
Load address: 0x20000000
Loading:
done
```

```
Bytes transferred =   1605632 (188000 hex)
U-Boot>  erase 1:18- 41
U-Boot>  cp.b 20000000 10240000 188000
Copy to Flash...\done
```

//step3:设置命令行参数
```
U-Boot>  setenv bootargs root= /dev/mtdblock4 rootfstype= cramfs console= ttySAC0,
115200 mem= 16M
U-Boot>  setenv bootcmd tftp 20800000 uImage\;bootm 20800000
U-Boot>  saveenv
```

//step4:执行 bootcmd,验证是否成功
```
U-Boot>  run bootcmd
TFTP from server 192.168.0.108; our IP address is 192.168.0.102
Filename ´uImage´.
Load address: 0x20800000
Loading:
# # # # #
done
Bytes transferred =   1268769 (135c21 hex)
# #  Booting kernel from Legacy Image at 20800000 ...
   Image Name:    Linux kernel
   Image Type:    ARM Linux Kernel Image (gzip compressed)
   Data Size:     1268705 Bytes =    1.2 MB
   Load Address:  20008000
   Entry Point:   20008000
   Verifying Checksum ... OK
   Uncompressing Kernel Image ... OK

Starting kernel ...

Linux version 2.6.20 (root@ lqm) (gcc version 4.2.0 20070413
(prerelease) (CodeSourcery Sourcery G+ +  Lite 2007q1- 21)) # 2 Tue Dec 1
18:57:19 CST 2009
CPU: ARM920T [41129200] revision 0 (ARMv4T), cr= c0003177
Machine: Atmel AT91RM9200- DK
```
// 最终打印出 shell 提示符,表明成功

通过这个最简单的根文件系统的实例,大家了解了从根文件系统的制作到如何使内核正常加载的全过程。系统的流程清晰了,剩下的工作就是根据产品需求对内容进行精简的过程,是对细节的把握,要求稳定可靠。下面介绍如何制作基本功能完备的根文件系统。

6.4 基本功能完备的根文件系统

6.4.1 修改现有的文件系统映像

如果购买开发板,一般会提供一个文件系统映像。但是这往往不能满足产品应用的需求。

可以采取的方案是对原有的文件系统进行修改,删除不必要的模块,增加自己的应用。

介绍下几种常见的文件系统映像的修改方法。

1. RAMdisk

首先查看所得到的 RAMdisk 的属性。

```
[armlinux@ lqm fs]$ file ramdisk
ramdisk: gzip compressed data, was "ramdisk", from Unix, max compression
```

粗体部分显示的"gzip compressed data"说明该映像为 gzip 压缩格式,而 gzip 解压缩需要根据扩展名.gz。所以第一步首先就要重命名该映像,然后使用 gzip 解压缩。注意:Linux 下文件的类型并不是以扩展名来区分的,但是有些工具,比如解压缩工具,要根据扩展名来解压缩。这里查看文件类型,进行重命名的原因就是为了使用 gzip 解压缩。

```
[armlinux@ lqm fs]$ cp ramdisk ramdisk.old
[armlinux@ lqm fs]$ mv ramdisk ramdisk.gz
[armlinux@ lqm fs]$ file ramdisk.gz
ramdisk.gz: gzip compressed data, was "ramdisk", from Unix, max compression
[armlinux@ lqm fs]$ gunzip ramdisk.gz
[armlinux@ lqm fs]$ file ramdisk
ramdisk: Linurev 1.0 ext2 filesystem data (mounted or unclexan)
```

完成解压后,就可以进行挂载了。

```
[armlinux@ lqm fs]$ mkdir mount_point                        // 创建挂载点
[armlinux@ lqm fs]$ mount -o loop ramdisk mount_point/       // 进行回环挂载
mount: only root can do that                                 // 该操作必须 root 用户
[armlinux@ lqm fs]$ su
Password:
[root@ lqm fs]# mount -o loop ramdisk mount_point/
[root@ lqm fs]# cd mount_point/                              // 挂载成功,观察内容
[root@ lqm mount_point]# ls
bin  dev  etc  home  lib  lost+found  mnt  proc  rd  root  sbin  tmp  usr  var
```

这样在 mount_point 下就可以观察到 RAMdisk 的内容了。其中,选项-o loop 是使修改同步生效的操作。可以在 mount_point 下删除不需要的应用,或者增加自己的应用,这些操作会同步更新 RAMdisk。修改完成后,重新制作压缩格式的 RAMdisk 映像。

```
[root@ lqm fs]# umount mount_point/
[root@ lqm fs]# gzip -c -v9 ramdisk > ramdisk.gz
ramdisk:         74.0%
[root@ lqm fs]# file ramdisk.gz
ramdisk.gz: gzip compressed data, was "ramdisk", from Unix, max compression
```

当然,也可以将 ramdisk.gz 重命名为 ramdisk,这是没有关系的。

2. Cramfs

查看方法和 RAMdisk 类似。

```
[armlinux@ lqm fs]$ file rootfs.cramfs
rootfs.cramfs: data
[armlinux@ lqm fs]$ mkdir mount_point
[armlinux@ lqm fs]$ mount - o loop rootfs.cramfs mount_point/
mount: only root can do that
[armlinux@ lqm fs]$ su
Password:
[root@ lqm fs]# mount - o loop rootfs.cramfs mount_point/
[root@ lqm fs]# cd mount_point/
[root@ lqm mount_point]# ls
bin  dev  etc  home  lib  mnt  proc  root  sbin  sys  tmp  usr  var
[root@ lqm mount_point]# mkdir test
mkdir: 无法创建目录'test': 不允许的操作
```

因为 Cramfs 是只读文件系统,所以无法进行修改。那么必须重新建立一个文件夹,把上述内容全部复制过去,再重新建立修改后的 Cramfs。

```
[root@ lqm fs]# mkdir new
[root@ lqm fs]# cp - av mount_point/* new/           //将原 cramfs 内容复制出来
[root@ lqm fs]# cd new
[root@ lqm new]# ls
bin  dev  etc  lib  mnt  root  sbin  tmp  usr  var
[root@ lqm new]# mkdir test
[root@ lqm new]# ls
bin  dev  etc  lib  mnt  root  sbin  test  tmp  usr  var
[root@ lqm new]# mkcramfs new/ new.cramfs            // 制作新的 cramfs 映像
[root@ lqm fs]# ls
mount_point  new  new.cramfs  rootfs.cramfs
[root@ lqm fs]# file new.cramfs
new.cramfs: data
```

3. JFFS2

因为 JFFS2 是构建于 MTD 设备上的文件系统,所以无法通过 loop 设备来挂载,但是可以通过 mtdram 设备来挂载。mtdram 是用 RAM 实现的 MTD 设备,可以通过 mtdblock 设备来访问。使用 mtdram 设备很简单,只要加载 mtdram 和 mtdblock 两个内核模块即可。一般的 linux 内核发行版都有编译好的这两个内核模块,直接用 modprobe 命令加载。

① 加载 mtdblock 内核模块。

```
[root@ lqm fs]# modprobe mtdblock
```

② 加载 mtdram 内核模块。

将该设备的大小指定为 JFFS2 根文件系统映像的大小,块擦除大小(即 Flash 的块大小)指定为制作该 JFFS2 根文件系统时"-e"参数指定的大小,默认为 64 KB。下面两个参数的单位都是 KB。

```
[root@ lqm fs]# modprobe mtdram total_size= 4614 erase_size= 128
```

③ 这时将出现 MTD 设备/dev/mtdblock0,使用 dd 命令将 JFFS2 根文件系统复制到/dev/mtdblock0 设备中。

```
[root@ lqm fs]# dd if= userfs.jffs2 of= /dev/mtdblock0
9227+ 1 records in
9227+ 1 records out
```

④ 将保存了 JFFS2 根文件系统的 MTD 设备挂载到指定的目录上。

```
[root@ lqm fs]# mount -t jffs2 /dev/mtdblock0 mount_point/
[root@ lqm fs]# cd mount_point/
[root@ lqm mount_point]# ls
bin dev etc home lib lost+ found mnt proc rd root sbin tmp usr var
```

这时,修改的内容会同步更新到/dev/mtdblock0 上,可以采用类似于 Cramfs 的方法制作新的映像。制作新 JFFS2 格式的映像需要利用工具 mkfs.jffs2,如果没有 mkfs.jffs2 这个工具,可以从如下地址下载:http://sources.redhat.com/jffs2/。

```
[root@ lqm fs]# cp -av mount_point/* userfs
[root@ lqm fs]# mkfs.jffs -d userfs -o userfs.jffs2 -e 0x20000
```

其中,-d 选项表示源文件夹,-o 选项表示生成映像的名字,-e 选项表示擦除块的大小。

需要注意的是,文件系统内容的修改是牵一发而动全身的工作,增加一个应用,可能需要更新内核的配置,也可能需要增加依赖的共享库。所以需要对所要做的工作有比较清醒的认识。从学习的角度来说,建议从零去制作一个文件系统,这样才能了解其组成细节,无论是修改现有的文件系统映像,还是从零开始制作,都会驾轻就熟。

6.4.2 从零开始制作根文件系统

建议大家首先学习一下 FHS(Filesystem Hierarchy Standard,文件系统层次标准)。因为从零开始搭建,如果每个人都使用自己的目录组织方法,那么会带来很多管理的问题。而 FHS 规范了各个目录下应该放什么样的文件。按照这个标准去做,如果出了问题,和其他 Linux 技术人员沟通时,就容易交流和定位问题,也便于对产品进行维护。可以从如下地址下载 PDF 文档:http://www.pathname.com/fhs/。

从零开始制作就要采取边实验边修改,尝试可能情况,最终完成常用功能模块移植的方法。这样,在具体应用中只需要做相应的裁减就可以了。为了搞清楚每一个功能部件的依赖关系,要从最小的功能出发,逐步添加功能。

先来看一下与文件系统有关的 Linux 的启动环节。

Linux 的启动阶段分为两大阶段。第一个阶段从 Boot Loader 引导内核,至内核挂载 rootfs 成功为止,这个阶段的一个标志就是如下类似的打印信息:

```
VFS: Mounted root (jffs2 filesystem).
Freeing init memory: 100K
```

第二个阶段分为如下顺序：init→getty→login→shell 这 4 个阶段。最终会出现用户登录界面，或者直接出现 shell 提示符。根据设定的 shell 的 PS1，显示也会有所不同。但最终都会成功打印出 shell prompt。

init 现在力求统一标准，最为常用的还是 system V init 和 busybox init。system V init 是 host 上常用的，也是 redhat 的默认 init。system V init 比较复杂，支持多级别启动。相对于嵌入式系统来说，有些复杂。busybox 只支持一个级别，相对来说更适合嵌入式系统应用。

login 在选择上也有 busybox login 和 tinylogin。而 tinylogin 要支持得好一点。需要注意的是，login 并不是必须的，要根据产品需求而定。因为在某些嵌入式产品中，并不需要提供给用户接口，比如在工业控制领域。命令行界面只是提供给开发人员进行维护的一个接口，用户是不需要知道的。就学习而言，可以把它当作文件系统的一个功能模块，选择加载或者选择放弃。

shell 的选择有很多，常用的是 busybox ash，功能相对弱一些，当然也可以交叉编译出一个 bash。这个也需要根据需求而定，在满足需求的前提下，要尽可能地占用较小的内存，得到较大的速度，这也符合嵌入式系统对时间和空间要求都比较苛刻的需求。

了解了这个过程，就可以来动手制作了。

1. 创建根文件系统的基本目录结构

这个要参考 FHS，按照其标准来制作。

```
[armlinux@ lqm basicfs1]$ tree -L 1
.
|-- bin
|-- dev
|-- etc
|-- home
|-- lib
|-- mnt
|-- proc
|-- root
|-- rootfs
|-- sbin
|-- sys
|-- tmp
|-- usr
`-- var
```

可以利用 Bash 来写简单的脚本，自动生成上述目录结构。

```
[armlinux@ lqm fs]$ cat mkrootfs.sh
#!/bin/bash
```

第6章 文件系统

```
# make the basic root file system
# set the target documentation
ROOTFS= rootfs
TRUE= 1
FALSE= 0
# check whether the user is the root
is_root()
{
    if [ `id -u` == 0 ]; then
        return $ TRUE
    else
        return $ FALSE
    fi
}
# must be the root
if is_root; then
    echo "Must be root to run this script."
    exit 1
fi
# create the rootfs
mkdir $ ROOTFS; cd $ ROOTFS
mkdir -p bin dev etc lib/modules proc sbin sys usr/bin usr/lib usr/sbin tmp
# create the basic dev
mknod -m 600 dev/console c 5 1
mknod -m 666 dev/null c 1 3
```

这里要注意的是,console 和 null 两个驱动设备是需要手动建立的,其他的驱动在 Linux 2.6 中是通过 udev 文件系统来进行统一管理的。如果采用动态链接,那么可以把交叉编译工具的库文件复制到 lib 下面。

2. 编译 Busybox

Busybox 是标准 Linux 工具的一个单个可执行实现。Busybox 包含了一些简单的工具,如 cat 和 echo,还包含了一些更大、更复杂的工具,如 grep、find、mount 以及 telnet。有些人将 Busybox 称为 Linux 工具里的"瑞士军刀"。简单地说,Busybox 就好像是个大工具箱,它集成压缩了 Linux 的许多工具和命令。

我们可以利用 Busybox 来制作常用的命令,因为 Busybox 的实现对标准实现进行了裁减,所以在系统尺寸上比较适合嵌入式系统的应用。这也成为制作嵌入式文件系统的命令最为常用的一种方法。

```
//step1:修改 Makefile 中的 ARCH 和 CROSS
    175 ARCH              ? = arm
    176 CROSS_COMPILE     ? = arm-linux-
//这里注意如果没有在 .bash_profile 中增加交叉编译工具的路径,需要用绝对路径,这里采用交叉
```

```
//编译工具 cross- 3.4.1.
//step2:make menuconfig
Busybox Settings    --- >
    Installation Options    --- >
        [ ] Don´t use /usr
            Applets links (as soft- links)    --- >
        (/home/armlinux/fs/rootfs) BusyBox installation prefix
// 在上述选项中,不要选择 Don't use /usr,然后设置好 BusyBox installation prefix
// 对各种命令,则根据需要进行相应的选择。如果 Nor Flash 空间足够的话,可以选择较多的命令,以
// 方便调试定位问题

//step3:编译 make && make install
//使用 cross- 3.4.1编译 busybox- 1.9.1时出现错误,提示 undefined reference to `query_
//module'。发现提示中还有 insmod 的错误,所以判断应该在 Linux Module Utilities 中
//busybox 推荐的默认配置中,支持 2.4 和 2.6 的 module,应该是发生冲突了。只选择 Support
//version 2.6.x Linux Kernels,将对低版本的支持去掉,保存配置,然后重新编译,问题即可得到解决
Linux Module Utilities    --- >
    [ ] Support version 2.2.x to 2.4.x Linux kernels

//step4:制作根文件系统映像
//在初始测试阶段,可以采用 ramdisk,以延长 Nor Flash 的使用寿命

//step5:加载测试
//直到根文件系统能够挂载成功,看到提示符
```

3. 编译 tinylogin

这里需要注意的是,不采用 tinylogin 自带的加密算法。需要改动的地方是:

```
//修改 Makefile,制作补丁如下
diff - urN tinylogin/Makefile develop/Makefile
--- tinylogin/Makefile    2008- 03- 22 15:30:02.000000000 + 0800
+++ develop/Makefile    2009- 12- 02 17:36:11.000000000 + 0800
@@ -49,7 +49,7 @@
 # this adds just 1.4k to the binary size (which is a _lot_ less then glibc NSS
 # costs). Note that if you want hostname resolution to work with glibc, you
 # still need the libnss_* libraries.
- USE_SYSTEM_PWD_GRP = true
+ USE_SYSTEM_PWD_GRP = false

 # This enables compiling with dmalloc ( http://dmalloc.com/ )
 # which is an excellent public domain mem leak and malloc problem
@@ - 68,7 + 68,7 @@

 # If you are running a cross compiler, you may want to set this
 # to something more interesting, like "powerpc- linux- ".
- CROSS =
+ CROSS = arm- linux-
 CC = $ (CROSS)gcc
 AR = $ (CROSS)ar
 STRIPTOOL = $ (CROSS)strip
@@ - 148,7 + 148,7 @@
```

```
        # endif
 endif
 ifndef $ (PREFIX)
-      PREFIX = `pwd`/_install
+      PREFIX = /home/armlinux/fs/rootfs   // 设置目标文件夹
 endif
//编译安装
make && make install
```

这样就可以使用 host 的/etc/group /etc/passwd /etc/shadow 了。

4. /etc/下基本配置文件的探讨

如果 Boot Loader 的命令行参数中没有指定"init=filename",那么首先 init 默认执行的是/sbin/init,而该程序现在采用的是 busybox 的 init,具体的流程为:

- 为 init 设置信号处理流程;
- 初始化控制台;
- 剖析 inittab 文件,/etc/inittab;
- 根据/etc/inittab 文件的设置来进行初始化,默认情况首先执行/etc/init.d/rcS;
- 执行所有会导致 init 暂停的 inittab 命令(动作类型:wait);
- 执行所有仅执行一次的 inittab 命令(动作类型:once)。

一旦完成,init 进程就会循环执行如下工作:

- 执行所有终止时必须重新启动的 inittab 命令(动作类型:respawn);
- 执行所有终止时必须重新启动但启动前必须先询问用户的 inittab 命令(动作类型:ask-first)。

其实简单地说就是找到 init,然后读取 inittab 脚本来执行。如果没有 inittab 脚本,busybox 会按照默认的值进行操作。

这里值得一提的是,no init 的错误是很普遍的。主要的原因有:一是没有找到 init;二是找执行的 init,但是没有执行权限,所以还是无法执行;三是找到了 init 并且可执行,但如果是动态编译,对应的共享库有问题的话,也是无法执行程序的。基本的原因就这 3 个,可以按照最小文件系统的功能进行测试,只需要一个 bin 文件(内含 sh)、一个 dev 文件夹(内含 console)以及一个 init 脚本,指定执行/bin/sh。测试成功则说明基本流程可以走通,然后就应该逐步增加功能了。

当然,后续功能添加时 dev 中还必须包含 null,其他设备文件则可以通过 udev 的简化版本 mdev 来实现了。这个地方需要注意的是,mdev 对应脚本加载时的初始化顺序是非常重要的,并非随便写。建议读一下 mdev.txt,按照上面的流程来写,就没有问题。

下面介绍几个/etc下必须的配置文件。在 Linux 下,所有的配置文件都放在/etc 文件夹下,而且都可以修改(当然,前提是具备 root 权限)。在嵌入式文件系统中,这些配置文件并不总是需要的,所以根据需求进行添加。

第6章 文件系统

(1) /etc/inittab

这是 init 读取的第一个文件，语法是比较晦涩的，功能的易读性上也不好。所以它只是提供了一个动作的入口，具体的功能实现都在执行的操作里。

```
[armlinux@ lqm etc]$  cat inittab
::sysinit:/etc/init.d/rcS
::respawn:-/bin/login
::restart:/sbin/init
::ctrlaltdel:/sbin/reboot
::shutdown:/bin/umount -a -r
::shutdown:/sbin/swapoff -a
```

(2) /etc/init.d/rcS

这是 shell 脚本了，所有的初始化信息都可以逐步加在这里。它对应 inittab 中的 sysinit 动作，也就是最初要执行的脚本。该脚本可以作为一个跳板，转而执行其他的脚本，以完成更多的功能。读者可以根据自己的情况添加和进行相应的修改。

```
[armlinux@ lqm etc]$  cat init.d/rcS
#!/bin/sh
# Initial Environment

# mount /etc/fstab spcified device
/bin/mount -a

# mount devpts in order to use telnetd
/bin/mkdir /dev/pts
/bin/mount -t devpts devpts /dev/pts

# read the busybox docs: mdev.txt
/bin/mount -t sysfs sysfs /sys
/bin/echo /sbin/mdev >  /proc/sys/kernel/hotplug
/sbin/mdev -s

# when mdev is mounted, /sys can be umounted
/bin/umount /sys

# Hostname Setting
/bin/hostname listentec

# Network Setting
/sbin/ifconfig lo 127.0.0.1
/sbin/ifconfig eth0 192.168.0.100 netmask 255.255.255.0
/sbin/route add default gw 192.168.0.1

# Adjust Time
/usr/sbin/ntpdate 210.72.145.44

# NFS client
/bin/mount -o nolock,wsize=1024,rsize=1024 192.168.0.106:/home/armlinux/nfs /mnt/nfs
/bin/echo "NFS client is on now and the mounted point is /mnt/nfs"
```

(3) /etc/mdev.conf

可以为空,也可以根据 mdev 的配置语法来编写。但是必须要有,否则就会报错。

(4) /etc/fstab

是 mount -a 要读取的文本,根据需要编写。

```
[armlinux@ lqm etc]$  cat fstab
proc /proc proc defaults 0 0
mdev /dev tmpfs defaults 0 0
```

(5) /etc/profile

这是用户配置文件,在这里可以设置 PS1、PATH 等变量。

```
[root@ lqm etc]#  cat profile
# /etc/profile: system- wide .profile file for the Bourne shells
# set search user path
PATH= /bin:/sbin:/usr/bin:/usr/sbin
# set PS1
PS1= "[\u@ \h \w]\\$ "
export PATH PS1
```

关于 login 的还有/etc/passwd、/etc/group、/etc/shadow,直接从 host Linux 上复制就可以了。其中,成功加载的信息如下:

```
U-Boot 2009.06 (Dec 01 2009 - 18:21:53)

U-Boot code: 20F00000 - > 20F16E24  BSS: - > 20F34010
RAM Configuration:
Bank # 0: 20000000 16 MB
Flash:  8 MB
In:     serial
Out:    serial
Err:    serial
Hit any key to stop autoboot:  0
TFTP from server 192.168.0.108; our IP address is 192.168.0.102
Filename 'ramdisk'.
Load address: 0x20a00000
Loading: ################################################
         ################################################
         ################################################
         ################################################
done
Bytes transferred =  1301422 (13dbae hex)
TFTP from server 192.168.0.108; our IP address is 192.168.0.102
Filename 'uImage'.
Load address: 0x20800000
Loading: ################################################
         ################################################
         ################################################
```

###
done
Bytes transferred = 1268769 (135c21 hex)
Booting kernel from Legacy Image at 20800000 ...
   Image Name: Linux kernel
   Image Type: ARM Linux Kernel Image (gzip compressed)
   Data Size: 1268705 Bytes = 1.2 MB
   Load Address: 20008000
   Entry Point: 20008000
   Verifying Checksum ... OK
   Uncompressing Kernel Image ... OK
Starting kernel ...

Linux version 2.6.20 (root@ lqm) (gcc version 4.2.0 20070413 (prerelease) (CodeSourcery Sourcery G++ Lite 2007q1- 21)) # 2 Tue Dec 1 18:57:19 CST 2009
CPU: ARM920T [41129200] revision 0 (ARMv4T), cr= c0003177
Machine: Atmel AT91RM9200- DK
Memory policy: ECC disabled, Data cache writeback
Clocks: CPU 179 MHz, master 59 MHz, main 18.432 MHz
CPU0: D VIVT write- back cache
CPU0: I cache: 16384 bytes, associativity 64, 32 byte lines, 8 sets
CPU0: D cache: 16384 bytes, associativity 64, 32 byte lines, 8 sets
Built 1 zonelists. Total pages: 4064
Kernel command line: root= /dev/ram rw initrd= 0x20a00000,6000000 ramdisk _size= 4096 console= ttySAC0,115200 mem= 16M
AT91: 128 gpio irqs in 4 banks
PID hash table entries: 64 (order: 6, 256 bytes)
Console: colour dummy device 80x30
Dentry cache hash table entries: 2048 (order: 1, 8192 bytes)
Inode- cache hash table entries: 1024 (order: 0, 4096 bytes)
Memory: 16MB = 16MB total
Memory: 7668KB available (2360K code, 220K data, 88K init)
Mount- cache hash table entries: 512
CPU: Testing write buffer coherency: ok
NET: Registered protocol family 16
NET: Registered protocol family 2
IP route cache hash table entries: 1024 (order: 0, 4096 bytes)
TCP established hash table entries: 1024 (order: 0, 4096 bytes)
TCP bind hash table entries: 512 (order: - 1, 2048 bytes)
TCP: Hash tables configured (established 1024 bind 512)
TCP reno registered
checking if image is initramfs...it isn't (no cpio magic); looks like an initrd
Freeing initrd memory: 5859K
NetWinder Floating Point Emulator V0.97 (double precision)
NTFS driver 2.1.28 [Flags: R/W].
JFFS2 version 2.2. (NAND) (SUMMARY) (C) 2001- 2006 Red Hat, Inc.
io scheduler noop registered
io scheduler anticipatory registered (default)
at91_spi: Baud rate set to 5990400
AT91 SPI driver loaded
AT91 Watchdog Timer enabled (5 seconds, nowayout)

第6章 文件系统

```
atmel_usart.0: ttyS0 at MMIO 0xfefff200 (irq = 1) is a ATMEL_SERIAL
RAMDISK driver initialized: 16 RAM disks of 4096K size 1024 blocksize
eth0: Link down.
eth0: AT91 ethernet at 0xfefbc000 int= 24 10- HalfDuplex (36:b9:04:00:24:80)
eth0: Davicom 9161 PHY (Copper)
AT91RM9200- NOR:0x00800000 at 0x10000000
NOR flash on AT91RM9200DK: Found 1 x16 devices at 0x0 in 16- bit bank
 Intel/Sharp Extended Query Table at 0x0031
Using buffer write method
cfi_cmdset_0001: Erase suspend on write enabled
AT91RM9200- NOR:using static partition definition
Creating 5 MTD partitions on "NOR flash on AT91RM9200DK":
0x00000000- 0x00020000 : "U- boot"
0x00020000- 0x00040000 : "Parameters"
0x00040000- 0x00240000 : "Kernel"
0x00240000- 0x00540000 : "RootFS"
0x00540000- 0x00800000 : "Jffs2"
udc: at91_udc version 3 May 2006
mice: PS/2 mouse device common for all mice
TCP cubic registered
NET: Registered protocol family 1
NET: Registered protocol family 17
RAMDISK: Compressed image found at block 0
VFS: Mounted root (ext2 filesystem).
Freeing init memory: 88K
init started: BusyBox v1.9.1 (2009- 12- 02 17:09:48 CST)
starting pid 672, tty '': '/etc/init.d/rcS'

* * * * * * * * * * * * * * * * * * * * * * * * * * *
    Jinan Listentec Co. LTD
        made by lqm
* * * * * * * * * * * * * * * * * * * * * * * * * * *

starting pid 687, tty '': '/bin/login'

listentec login: root
login[687]: root login  on `console'

[\u@ \h \w]\$ pwd
/root
[\u@ \h \w]\$
```

可以看到[\u@\h \w]\$，这表示 PS1 的设置起作用了，但是在支持这些特殊字符上还有问题。原因在 busybox 的配置上，对 ash 的支持和 shell 提示符的支持是分离的，对 shell prompt 的支持在 busybox settings 中，具体位置如下：

```
busybox settings- >
    busybox library tuning- > username completion
    fancy shell prompts
```

把上述两项选上，重新编译安装，制作好根文件系统，加载后的结果就显示正常了。

```
starting pid 687, tty '': '/bin/login'
listentec login: root
login[687]: root login on 'console'
[root@ listentec ~ ]#
```

在文件系统的制作中,这样的细节是比较多的,必须对 busybox 等工具的配置选项特别熟悉才行。而要做到这一点,除了多查找、借鉴前人的经验外,就是要仔细研读源代码,从源代码中学习和总结。

到此为止,一个基本功能完备的根文件系统就初步完成。在这个 shell 提示符下,可以进行 Linux 下的常用操作。可以增加其他的功能,跟上述添加方法类似。嵌入式系统未来发展的方向之一就是与 internet 结合,所以下面将网络功能作为一个专题进行详细介绍。

6.4.3 网络功能

现在嵌入式系统设计对网络的需求逐渐增多,这是一个发展的趋势。就像 Karim Yaghmour 的《构建嵌入式 Linux 系统》中提到的:

➢ 嵌入式系统可能会包含 Web 服务器,并能够基于 Web 进行配置。
➢ 可能会基于维护和更新的目的提供远程登录的功能。

所以,在探讨文件系统的制作时,网络服务功能就是一个避不开的话题。而嵌入式系统跟通用计算机系统不同,它要求低空间占用、高效、稳定可靠、安全性高。同时满足这几项要求是不容易的,需要在各项指标之间进行权衡。

这里专门讨论嵌入式系统上可用的网络服务功能,并想通过比较和实际测试选择最优的方案。就网络功能而言,可以移植的工具一般分为 3 种类型:

1) Internet Super-Server

Internet Super-Server 就是一个特殊的监控程序,用来监听已经启用的网络服务的端口号。当某个端口号送来服务请求时,super-server 首先启动相应的网络监控程序,然后将服务请求传递给该网络监控程序以便提供服务。

Linux 主要有两个 internet super-server 可用:inetd 和 xinetd。所以,主要就这两个的移植及其配置、使用来展开探讨。

2) 网络登录工具

主要有 Telnet 协议、TFTP 协议、FTP 协议、SSH 协议。这里对相应的工具和应用场合进行探讨。

3) 网络管理工具

探讨 Web 服务器、DHCP。

在很多场合,可能还要求远程自动更新、心跳保活、远程管理等功能。这就需要另行开发了。把握的原则还是如果有现成的工具能够移植并满足需求,那么就要移植,而不要重复制造轮子。

第6章 文件系统

下面介绍几种常用工具的移植和配置方法。

1. VSFTPD 移植

FTP(File Transfer Protocol,文件传输协议)是用于文件传输的通信协议,它具备如下的优点:

1) 交互式访问

FTP 允许用户和服务器之间利用交互的方式来访问服务器资源,比如用户可要求 FTP 服务器列出某一目录中的文件列表,或是使用二进制文件的模式进行传输。

2) 指定下载的文件格式

FTP 允许客户端指定文件保存的格式,比如用户在访问 FTP 服务器的数据时可以指定包含文本文件或二进制文件,同时也可以指定使用 ASCII 或 EBCDIC 的文本文件格式。

3) 稳定的传输机制

FTP 与其他通信协议最大的不同是,它使用两个连接端口来和客户端连接,TCP 20 和 TCP 21。其中,连接端口 TCP 20 用来传递数据,而 TCP 21 则负责传输过程的控制,这种设计可以支持多个客户端同时连接 FTP 服务器,并具有稳定的优点。

4) 身份验证控制

在用户访问服务器资源前,FTP 服务器会要求用户输入账户名称及口令以验证身份。如果允许匿名访问,则用户只输入 anonymous 为账户名称,而口令将不进行验证。

5) 提供跨平台的数据交换

FTP 允许在不同的网络架构或操作系统间传递文件,如 Linux 和 Windows 操作系统之间,因此是极好的跨平台解决方案。

目前,FTP 服务器有 vsftpd、proftpd、pureftpd 等。vsftpd 是一个符合 GPL 协议的 FTP 服务器软件,它在安全性、可靠性以及连接速度上要略胜一筹。著名的 RedHat 就是采用了 vsftpd 来搭建 ftp.redhat.com。

vsftpd 即 Very Secure FTP Daemon,它的主要特点有:

- 支持虚拟 IP 配置;
- 支持虚拟用户;
- standalone 或 inetd 两种模式;
- 强大的针对单个用户的设置功能;
- 支持带宽控制;
- 支持针对单个 IP 的设置;
- 支持针对单个 IP 的限制;
- 支持 IPv6;
- 集成 SSL 加密功能。

考虑到 vsftpd 功能的强大,而 vsftpd 的映像尺寸又很小,也适合在嵌入式系统上应用。可以尽量利用 Host Linux 上的配置让 vsftpd 在目标板上跑起来,然后再精心研究配置,提高其安全性、可靠性、稳定性。

(1) 下载 vsftpd

官方网站：http://vsftpd.beasts.org/。

当前的最新版本是：vsftpd-2.0.6，压缩包只有 155 KB。

(2) 交叉编译

需要修改的地方有两处。第一处是 Makefile 的 CC：

```
# Makefile for systems with GNU tools
CC = /usr/local/arm/3.4.1/bin/arm-linux-gcc
```

就是修改为交叉编译器的地址。

第二处是脚本 vsf_findlibs.sh。这里主要是牵扯到库 libcap 的问题。网上的修改都是更改到交叉编译器的 lib 文件夹下，发现即使在 lib 文件夹下面没有，也不影响。那么可以判定这个库是没有必要的，直接把这两行注释就可以了。

```
# Look for libcap (capabilities)
# locate_library /lib/libcap.so.1 && echo "/lib/libcap.so.1";
# locate_library /usr/lib/libcap.so && echo "-lcap";
```

改完后执行 make，动态编译就成功了。如下：

```
[root@ lqm vsftpd-2.0.6]# file vsftpd
vsftpd: ELF 32-bit LSB executable, ARM, version 1 (ARM), for GNU/Linux 2.4.3, dynami-
cally
linked (uses shared libs), stripped
[root@ lqm vsftpd-2.0.6]# ls -l vsftpd
-rwxr-xr-x 1 root root 81728 Mar 22 16:46 vsftpd
```

(3) 查看依赖及其相应的配置文件

首先，因为是动态链接，就要查看相应的动态库，把这些库从 /usr/local/arm/3.4.1/arm-linux/lib 下复制到 rootfs 的 lib 下。第一步工作就完成了。

```
[root@ lqm vsftpd-2.0.6]#  /usr/local/arm/3.4.1/bin/arm-linux-readelf -d vsftpd
Dynamic segment at offset 0x134a4 contains 25 entries:
  Tag Type Name/Value
0x00000001 (NEEDED) Shared library: [libcrypt.so.1]
0x00000001 (NEEDED) Shared library: [libdl.so.2]
0x00000001 (NEEDED) Shared library: [libnsl.so.1]
0x00000001 (NEEDED) Shared library: [libresolv.so.2]
0x00000001 (NEEDED) Shared library: [libutil.so.1]
0x00000001 (NEEDED) Shared library: [libc.so.6]
```

第二步工作，把 vsftpd 复制到 rootfs 的 /usr/sbin 或者是 /usr/local/sbin 下面，这里是复制到了 /usr/sbin 下面。

第三步工作就是配置文件 vsftpd.conf。可以直接从 CentOS4.5 的 /etc/vsftpd/vsftpd.

conf 复制到 rootfs 的/etc/vsftpd.conf。测试时有一个问题,如果在 rootfs 下跟 host 一样,建立一个 vsftpd 的话,那么直接启动 vsftpd 都会产生一个 oops 错误,就是说只能由 inetd 或者 xinetd 来启动。而事实上,已经设置为 listen=YES,应该可以 standalone 启动。根据情况,屏蔽了几条记录:

```
# pam_service_name= vsftpd
# userlist_enable= YES
# enable for standalone mode
listen= YES
tcp_wrappers= NO
```

就是只更改了最后 4 行。

提示

守护进程的两种运行模式:standalone 及 inetd。vsftpd 也提供了 standalone 和 inetd(inetd 或 xinetd)两种运行模式。简单解释一下,standalone 模式是指服务器一次性启动,运行期间一直驻留在内存中,优点是对接入信号反应快,缺点是损耗了一定的系统资源,因此经常应用于对实时反应要求较高的专业 FTP 服务器。inetd 恰恰相反,由于只在外部连接发送请求时才调用 FTP 进程,因此不适合应用在同时连接数量较多的系统。在最初的 vsftpd 版本中,为了便于大型服务器限制来自同一个 IP 的访问数,推荐使用 xinetd 模式,但由于下面的两个原因,笔者在 V1.1.3 版本之后推荐 standalone 模式:

① xinetd 模式不够稳定,据许多网站报告,它有时会统计错误并拒绝合法连接。

② standalone 模式的功能得到增强,可以自己统计每个 IP 的连接数,还可以通过集成 tcp_wrappers 来控制连接,乃至可以进行针对单个 IP 的配置。

第四步工作就牵扯到用户问题了。首先有一个本地用户,这样可以通过本地用户进行访问;其次要匿名用户,这就需要 ftp 用户;还需要有一个 nobody 用户。直接创建比较麻烦,所以直接复制 host 的/etc/passwd、/etc/group、/etc/shadow。

```
[root@ listentec ~ ]# cat /etc/group
root::0:root
ftp:x:50:
nobody:x:99:
users:x:100:
500:x:500:boa
501:x:501:armlinux
```

这样用户问题就解决了。

第五步工作就是相应的目录需要创建。支持匿名用户需要创建/var/ftp,根据一般惯例,在 ftp 下建立了 pub 目录。还需要建立/usr/share/empty 目录,否则在访问时会出现:

500 OOPS: vsftpd: not found: directory given in 'secure_chroot_dir':/usr/share/empty

这个是与你的配置选项相关的。

/usr/sbin/vsftpd——VSFTPD 的主程序(必需)；
/etc/rc.d/init.d/vsftpd——启动脚本；
/etc/vsftpd.conf——主配置文件(必需)；
/etc/pam.d/vsftpd——PAM 认证文件；
/etc/vsftpd.ftpusers——禁止使用 VSFTPD 的用户列表文件；
/etc/vsftpd.user_list——禁止或允许使用 VSFTPD 的用户列表文件；
/etc/userconf——指定用户个人配置文件所在的目录；
/var/ftp——匿名用户主目录；
/var/ftp/pub——匿名用户的下载目录；
/var/log/vsftpd.log——日志文件除；
vsftpd、vsftpd.conf 两个文件外,其他文件的需要具体看主配置文件的配置。

建立了这两个目录,其余前面已经建立好了。然后制作映像,烧写到目标板上,通过 standalone 模式启动。

```
[root@ listentec /usr]# vsftpd &
[root@ listentec /usr]# pgrep vsftpd
775
```

在 host 上测试：

```
[root@ lqm ~ ]#  ftp 192.168.0.100
Connected to 192.168.0.100.
220 (vsFTPd 2.0.6)
530 Please login with USER and PASS.
530 Please login with USER and PASS.
KERBEROS_V4 rejected as an authentication type
Name (192.168.0.100:armlinux): anonymous
331 Please specify the password.
Password:
230 Login successful.
Remote system type is UNIX.
Using binary mode to transfer files.
ftp> ls
227 Entering Passive Mode (192,168,1,100,201,91)
150 Here comes the directory listing.
drwxr-xr-x 2 0 0 0 Mar 22 08:24 pub
226 Directory send OK.
ftp>

[root@ lqm ~ ]#  ftp 192.168.0.100
Connected to 192.168.0.100.
220 (vsFTPd 2.0.6)
530 Please login with USER and PASS.
530 Please login with USER and PASS.
KERBEROS_V4 rejected as an authentication type
Name (192.168.0.100:armlinux): armlinux
```

```
331 Please specify the password.
Password:
230 Login successful.
Remote system type is UNIX.
Using binary mode to transfer files.
ftp>   cd /var
250 Directory successfully changed.
ftp>   ls
227 Entering Passive Mode (192,168,1,100,50,108)
150 Here comes the directory listing.
drwxr- xr- x 3 0 0 0 Mar 22 08:24 ftp
drwxr- xr- x 2 0 0 0 Mar 19 07:57 lock
drwxr- xr- x 3 0 0 0 Mar 22 08:35 log
drwxr- xr- x 2 0 0 0 Mar 19 07:57 run
drwxr- xr- x 2 0 0 0 Mar 20 00:03 spool
drwxr- xr- t 2 0 0 0 Mar 19 07:57 tmp
drwxrwxrwx 4 0 0 0 Mar 19 09:23 www
226 Directory send OK.
ftp>
```

可见成功了。当然,这只是初步工作。还没有进行安全性和稳定性的设置,而这些工作往往是最为复杂的,要想在开发板上把 ftp server 设置的安全稳定也不容易。

2. telnet 移植

Telnet 协议是登录远程网络主机最简单的方法之一,只是安全性非常低。对 target board 来说,必须执行 telnet 监控程序,这样才可以远程登录到 target board。同时,如果想从开发板通过 telnet 远程登录其他 host,就需要具备 telent client。

在嵌入式 Linux 系统上的 telnet 的工具有:

1) telnet client

busybox telnet client。busybox 本身就是为嵌入式系统量身打造的,其 telnet client 精简,而且比较好用。

2) telnet server

主要有 telnetd 和 utelnetd。就文件大小而言,utelnetd 套件产生的二进制文件比 telnetd 要小,但是 utelnetd 不支持 internet super-server。下面先看 busybox 的 telnet 功能。client 很简单,选择上就可以用了;而 telnetd 则要相对麻烦一些。

① busybox 的配置。对 Telnetd 的配置部分:

```
Networking Utilities --- >
[* ]telnetd
[* ] Support standalone telnetd (not inetd only)
```

这个地方的配置说明,telnetd 可以由 inetd 来启动,也可以 standalone 启动。

② 编译之后,因为 telnetd 是 busybox 的一部分,而在编译 busybox 时采用了动态编译的方法,所以只要把 busybox 依赖的动态库放到/lib 下,就能保证 telnetd 不会产生找不到动态

第 6 章 文件系统

库的问题。所以在"make;make install"之后，telnetd 就生成了。但是仅仅这样还不能让 telnetd 正常运行。参考配置 telnetd 时的 help 部分：

```
    A daemon for the TELNET protocol, allowing you to log onto the host running the dae-
mon. Please keep in mind that the TELNET protocol sends passwords in plain text. If you
can't afford the space for an SSH daemon and you trust your network, you may say 'y'
here. As a more secure alternative, you should seriously consider installing the very
small Dropbear SSH daemon instead:
    http://matt.ucc.asn.au/dropbear/dropbear.html
    Note that for busybox telnetd to work you need several things:
    First of all, your kernel needs:
    UNIX98_PTYS= y
    DEVPTS_FS= y
    Next, you need a /dev/pts directory on your root filesystem:
    $  ls -ld /dev/pts
    drwxr-xr-x 2 root root 0 Sep 23 13:21 /dev/pts/
    Next you need the pseudo terminal master multiplexer /dev/ptmx:
    $  ls -la /dev/ptmx
    crw-rw-rw-1 root tty 5, 2 Sep 23 13:55 /dev/ptmx
    Any /dev/ttyp[0- 9]*  files you may have can be removed.
    Next, you need to mount the devpts filesystem on /dev/pts using:
    mount -t devpts devpts /dev/pts
    You need to be sure that Busybox has LOGIN and FEATURE_SUID enabled. And finally,
you should make certain that Busybox has been installed setuid root:
    chown root.root /bin/busybox
    chmod 4755 /bin/busybox with all that done, telnetd _should_ work....
```

对 Linux 内核的配置而言，默认已经满足。笔者开始出现错误主要是在 mdev 的初始化上，因为对 mdev 不熟悉，导致在安排文件挂载顺序时不合理，总是提示找不到/dev/pts。对于 mdev 如何安排顺序，应该看一下文档中的 mdev.txt。

```
- - - - - - - - - - - - - - - - - -
MDEV Primer
- - - - - - - - - - - - - - - - - -
For those of us who know how to use mdev, a primer might seem lame. For
everyone else, mdev is a weird black box that they hear is awesome, but can't
seem to get their head around how it works. Thus, a primer.
- - - - - - - - - - - - - -
Basic Use
- - - - - - - - - - - - - -
Mdev has two primary uses: initial population and dynamic updates. Both
require sysfs support in the kernel and have it mounted at /sys. For dynamic
updates, you also need to have hotplugging enabled in your kernel.

Here's a typical code snippet from the init script:
[1] mount -t sysfs sysfs /sys
[2] echo /bin/mdev >  /proc/sys/kernel/hotplug
[3] mdev -s

Of course, a more "full" setup would entail executing this before the previouscode
```

snippet:
```
[4] mount -t tmpfs mdev /dev
[5] mkdir /dev/pts
[6] mount -t devpts devpts /dev/pts
```

The simple explanation here is that [1] you need to have /sys mounted befor eexecuting mdev. Then you [2] instruct the kernel to execute /bin/mdev whenever a device is added or removed so that the device node can be created or destroyed. Then you [3] seed /dev with all the device nodes that were created while the system was booting.

For the "full" setup, you want to [4] make sure /dev is a tmpfs filesystem (assuming you're running out of flash). Then you want to [5] create the /dev/pts mount point and finally [6] mount the devpts filesystem on it.

MDEV Config (/etc/mdev.conf)

Mdev has an optional config file for controlling ownership/permissions of device nodes if your system needs something more than the default root /root 660 permissions.

The file has the format:
    < device regex> < uid> :< gid> < octal permissions>
For example:
    hd[a-z][0-9]* 0:3 660

The config file parsing stops at the first matching line. If no line is matched, then the default of 0:0 660 is used. To set your own default, simply create your own total match like so:
    .* 1:1 777

If you also enable support for executing your own commands, then the file has the format:
    < device regex> < uid> :< gid> < octal permissions> [< @|$|* > < command>]
The special characters have the meaning:
    @ Run after creating the device.
    $ Run before removing the device.
    * Run both after creating and before removing the device.

The command is executed via the system() function (which means you're giving a command to the shell), so make sure you have a shell installed at /bin/sh.

For your convenience, the shell env var $ MDEV is set to the device name. So if the device 'hdc' was matched, MDEV would be set to "hdc".

FIRMWARE

Some kernel device drivers need to request firmware at runtime in order to properly initialize a device. Place all such firmware files into the /lib/firmware/ directory. At runtime, the kernel will invoke mdev with the filename of the firmware which mdev will load out of /lib/firmware/ and into the kernel via the sysfs interface. The exact filename is hardcoded in the kernel, so look there if you need to want to know what to name the file in userspace.

修改之后的初始化顺序为：

```
[root@ listentec ~ ]# cat /etc/fstab
proc /proc proc defaults 0 0
mdev /dev tmpfs defaults 0 0
[root@ listentec ~ ]# cat /etc/init.d/rcS
# ! /bin/sh
# Initial Environment

# mount /etc/fstab spcified device
/bin/mount -a

# mount devpts in order to use telnetd
/bin/mkdir /dev/pts
/bin/mount -t devpts devpts /dev/pts

# read the busybox docs: mdev.txt
/bin/mount -t sysfs sysfs /sys
/bin/echo /sbin/mdev > /proc/sys/kernel/hotplug
/sbin/mdev -s

# when mdev is mounted, /sys can be umounted
/bin/umount /sys
```

这样，就没有问题了。

```
[root@ listentec ~ ]# cat /etc/inittab
::sysinit:/etc/init.d/rcS

::respawn:- /bin/login
::restart:/sbin/init

::once:/sbin/telnetd -l /bin/login

::ctrlaltdel:/sbin/reboot
::shutdown:/bin/umount -a -r
::shutdown:/sbin/swapoff -a
```

3. OpenSSH 移植

OpenSSH 是一组用于安全地访问远程计算机的连接工具，对所有的传输进行加密，从而有效地阻止了窃听、连接劫持以及其他网络级的攻击，可以作为 rlogin、rcp 以及 telnet 的直接替代品使用。更进一步地，其他任何 TCP/IP 连接都可以通过 SSH 安全地进行隧道/转发。所以，如果想要密文传输，而不是明文传输的话，选择 OpenSSH 还是一个比较好的选择。

下面简单介绍其移植的过程。

(1) 下 载

```
openssh-4.6p1.tar.gz    http://www.openssh.com/portable.html
openssl-0.9.8e.tar.gz   http://www.openssl.org/source
zlib-1.2.3.tar.gz       http://www.zlib.net/
```

第6章 文件系统

(2) 编 译

主要思想就是压缩包在单独目录内,源码包和编译在一个目录内,安装目标在一个目录内,这样就省却了很多麻烦。

1) 编译 zlib

```
[root@ lqm zlib-1.2.3]# ./configure --prefix= /home/armlinux/fs/utilities/ssh/install/zlib-1.2.3

---Makefile.orig 2008- 03- 24 14:44:48.000000000 + 0800
+++ Makefile 2008- 03- 24 14:45:33.000000000 + 0800
@@ - 16,7 + 16,8 @@
# To install in $ HOME instead of /usr/local, use:
#   make install prefix= $ HOME

- CC= gcc
+ CROSS= /usr/local/arm/3.4.1/bin/arm-linux-
+ CC= $ (CROSS)gcc

CFLAGS= -O3 -DUSE_MMAP
# CFLAGS= -O -DMAX_WBITS= 14 -DMAX_MEM_LEVEL= 7
@@ - 25,15 + 26,15 @@
#  -Wstrict-prototypes -Wmissing-prototypes

LDFLAGS= -L. libz.a
- LDSHARED= gcc
- CPP= gcc -E
+ LDSHARED= $ (CROSS)gcc
+ CPP= $ (CROSS)gcc -E

LIBS= libz.a
SHAREDLIB= libz.so
SHAREDLIBV= libz.so.1.2.3
SHAREDLIBM= libz.so.1

- AR= ar rc
+ AR= $ (CROSS)ar rc
RANLIB= ranlib
TAR= tar
SHELL= /bin/sh
```

然后"make; make install"。

2) 编译 openssl

```
[root@ lqm         openssl- 0.9.8e]#          ./Configure
--prefix= /home/armlinux/fs/utilities/ssh/install/openssl- 0.9.8e
os/compiler:/usr/local/arm/3.4.1/bin/arm- linux- gcc
```

然后 make; make install。

3) 编译 openssh

```
[root@ lqm openssh- 4.6p1]#  ./configure -- host= arm- linux  -- with- libs
```

```
--with-zlib=/home/armlinux/fs/utilities/ssh/install/zlib-1.2.3
--with-ssl-dir=/home/armlinux/fs/utilities/ssh/install/openssl-0.9.8e   --
disable-etc-default-login
CC=/usr/local/arm/3.4.1/bin/arm-linux-gcc AR=/usr/local/arm/3.4.1/bin/arm-
linux-ar
```

配置完成,然后 make,注意不要执行 make install。

首先把 sshd 复制到目标板根文件系统的/usr/sbin,提前进行 strip 处理(约 1.4 MB,比较大)。

其次,需要建立文件夹/usr/local/etc/。然后把 openssh 目录下的 sshd_config 复制到该文件夹下面。否则,出现错误:

```
/usr/local/etc/sshd_config: No such file or directory
```

再次,在主机上产生密钥。

```
[root@lqm nfs]# ssh-keygen -t rsa1 -f ssh_host_key -N ""
[root@lqm nfs]# ssh-keygen -t rsa -f ssh_host_rsa_key -N ""
[root@lqm nfs]# ssh-keygen -t dsa -f ssh_host_dsa_key -N ""
```

放到/usr/local/etc 中。

> 建立目录/var/run /var/empty/sshd,并设定权限 chmod 755 /var/empty。
> 增加 sshd 用户。
> 启动时,应该使用绝对路径。

这样就可以正常启动了。只不过笔者在测试的时候,发现连接速度没有在 host 上面快。相对来言,这个 sshd 占用空间也大了很多,应该可以寻求替代方案。

4. dropbear 移植

对嵌入式系统来时,openssh 的功能是足够了,但是相对比较大。在空间受限的情况下,选择 dropbear 还比较好。dropbear 是一个轻量级的 ssh2 服务器和客户端,动态编译在 170K 左右,远远小于 openssh 的 1.4M。

(1) 下 载

```
DropBear        http://matt.ucc.asn.au/dropbear/dropbear.html
zlib-1.2.3      http://www.zlib.net
```

(2) 编 译

前面已经编译过 zlib 了,所以这里就简单了。只需要./configure 之后修改 Makefile 即可。修改时要注意修改如下选项:

```
prefix=/home/armlinux/dropbear
CROSS=/usr/local/arm/3.4.1/bin/arm-linux-
CC= $(CROSS)gcc
AR= $(CROSS)ar
RANLIB= $(CROSS)ranlib
```

```
STRIP= $ (CROSS)strip
CFLAGS= -I. -I$ (srcdir) -I$ (srcdir)/libtomcrypt/src/headers/ $ (CPPFLAGS) -Os -W
-Wall -I/home/armlinux/fs/utilities/ssh/zlib-1.2.3
LIBS= $ (LTC) $ (LTM) -lutil -lz -lcrypt
LDFLAGS= -L/home/armlinux/fs/utilities/ssh/zlib-1.2.3
```

其中,zlib 头文件和库的路径、交叉编译器的路径都要根据自己的情况进行修改。完成后交叉编译,但是不要安装。

生成的文件:

dropbear:ssh2 server
dropbearkey:密钥生成器
dropbearconvert:可以转换 openssh 的密钥
dbclient:ssh2 client

把上述文件 strip 之后放到 target board 的/usr/sbin 目录下,然后建立配置目录:mkdir /etc/dropbear;cd /etc/dropbear,最后利用 dropbearkey 来生成密钥:dropbearkey -t rsa -f dropbear_rsa_host_key。

启动服务器:#dropbear

这样就可以利用 ssh client 进行测试了。笔者在测试时,发现连接 dropbear 的速度比 sshd 要快一些。

5. Super-inetd 移植

使用 busybox 自带的 inetd 来启动自带的 telnetd,总是无法成功;但是 telnetd 单独启动倒是没有问题。这里肯定存在一个配置的问题,或者说 busybox 的 telnetd 是否支持独立启动和 inetd 启动。这里想通过移植独立的 super server 来探讨这个问题。

(1) inetd 的移植

下载地址:ftp://ftp.uk.linux.org/pub/linux/Networking/netkit
解压后,首先把 configure 文件中的"./__conftest || exit 1;"删除,然后:

```
CC= arm-linux-gcc ./configure --prefix= yourprefix
make
```

完成后 strip 一下 inetd,复制到 rootfs 的/usr/sbin 下。它的配置文件放到/etc/inetd.conf。具体格式可以参考 etc.example。

在 inittab 中的设定如下:

```
::respawn:/usr/sbin/inetd -i
```

不过笔者还是认为不用-i 参数的好,万一 inetd 出现问题,那么就会打印满屏幕的错误提示。这是需要避免的。

(2) xinetd 的移植

下载地址：http://www.xinetd.org。

解压之后，执行：

```
CC= arm-linux-gcc ./configure --host= arm-linux --prefix= yourprefix
make
```

同样不用安装，需要 strip 一下 xinetd，然后复制到 rootfs 的 /usr/sbin 下。关于配置文件，可以把 redhat 的复制过来。同时把 inittab 设置为：

```
::once:/usr/sbin/xinetd
```

(3) telnetd 移植

下载地址：ftp://ftp.uk.linux.org/pub/linux/Networking/netkit。

解压后，首先把 configure 文件中的"./__conftest || exit 1;"删除，然后：

```
CC= arm-linux-gcc ./configure --prefix= yourprefix
```

这里有一个编译的技巧，就是 touch 一个空的头文件 termcap.h，当然是在 yourprefix 下 include 文件夹下建立。虽然源码包含该头文件，但是不需要链接 termcap 库。编译完成后得到 telnetd。

可以用 telnetd 来测试上述 inetd 和 xinetd，具体步骤如下：

① telnetd 独立启动。该套件中的 telnetd 不支持 standalone 模式，只能由 inetd 或者 xinetd 来启动了。

② telnetd 由 inetd 启动。

```
[root@ listentec ~ ]# cat /etc/inetd.conf
telnet stream tcp nowait root /usr/sbin/telnetd
```

③ telnetd 由 xinetd 启动：

```
[root@ listentec ~ ]# cat /etc/xinetd.d/telnet
#  xinetd: telnetd CONFIG
service telnet
{
    socket_type =  stream
    wait =  no
    user =  root
    server =  /usr/sbin/telnetd
#   bind =  192.168.0.100
    log_on_failure + =  USERID
}
```

注意：可以利用 bind 命令绑定到固定的 ip 上，也可以实现重定向。

④ busybox 自带 telnetd 由 inetd 或者 xinetd 启动，还是无法成功。可见，如果使用 busybox

的 telnetd，就要独立启动；如果使用该节移植的 telnetd，就要使用 inetd 或者 xinetd 启动。

前面移植成功的 vsftpd 既支持独立启动，也支持 xinetd 启动。需要注意，/etc/vsftpd.conf 中，如果独立启动，则把 listen 设为 YES；如果由 xinetd 启动，则设置 listen 为 NO。

```
[root@ listentec ~ ]# cat /etc/xinetd.d/vsftpd
# xinetd: vsftpd CONFIG
service ftp
{
    socket_type = stream
    wait = no
    user = root
    server = /usr/sbin/vsftpd
    port = 21
    instances = 4
    log_on_success + = DURATION USERID
    log_on_failure + = USERID
#   access_times = 2:00- 8:59 12:00- 23:59        //设定访问时间
#   nice = 10
}
```

当然，还可以增加更多的配置到 vsftpd。

6.5 嵌入式混合文件系统——EFS

本节以某款产品 GPRS DTU 为实例来介绍嵌入式混合文件系统。前面介绍的只是基本功能完备的根文件系统，而根文件系统一般是只读文件系统，在嵌入式系统上，经常有动态保存的需求，那么就需要可读/写文件系统。这样，类似于 PC 文件系统，可以将之分层，即根文件系统为只读文件系统，用户文件系统为可读/写文件系统，二者就构成了混合文件系统。这在嵌入式系统中会应用得越来越广泛。

6.5.1 问题提出

GPRS DTU 设计工作的关键之一是 EFS(Embedded FileSystem，嵌入式文件系统)构建。它是一个系统工程，存储介质的选择、内核的选择和命令行参数的设定等因素都会对其产生影响。以前的工作集中在设计新型文件系统和对现有文件系统的优化，对构建探讨不多。本节从产品研发的角度出发，在一款智能化 GPRS DTU 上设计实现了 Cramfs＋JFFS2＋Initramfs 的 EFS，介绍了构建 EFS 的设计原则和技术细节。

6.5.2 系统设计方案

"自顶向下"是将复杂问题逐步细化的方法，适用于系统设计阶段。这里就采用该方法，将 EFS 构建分为 3 个模块。

(1) EFS 结构设计

EFS 有两种模型：单一型和混合型。单一型采用一种文件系统；而混合型则采用两种或者两种以上的文件系统，比如根文件系统采用 RO 型，保存静态数据，用户文件系统则采用 RW(Read/Write，读/写)型，动态保存数据。单一型的优点是实现简单，缺点是性能受限于采用的 EFS。混合型的优点是应用面广，缺点是实现相对复杂。因为在智能化 GPRS DTU 中，配置信息、访问日志等都要求动态保存，所以选择混合型。

(2) EFS 组合类型选择

EFS 组合类型选择主要影响因素是存储介质。存储介质按照掉电后是否能够保存数据分为 VM(Volatile Memory，易失性存储介质)和 NVM(Non-Volatile Memory，非易失性存储介质)。在嵌入式系统中，程序代码必须放在 NVM 中，而代码在 VM 的执行速度更快，为了提高性能，会把代码搬移到 VM 里执行。NVM 主要有 Nor Flash、Nand Flash 等。从上层文件系统的角度来看，它们在操作方式上有很多不同，比如 Nor Flash 读/写操作的基本单位是字节，而 Nand Flash 写操作的基本单位是页。EFS 会根据这些不同进行特定的优化，比如 JFFS2 针对 Nor Flash，YAFF2 针对 Nand Flash，都做出相应优化。所以，需要针对特定的存储介质选择相应的文件系统类型。

嵌入式 Linux 常用的文件系统类型有 Initrd RAMDISK、Cramfs、JFFS2、YAFFS2 等。每种系统都有自己的优点和适用场合，常用组合类型如表 6.3 所列。

表 6.3 EFS 组合类型

序号	组合类型	结构	适用领域
1	Initrd RAMDISK	单一型	NVM 容量小
2	Cramfs	单一型	VM 容量小
3	Initrd RAMDISK＋JFFS2	混合型	NVM 为 Nor Flash 实现数据动态保存，对 VM 需求小
4	Initrd RAMDISK＋YAFFS2	混合型	NVM 为 Nand Flash 实现数据动态保存，对 VM 需求小
5	Initrd RAMDISK＋JFFS2＋YAFFS2	混合型	NVM 为 Nor Flash 和 Nand Flash 实现数据动态保存，对 VM 需求小
6	Cramfs＋JFFS2	混合型	NVM 为 Nor Flash 实现数据动态保存，对 VM 需求大
7	Cramfs＋YAFFS2	混合型	NVM 为 Nand Flash 实现数据动态保存，对 VM 需求大
8	Cramfs＋JFFS2＋YAFFS2	混合型	NVM 为 Nor Flash 和 Nand Flash 实现数据动态保存，对 VM 需求大

第6章 文件系统

本系统 NVM 采用 Nor Flash 28F640J3A，容量为 8 MB，用来保存程序代码；VM 采用两片 HY57V281620HCT-H，容量为 16 MB，作为数据存储空间。EFS 结构为混合型，又因数据传输需较大容量的缓冲区来提高性能，对 VM 需求较大，结合 NVM 的特点，选择组合类型 6。

Cramfs 和 JFFS2 都需要 MTD 技术支持，结合 EFS 的结构设计，设计 MTD 分区如图 6.2 所示。采用"主映像+辅映像"的设计，主映像 EFS 占据 mtd4 和 mtd5，是混合型 EFS 主体；辅映像用于在系统异常或者崩溃时，引导并修复主映像，占据 mtd6 分区，包含最小化的内核和 EFS。所以，EFS 构建的工作还包括辅映像 EFS 的设计和实现。

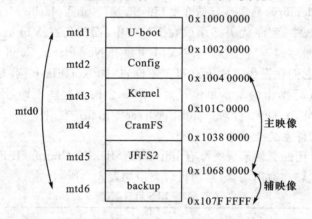

图 6.2　MTD 分区图

(3) EFS 组件选择

EFS 组件归为 3 类：基本组件、网络组件、应用组件。基本组件和应用组件是必选的，也是产品核心价值所在。而网络组件由产品是否具备网络功能来决定，主要作用是实现远程登录、配置和管理等功能。选择时考虑因素主要有两点：

1) 系统尺寸与运行时间

嵌入式系统对空间和时间都非常敏感，而这两项不可兼得。所以需要根据不同应用，对系统尺寸和运行时间进行权衡，经常采用的策略有："以空间换时间"和"以时间换空间"。

2) 稳定性与成熟度

产品的上市时间对占领市场起着重要作用，所以最好选择比较成熟稳定的文件系统类型，以加快研发进度，缩短上市时间。

以远程登录的选择为例，常用协议有 telnet 和 ssh。前者缺点是明文传输，优点是连接速度快；后者优点是加密传输，缺点是连接速度慢。因要求安全传输，故选择 ssh，常用开源软件有 openssh 和 dropbear。使用 cross-3.4.1 对二者进行交叉编译，然后 arm-linux-strip 处理后，发现 sshd 为 1.5 MB，dropbear 只有 173 KB。考虑系统尺寸，选择 dropbear。

其他组件选择也类似。本设计组件选择方案如表 6.4 所列。

表 6.4　GPRS DTU 组件

序　号	分　类	内　容	工具程序
1	基本组件	init	busybox init
		login	tinylogin
		标准应用	busybox
		链接库	glibc
		设备文件	mdevfs
2	网络组件	远程登录	dropbear
		远程管理	xinetd，thttpd＋php
		远程备份	vsftpd
3	应用组件	应用相关	pppd，应用程序

6.5.3　组件实现

按照表 6.4，以组件为单位分别实现，以 pppd 为例说明。

PPPD 即 Point to Point Protocol Daemon，在 Linux 下运行后会生成网络设备，接口名为 ppp0。这与 eth0 的地位是等同的。移植成功后，就可以利用 socket 实现网络通信了。不过 PPPD 的编译有些奇怪的问题，在 CentOS 4.5 上编译 pppd-2.4.3，总是出现问题，主要是牵扯到 libpcap 库。更换环境如下：

➢ OS：RedHat 9.0；
➢ Cross Compiler：cross-3.3.2 或者 cross-3.4.1；
➢ pppd：pppd-2.4.3。

执行 ./configure && make CC＝/usr/local/arm/3.4.1/bin/arm-linux-gcc 之后，strip 一下，得到的 pppd 约 231 KB，chat 约 19 KB，下载到目标板上，配置如下：

① 关闭 eth0。否则即使获取 IP 成功，也无法发送数据。

② 在 Linux 下，必须采用 pap，而且需要设定好用户名。这个用户名可以为任意值，不需要密码，放入 /etc/ppp/pap-secrets，内容如下：

```
# cat /etc/ppp/pap-secrets
foo        *        ""        *
```

③ 为了自动设置路由，需要添加参数 defaultroute usepeerdns，这样 pppd 会自动在 /etc/ppp 下建立一个解析文件 resolv.conf，这样就可以利用默认的 dns 进行网络链接了。基本的测试执行命令如下：

```
# pppd connect ´chat -v ATDT*99***1# CONNECT´ user foo /dev/ttyS0 115200 no-
```

第 6 章 文件系统

crtscts defaultroute usepeerdns &

如果成功,调试信息如下:

```
Serial connection established.
using channel 1
Using interface ppp0
Connect: ppp0 < --> /dev/ttyS2
Warning - secret file /etc/ppp/pap-secrets has world and/or group access
sent [LCP ConfReq id= 0x1 < asyncmap 0x20a0000> < magic 0xc328b095> < pcomp> < ac-comp> ]
rcvd [LCP ConfRej id= 0x1 < pcomp> < accomp> ]
sent [LCP ConfReq id= 0x2 < asyncmap 0x20a0000> < magic 0xc328b095> ]
rcvd [LCP ConfReq id= 0x1 < asyncmap 0x0> < auth pap> < magic 0xb7a54d00> ]
sent [LCP ConfAck id= 0x1 < asyncmap 0x0> < auth pap> < magic 0xb7a54d00> ]
rcvd [LCP ConfAck id= 0x2 < asyncmap 0x20a0000> < magic 0xc328b095> ]
Warning -secret file /etc/ppp/pap-secrets has world and/or group access
sent [PAP AuthReq id= 0x1 user= "foo" password= < hidden> ]
rcvd [PAP AuthAck id= 0x1 "Welcome!"]
Remote message:
PAP authentication succeeded
sent [CCP ConfReq id= 0x1 < deflate 15> < deflate(old# ) 15> < bsd v1 15> ]
sent [IPCP ConfReq id= 0x1 < compress VJ 0f 01> < addr 0.0.0.0> < ms-dns1 0.0.0.0> < ms-dns3 0.0.0.0> ]
rcvd [IPCP ConfReq id= 0x1 < addr 10.79.158.165> ]
sent [IPCP ConfAck id= 0x1 < addr 10.79.158.165> ]
rcvd [LCP ProtRej id= 0x1 80 fd 01 01 00 0f 1a 04 78 00 18 04 78 00 15 03 2f]
rcvd [IPCP ConfRej id= 0x1 < compress VJ 0f 01> ]
sent [IPCP ConfReq id= 0x2 < addr 0.0.0.0> < ms-dns1 0.0.0.0> < ms-dns3 0.0.0.0> ]
rcvd [IPCP ConfNak id= 0x2 < addr 10.79.78.138> < ms-dns1 211.136.20.203> < ms-dns3 202.96.69.38> ]
sent [IPCP ConfReq id= 0x3 < addr 10.79.78.138> < ms-dns1 211.136.20.203> < ms-dns3 202.96.69.38> ]
rcvd [IPCP ConfAck id= 0x3 < addr 10.79.78.138> < ms-dns1 211.136.20.203> < ms-dns3 202.96.69.38> ]
local IP address 10.79.78.138
remote IP address 10.79.158.165
primary DNS address 211.136.20.203
secondary DNS address 202.96.69.38
[root@ listentec ~ ]# ifconfig ppp0
ppp0 Link encap:Point-to-Point Protocol
    inet addr:10.79.78.138 P-t-P:10.79.158.165 Mask:255.255.255.255
    UP POINTOPOINT RUNNING NOARP MULTICAST MTU:1500 Metric:1
    RX packets:4 errors:0 dropped:0 overruns:0 frame:0
    TX packets:5 errors:0 dropped:0 overruns:0 carrier:0
```

④ 平台搭建好之后,可以 ping 通内网 IP 和外网 IP,但是 ping 不通域名。如③中已经增加了/etc/ppp/resolv.conf,这些需要检查相应动态库是否具备。要 ping 通域名,一般需要 3 个动态库的支持:libnss_files、libnss_dns、libresolv.so。从交叉编译工具链的 lib 文件夹中复

制相应的库文件到目标板,上述问题即可得到解决。

⑤ 调试完成后,即可利用 Linux 提供的脚本 ppp-on、ppp-on-dialer 和 ppp-off,编写相应的控制脚本,实现自启动。

至此,PPPD 已经移植成功,后面还会针对平台进行更进一步的测试。

6.5.4 系统集成设计

全部组件实现后,按照是否需要动态数据保存分为两个部分:

```
rootfs -bin dev lib mnt proc sys sbin tmp
userfs -etc home root usr var
```

这样 rootfs 和 userfs 在物理上就分离了,分别对应 mtd4 和 mtd5。而 Linux 要求文件系统以根目录为起点构成"树"状文件系统,所以必须在访问 userfs 分区内容之前完成挂载,即完成系统集成。根据系统启动流程,在完成根文件系统挂载后,首先执行的程序是 init 程序,其查找顺序为:内核命令行参数 init=指定文件→/sbin/init→/etc/init→/bin/sh。可见,如果由内核命令行参数指定一个脚本,则该脚本充当"跳板"的作用;首先完成 userfs 的挂载,然后执行标准 init 程序,rootfs 和 userfs 就可以构成"树"状文件系统了。因为要完成挂载还需要其他初始化工作,顺序不当会造成挂载失败,所以脚本设计的难点在于初始化顺序的合理安排。具体如下:

(1) 建立设备文件

在 Linux2.6.20 中,采用 udevfs 自动建立需要的设备文件。在嵌入式系统中,一般采用简化版的 mdevfs。mdev 的配置文件为/etc/mdev.conf,如果默认配置就可以满足需求,则可以不使用该配置文件。为了防止出现找不到 mdev.conf 的警告提示,可重定向到/dev/null。

```
mount -t tmpfs -o size= 1m mdev /dev
mkdir /dev/pts
mount -t devpts devpts /dev/pts
mount -t sysfs sysfs /sys
echo mdev >  /proc/sys/kernel/hotplug
mdev -s >  /dev/null 2> &1
umount /sys
```

(2) 挂载 userfs

```
mount -t jffs2 /dev/mtdblock5 /mnt/jffs2
```

存在的问题是,userfs 挂载在/mnt/jffs2 下,而程序按照 FHS 访问根目录下的标准目录。比如要访问/etc,可是实际内容在/mnt/jffs2/etc,所以需要进行处理。传统方案是建立/etc 文件夹,每次把/mnt/jffs2/etc 的内容复制到/etc。这种方式缺点是系统启动和结束都要进行复制操作,才能保证/etc 信息不丢失,可能出现因突然断电导致最近配置信息丢失的情况。这里提出采用软链接的技巧,不用复制,在 EFS 建立前,处理方法如下:

第6章 文件系统

```
cd rootfs
mkdir -p mnt/jffs2/{etc, home, root, usr, var}
for i in mnt/jffs2/* ; do
    ln -s $ i $ (basename $ i)
done
rm -rf /mnt/jffs2/*
```

因为软链接没有文件系统的限制,只是指向目录的符号链接。根据上述操作,rootfs 中的软链接是损坏的,但是在挂载完成 userfs 后,软链接恢复正常。因为实际的配置内容都在 userfs 中,随时保存,所以这是一种较好的替代方案。不过需要做出相应修改,比如系统关闭时,要先执行 swapoff,然后执行 umount。因为 swapoff 要依赖于/etc/fstab,如果 umount,则找不到该文件了。

(3) 执行 init

接下来的工作是进行主映像制作。映像制作需要完成两个工作:一是生成映像文件;二是实现内核支持。生成映像文件可以利用相关工具,比如:

```
mkfs.cramfs rootfs rootfs.cramfs
mkfs.jffs2 -d userfs -o userfs.jffs2 -e 0x20000
```

实现内核支持,主要是移植 MTD 驱动。MTD 的驱动程序都集中在 drivers/mtd 里,所以只需要 drivers/mtd/maps 下增加自己的分区表。因为可以参考 edb7312 修改,所以相对而言,并不复杂。

1) 添加配置选项

在 drivers/mtd/maps 下,增加自己的 MTD 分区表驱动。因为和 edb7312 类似,所以只需要复制 edb7312.c,然后命名为 AT91RM9200.c 即可。

```
$ cd drivers/mtd/maps/
$ cp edb7312.c at91rm9200.c
```

然后修改 Kconfig,增加内核配置选项。

```
    //复制过 EDB7312 稍作修改即可
config MTD_AT91RM9200
    tristate "CFI Flash device mapped on AT91RM9200"
    depends on ARM && MTD_CFI
    help
      This enables access to the CFI Flash on the ATMEL AT91RM9200DK board.
      If you have such a board, say ´Y´ here.
```

最后,修改 Makefile,增加编译项目。

```
obj-$ (CONFIG_MTD_EDB7312) + = edb7312.o
obj-$ (CONFIG_MTD_AT91RM9200) + = AT91RM9200.o
```

这样,自己建立的 MTD 分区表驱动就可以编译进内核了。

2) 修改分区表信息

根据图 5.2 设计修改分区表。

```c
# include < linux/module.h>
# include < linux/types.h>
# include < linux/kernel.h>
# include < linux/init.h>
# include < asm/io.h>
# include < linux/mtd/mtd.h>
# include < linux/mtd/map.h>

# ifdef CONFIG_MTD_PARTITIONS
# include < linux/mtd/partitions.h>
# endif

# define WINDOW_ADDR 0x10000000 /* physical properties of flash */
# define WINDOW_SIZE 0x00800000 /* intel 28F640J3A 8MB */
# define BUSWIDTH 2 /* data bus width 16bits */
/* can be "cfi_probe", "jedec_probe", "map_rom", NULL }; */
# define PROBETYPES { "cfi_probe", NULL }

# define MSG_PREFIX "AT91RM9200- NOR:" /* prefix for our printk()'s */
# define MTDID "at91rm9200- % d" /* for mtdparts= partitioning */

static struct mtd_info * mymtd;

struct map_info at91rm9200nor_map = {
    .name = "NOR flash on AT91RM9200DK",
    .size = WINDOW_SIZE,
    .bankwidth = BUSWIDTH,
    .phys = WINDOW_ADDR,
};

# ifdef CONFIG_MTD_PARTITIONS
/*
 * MTD partitioning stuff
 */
static struct mtd_partition at91rm9200nor_partitions[5] =
{
    {
        // U-Boot 128KB
        .name = "U-Boot",
        .size = 0x20000,
        .offset = 0
    },
    {
        // Parameters 128KB
        .name = "Parameters",
        .size = 0x20000,
        .offset = 0x20000
    },
    {
```

```c
            // Kernel 1.5MB
            .name = "Kernel",
            .size = 0x180000,
            .offset = 0x40000
        },
        {
            // RootFS 1.75MB
            .name = "RootFS",
            .size = 0x1C0000,
            .offset = 0x1C0000
        },
        {
            // UserFS 3MB
            .name = "UserFS",
            .size = 0x300000,
            .offset = 0x380000
        },
        {
            // backup 1.5MB
            .name = "backup",
            .size = 0x300000,
            .offset = 0x680000
        },
};
static const char * probes[] = { NULL };
# endif
static int mtd_parts_nb = 0;
static struct mtd_partition * mtd_parts = 0;
int __init init_at91rm9200nor(void)
{
    static const char * rom_probe_types[] = PROBETYPES;
    const char * * type;
    const char * part_type = 0;

    printk(KERN_NOTICE MSG_PREFIX "0x% 08x at 0x% 08x\n",
        WINDOW_SIZE, WINDOW_ADDR);
    at91rm9200nor_map.virt = ioremap(WINDOW_ADDR, WINDOW_SIZE);

    if (! at91rm9200nor_map.virt) {
        printk(MSG_PREFIX "failed to ioremap\n");
        return - EIO;
    }

    simple_map_init(&at91rm9200nor_map);

    mymtd = 0;
    type = rom_probe_types;
    for(; ! mymtd && * type; type+ + ) {
        mymtd = do_map_probe(* type, &at91rm9200nor_map);
    }
```

```c
    if (mymtd) {
        mymtd->owner = THIS_MODULE;
#ifdef CONFIG_MTD_PARTITIONS
        mtd_parts_nb = parse_mtd_partitions(mymtd, probes, &mtd_parts, 0);
        if (mtd_parts_nb > 0)
        part_type = "detected";

        if (mtd_parts_nb == 0)
        {
            mtd_parts = at91rm9200nor_partitions;
            mtd_parts_nb = ARRAY_SIZE(at91rm9200nor_partitions);
            part_type = "static";
        }
#endif
        add_mtd_device(mymtd);
        if (mtd_parts_nb == 0)
        printk(KERN_NOTICE MSG_PREFIX "no partition info available\n");
        else
        {
            printk(KERN_NOTICE MSG_PREFIX
                "using %s partition definition\n", part_type);
            add_mtd_partitions(mymtd, mtd_parts, mtd_parts_nb);
        }
        return 0;
    }
    iounmap((void *)at91rm9200nor_map.virt);
    return -ENXIO;
}
static void __exit cleanup_at91rm9200nor(void)
{
    if (mymtd) {
        del_mtd_device(mymtd);
        map_destroy(mymtd);
    }
    if (at91rm9200nor_map.virt) {
        iounmap((void *)at91rm9200nor_map.virt);
        at91rm9200nor_map.virt = 0;
    }
}
module_init(init_at91rm9200nor);
module_exit(cleanup_at91rm9200nor);

MODULE_LICENSE("GPL");
MODULE_AUTHOR("Marius Groeger <mag@sysgo.de> ");
MODULE_DESCRIPTION("Generic configurable MTD map driver");
```

3）配置内核

增加内核对 MTD、Cramfs、JFFS2 的支持。

第 6 章 文件系统

```
Devices Drivers ---> 
    Memory Technology Devices (MTD) --->
        <*> Memory Technology Device(MTD) support
        <*> MTD partitioning support
        <*> Direct char device access to MTD devices
        <*> Caching block device access to MTD devices
        RAM/ROM/Flash chip drivers --->
            <*> Detect flash chips by Common Flash Interface(CFI) probe
            <*> Support for Intel/Sharp flash chips
        Mapping drivers for chip access --->
            <*> CFI Flash device mapped on AT91RM9200
File Systems --->
    Miscellaneous filesystems --->
    //这里选择 cramfs 或者 Jffs2 的支持
```

4) 编译内核,生成内核映像文件

```
TOPDIR= $ ($ (which pwd))
TMP= $ TOPDIR/linux.bin
TARGET= $ TOPDIR/uImage

arm- linux- objcopy - O binary - S vmlinux $ TMP && gzip - v9 $ TMP && \
mkimage - n ´Linux Kernel´ - A arm - O linux - T kernel - C gzip \
    - a 0x20008000 - e 0x20008000 - d $ TMP.gz $ TARGET && \
cp $ TARGET /mnt/hgfs/common && \
rm - f $ TMP*
```

这样把所有映像加载到相应 mtd 分区,设好 U-Boot 命令行参数"root=/dev/mtdblock4 rootfstype=cramfs init=/linuxrc console=ttySAC0,115200 mem=32M",然后就可以进行主映像测试了。

6.5.5 辅映像制作

辅映像制作原则是系统尺寸尽可能小,能够满足引导和升级即可。因为 GPRS DTU 数目较多,所以采取"拉"的升级模式,即在主映像运行出现异常时,从服务器主动下载主映像,完成修复。

为了减小辅映像尺寸,一是要重新裁减内核,把不必要的支持去除;二是裁减主映像 EFS,只保留必要程序,采用静态链接方式,实现辅映像 EFS 组件;三是选择 Initramfs,把内核和 EFS 集成为一个整体,避免出现"空洞"区域。Initramfs 是一种更为简单、高效的处理方式,从 Linux 2.6.15 开始取代了 initrd,制作流程如图 6.3 所示,完成后加载测试。

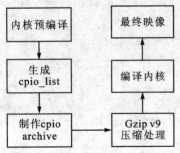

图 6.3 辅映像制作流程

提示

关于 Initramfs：

作为正式发布的产品，大多数都是从 Flash 启动的。对于 AT91RM9200 来讲，是从 Nor Flash 启动，首先肯定是 u-boot 引导，然后由 u-boot 引导 Linux。这里有 3 种不同格式的系统映像，一种是 zImage，一种是 Image，一种是 xIp（变量和初始化段（bss 和 data）位于 SDRAM 中，代码段（text 段）位于 norflash 中）。加上文件系统（文件系统和 linux 内核合一，也就是内核和文件系统做成的一个映像），又可以分为 initramfs 和 bootpimage 两种方式。Initramfs 是某种内核映像（zImage、Image、xip 印象中的一种）与 cpio 格式的文件系统做成的一个映像，bootpImage 指某种内核映像（zImage、Image、xip 印象中的一种）与做成 ramdisk 的文件系统发布到一个映像中。这样做的好处是减少了发布文件的数量，从而减少市场流通的环节；缺点是改动任何一个地方，都会重新制作发布。

XipImage 的制作跟 zImage 的制作类似，Linux 2.6.20 的内核已经提供了对 xIp 的支持。xip 格式内核映像的优点是减少了对 SDRAM 空间的占用，加快了启动速度，可以满足 10 s 内提供内核，在有图形的情况下也可以满足 20 s 内启动。这对嵌入式客户端来说相当重要，启动速度快满足了用户对嵌入式产品的启动时间的要求，给用户带来了良好体验。用户可以通过在 shell 命令提示符下执行 make xIPImage 来获得。xIPimage 不能复制到 SDRAM，从而不能从 SDRAM 启动，因此，它几乎不适用调试，只适用于最终的发布软件。

对于 K9I 而言，并不适合采用 rootfs+userfs+initramfs 的混合文件系统。因为 K9I 的 Flash 空间只有 8 MB，SDRAM 空间只有 16 MB，如果要将其分为 3 个层次的混合文件系统，那么空间上会显得捉襟见肘，即使勉强完成产品需求功能，要达到稳定性与可靠性还是比较困难的。但是我们在该开发板上探讨实现该功能，其原理和流程是通用的。掌握其方法，举一反三，才能设计出更符合需求的文件系统。

本章总结

本章介绍了文件系统的概念，从最简单的根文件系统入手，到复杂的混合文件系统的建立，都做了详细说明。在产品应用中，混合文件系统是最为常用的，能够支持更多的功能，希望大家能够掌握。

第 7 章

应用程序

本章目标
- 掌握应用开发环境的建立方法,能够独立完成;
- 掌握数据网关的应用开发过程。

前面的章节都是围绕如何建立可靠稳定的嵌入式平台,本章介绍应用实例,供读者学习和参考。对嵌入式系统而言,要形成产品,不仅要质量可靠,而且要求有自己的特色和应用领域,否则就无法打开市场,也就无法赢得利润。可以说,该部分是产品的核心所在。读者需要了解所在行业的概况,了解产品的市场需求和前景;如果之前没有良好的可行性分析,那么产品很有可能是失败的。单纯依赖技术,是行不通的。

下面首先介绍一下开发环境的建立。

7.1 应用开发环境的建立

7.1.1 嵌入式 Linux 的 GDB 调试环境建立

嵌入式 Linux 的 GDB 调试环境由 Host 和 Target 两部分组成,Host 端使用 arm-linux-gdb,Target Board 端使用 gdbserver。这样,应用程序在嵌入式目标系统上运行,而 gdb 调试在 Host 端,所以要采用远程调试(remote)的方法。

1. 建立安装 gdb 组件

从 ftp://ftp.gnu.org/gnu/gdb 上下载 gdb 套件,以 gdb-5.2.1.tar.gz 为例。假定在 debug 下编译 gdb 套件,设定好 TARGET、PREFIX 参数。其中,TARGET 是目标板,当前为 arm-linux,PREFIX 是要安装的目标文件夹。

```
$ tar xvzf gdb-5.2.1.tar.gz
$ mkdir debug/build-gdb
$ cd build-gdb
$ ../gdb-5.2.1/configure --target=$TARGET --prefix=$PREFIX
```

```
$ make
$ make install
```

然后建立 gdbserver：

```
$ mkdir debug/build-gdbserver
$ cd build-gdbserver
$ chmod + x ../gdb-5.2.1/gdb/gdbserver/configure
$ CC= arm-linux-gcc ../gdb-5.2.1/gdb/gdbserver/configure \
> --host= $ TARGET --prefix= $ TARGET
$ make
$ make install
```

使用 arm-linux-strip 命令处理一下 gdbserver，然后将之复制到根文件系统的/usr/bin 下，建立 ramdisk 盘。

2. 调试步骤

① 交叉编译，带参数-g 加入调试信息。假设要调试的程序为 test.c。

```
# arm-linux-gcc -g test.c -o test
```

② 在 Target Board 开启 gdbserver。

```
# gdbserver< host- ip> :2345 test
```

gdbserver 开始监听 2345 端口（你也可以设其他的值），然后启动 test，则可看到"Process test created:pid=157"。

③ 回到 Host 端。

```
# arm- linux- gdb test
```

最后一行显示：

This GDB was configured as "--host=i686-pc-linux-gnu,--target=arm-linux"...
说明此 gdb 在 X86 的 Host 上运行，但是调试目标是 ARM 代码。

```
(gdb)target remote < target- board- ip> :2345
```

注意：端口号必须与 gdbserver 开启的端口号一致，这样才能进行通信。

建立链接后，就可以进行调试了。调试在 Host 端，跟 gdb 调试方法相同。注意，要用"c"来执行命令，不能用"r"。因为程序已经在 Target Board 上面由 gdbserver 启动了。结果输出是在 Target Board 端，则用超级终端查看。

7.1.2 嵌入式 Linux 的 NFS 开发环境建立

在应用程序开发环节，NFS 方式比 ftp 方式的执行效率要高，因为它不需要将 Linux server 端的程序下载到嵌入式目标系统就可以调试。

第7章 应用程序

嵌入式 Linux 的 NFS 开发环境包含着两个方面：一是 Linux server 端的 NFS Server 支持；二是 target board 的 NFS Client 支持。

1. Linux server 端

首先以 root 的身份登录，编译共享目录的配置文件 exports，指定共享目录及其权限。在该文件中添加：

`/home/lqm(共享目录) 192.168.0.* (rw,sync,no_root_squash)`

添加的内容表示允许 IP 范围在 192.168.0.* 的计算机以读/写的权限来访问共享目录/home/lqm。参数说明如下：

- ➤ rw——读/写权限。如果设定只读权限，则设为 ro。但是一般情况下，为了方便交互，要设置为 rw。
- ➤ sync——数据同步写入内存和硬盘。
- ➤ no_root_squash——此参数用来要求服务器允许远程系统以自己的 root 特权存取该目录。就是说，如果用户是 root，那么就对这个共享目录有 root 的权限。很明显，该参数授予了 target board 很大的权利。安全性是首要考虑的，可以采取一定的保护机制。如果使用默认的 root_squash，target board 自己的根文件系统可能有很多无法写入，所以运行会受到极大的限制。在安全性有所保障的前提下，推荐使用 no_root_squash 参数。

其次要设置访问权限，可以通过设定 /etc/hosts.deny 和 /etc/hosts.allow 文件来限制网络服务的存取权限。

```
* * * /etc/hosts.deny* * *
portmap:ALL
lockd:ALL
mountd:ALL
rquotad:ALL
statd:ALL
* * * /etc/hosts.allow* * *
portmap:192.168.0.100
lockd:192.168.0.100
mountd:192.168.0.100
rquotad:192.168.0.100
statd:192.168.0.100
```

同时，使用这两个文件就会使得只有 ip 为 192.168.0.100 的机器使用 NFS 服务。将 target board 的 ip 地址设定为 192.168.0.100，这样就可以了。接下来就可以启动 Linux NFS server 了。

首先要启动 portmapper(端口映射)服务，这是 NFS 本身需要的。

```
#/etc/init.d/portmap start
```

然后启动 NFS Server。此时 NFS 会激活守护进程,然后开始监听客户端的请求。

```
#/etc/init.d/nfs start
```

NFS Server 启动后,还要检查一下 Linux server 的 iptables 等,确定没有屏蔽 NFS 使用的端口和允许通信的主机,以首先在 linux server 上面进行 NFS 的回环测设。修改/etc/hosts.allow,把 ip 改为 Linuxserver 的 ip 地址,然后在 linux server 上执行命令:

```
#mount -t nfs <your-server-ip>:/home/lqm /mnt
#ls /mnt
```

如果 NFS Server 正常工作,则应该在/mnt 下面看到共享目录/home/lqm 的内容。

2. target board 端的 client

首先进行内核配置,使其支持 NFS 客户端。选择 File system→Network File Systems 菜单项,选中 NFS System support 和 Provide NFSvs client support,然后保存退出,重新编译内核,将生成的 zImage 重新下载到 target board。

然后在 target board 的 Linux shell 下执行下列命令来进行 NFS 共享目录的挂载。

```
mkdir /mnt/nfs
mount -o nolock -t nfs <your-server-ip>:/home/lqm /mnt/nfs
ls /mnt/nfs
```

由于很多嵌入式设备的根文件系统中不带 portmap,所以一般都使用-o nolock 参数,即不使用 NFS 文件锁,这样就可以避免使用 portmap。如果顺利,在/mnt/nfs 下就可以看到 linux server 共享文件夹下的内容了,而且两个文件夹内的修改是同步的。

7.1.3 嵌入式 Linux 的 TFTP 开发环境建立

TFTP 是用来下载远程文件的最简单网络协议,它是基于 UDP 协议而实现的。嵌入式 Linux 的 TFTP 开发环境包括两个方面:一是 Linux 服务器端的 tftp-server 支持,二是嵌入式目标系统的 tftp-client 支持。因为 u-boot 本身内置支持 tftp-client,所以嵌入式目标系统端就不用配置了。下面就详细介绍一下 Linux 服务器端 tftp-server 的配置。

redhat 9.0 的第三张光盘中有 tftp-server 的安装 rpm 包。

(1) 安 装

```
# mount -t iso9660 /dev/hdc /mnt/cdrom            //挂载光盘
# rpm -ivh tftp-server-0.32-4.i386.rpm            //安装
# umount /mnt/cdrom                               //卸载光盘
```

(2) 修改文件

在 Linux 下,不管使用的是哪一种 super-server、inetd 或者 xinetd,默认情况下 TFTP 服

第7章　应用程序

务是禁用的,所以要修改文件来开启服务。

根据(1)的安装方法可以修改文件/etc/xinetd.d/tftp,主要是设置 TFTP 服务器的根目录,开启服务。修改后的文件如下:

```
service tftp
{       socket_type             = dgram
        protocol                = udp
        wait                    = yes
        user                    = root
        server                  = /usr/sbin/in.tftpd
        server_args             = -s /home/lqm/tftpboot -c
        disable                 = no
        per_source              = 11
        cps                     = 100 2
        flags                   = IPv4
}
```

说明:修改项 server_args= -s   <path>   -c,其中,<path>处可以改为读者 tftp-server 的根目录,参数-s 指定 chroot,-c 指定了可以创建文件。

(3) 创建 tftp 根目录,启动 tftp-server

```
# mkdir     /home/lqm/tftpboot
# chmod o+ w    /home/lqm/tftpboot
# service xinetd restart
```

这样,tftp-server 就启动了。可以登录本机测试,命令如下:

```
# tftp    your-ip-address
tftp> get < download file>
tftp> put < upload file>
tftp> q
#
```

关于 tftp 协议,可以参考下面网站的内容:http://www.longen.org/S-Z/details-z/TFTPProtocol.htm。

7.1.4　嵌入式 Linux 的 DHCP 开发环境建立

目标板的 Boot Loader 或者 Linux 内核都需要分配 IP 地址,这可以通过动态主机配置协议(DHCP)或者 BOOTP 协议实现。

BOOTP 协议可以给计算机分配 IP 地址并且通过网络获取映像文件的路径;DHCP 协议向后兼容 BOOTP 的协议扩展。

Linux 操作系统一般包含 dhcpd 的软件包,可以配置 DHCP 服务,下面进行详细介绍。

首先,配置该服务需要 root 用户权限。如果没有安装该软件包,则首先获取安装包,官方下载地址 http://ftp.isc.org/isc/dhcp/dhcp-3.1.3.tar.gz,然后按照如下的操作:

```
rpm-qa | grep dhcp    //查看 dhcp 服务是否安装
//如果已经安装上述命令就会查询到如下安装结果
dhcpv6_client-0.10-8
dhcp-3.0.1-12_EL
dhcp-devel-3.0.1-12_EL
dhcpv6-0.10-8
//如果没有安装请按照以下步骤安装
tar -zxvf dhcp-3.1.3.tar.gz
cd dhcp-3.1.3
./configure
./make
make install

# /etc/dhcpd.conf
Allow bootp;
Ddns-update-style none;
Subnet 192.168.2.0 netmask 255.255.255.0 {
      Group {
           Host target9200 {
           Hardware Ethernet 00:12:34:56:78:99:aa;
           Fixed-address 192.168.2.200;
           Filename "zImage";
           Option root-path "/home/rootfs";
                 }
            }
}
```

上面的 dhcpd.conf 配置文件,为指定目标板的相关网络参数进行了配置,各个参数的含义如下:

① host 指定目标板的网络名称为"target9200",相当于 IP 地址的作用,就像在局域网中可以使用计算机的网络名字而不使用 IP 来访问机器一样。

② hardware Ethernet 对应目标板以太网的 mac 地址。这个需要首先获得目标板网卡的 mac 地址。

③ fixed-address 是给目标板分配的 IP 地址。通常是指定的一个 IP 地址。

④ filename 是映像文件的名称。目标板的 Boot Loader 可以通过 bootp 协议获取映像文件,然后下载到目标板的 sdram 中。这不是必须的。

⑤ root-path 是网络文件系统的路径,这一项对挂载 NFS 根文件系统相当重要。

⑥ subnet 和 netmask 分别是子网和掩码,IP 地址的配置需要这个网段。

⑦ 启动 dhcpd 守候进程。有两种方式,一个图形配置,一个是命令配置。执行启动命令:

/etc/init.d/dhcpd start

每次修改 dhcpd.conf 文件后都要重新启动 dhcpd 服务,使用的命令为:

/etc/init.d/dhcpd restart

保存配置：

chkconfig dhcpd on

经过上述操作，dhcpd 服务就设置完成了。关于 dhcpd.conf 的配置还可以使用命令 man dhcpd.conf 进行参考。

关于图形配置，比较简单。在 Redhat Linux enterprise 4 版本中，可以选择"应用程序→系统设置→服务器设置→服务"菜单项，则在弹出的界面中选择 dhcpd，再单击"开始"按钮，最后选择"文件→保存"菜单项即可。

7.2 串行/网络数据网关

7.2.1 基本原理

串行通信转网络通信就是将串行通信协议转换为网络（比如 TCP/IP）通信协议，能够将串行通信数据转化为网络（比如 TCP/IP）数据包发出也可以，将收到的网络数据包用串行通信的方式传输，实现透明转换。串行通信转网络通信，实际上就是设计协议转换网关。

实际模型以全双工居多，可以拆分为两个基本模型：上行链路 STN(Serial To Network)和下行链路 NTS(Network To Serial)，如图 7.1、图 7.2 所示。两者组合，还可以形成更为复杂的 NTN(Network To Network)网关。如果只保留 STN 功能或者是 NTS 功能，那就是单工模型。由于实际中各种通信协议一般支持全双工，所以区分单工还是全双工，主要是由应用程序处理。

无论是 STN 还是 NTS，都需要一个公用的数据缓冲区。这个公用的数据缓冲区从硬件层次上看，就是连续的内存单元；从软件层次上看，就是一个一维数组。STN 原理是经过 SR 单元把串口帧还原出数据，存储到数据缓冲区；然后读取缓冲区的数据，经过 NS 单元的处理打成网络数据包，发送目的地址。NTS 原理是经过 NR 单元把网络数据包还原为数据，存储到数据缓冲区；然后读取缓冲区的数据，经过 SS 单元，处理成串口帧发送。数据缓冲机制可以说是数据终端最为重要的部分，既需要根据实际应用选择成本低的存储器，又要设计优良的算法进行维护操作。

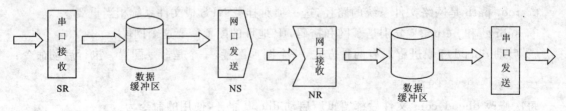

图 7.1　STN 模型　　　　　　　　　　图 7.2　NTS 模型

7.2.2 数据帧的设计

应用层的协议一般自己来规定。数据帧如何设计会影响系统性能。这里需要考虑的内容不多,主要有 3 个部分:包序号、数据、校验。

包序号根据实际应用情况,1 字节、2 字节都可以,以不溢出为原则。

数据要考虑的问题比较多。以太网数据链路的 MTU(Maximum Transmission Unit,最大传输单元)为 1 500 字节,应用层的数据帧最大为 1 500－40＝1 460 字节。如果数据帧中数据长度过大,那么会拆包传输,会产生很多数据包碎片,增加丢包率,降低网络速度。所以,此处数据长度的选择也需要根据实际情况进行测试。一般地,可以选择 1 KB 为数据长度。

校验方式可以有奇偶校验、CRC 校验(Cyclical Redundancy Check,循环冗余码校验)等,其中,CRC 校验是最有效的方式。基本原理就是在发送端用数学方法产生一个循环码,叫做循环冗余检验码,在信息码位之后随信息一起发出。在接收端也用同样方法产生一个循环冗余校验码。将这两个校验码进行比较,如果一致就证明所传信息无误;如果不一致就表明传输中有差错,并要求发送端再传输。这里使用的生成多项式为 $x^{16}+x^{12}+x^{5}+1$。

设计数据包结构如下:

```
struct serial_packet
{
    short block;
    char data[MAXDATASIZE];
    char crc[2];
}packet;
```

7.2.3 网络异常情况的处理

在嵌入式系统中,必须对异常情况进行妥善处理。因为嵌入式设备往往工作在无人看守的环境中,如果出现异常而无法处理,就会陷入瘫痪状态。这个实例中必须能够对网络连接状态监测。如果服务器网络断开,那么 client 必须执行异常回复机制。

这里采取的是信号机制,可以分为如下几步处理:

① client 在连接到服务器后,要设置为非阻塞连接状态。

fcntl(sockfd, F_SETFL, O_NONBLOCK);

② 编写信号处理函数,不执行默认的关闭操作,而是执行空操作。

```
/*
 *  函数名称:handle_signal
 *  入口参数:int signum --信号的值,可以是除 SIGKILL、SIGSTOP 外的任何有效信号
 *  出口参数:无
 *  函数功能:在服务器关闭出现 broken pipe(断开的管道)时,默认忽略此处错误
 *           这样可以使 client 不断的重新连接 server,直到连接成功
```

第 7 章 应用程序

```
 * 调用格式: handle_signal()
 */
void handle_signal(int signum)
{
}
```

③ 初始化 sigaction 结构。

sigaction 可以指定信号关联函数,这里可以是用户自定义的处理函数,还可以是 SIG_DFL(采用默认的处理方式)或 SIG_IGN(忽略函数)。它的处理函数只有一个参数,就是信号值。对网络异常中断引起的 SIGPIPE 信号,默认方式是关闭,现在可以指定处理函数为 handle_signal,也就是不退出程序。首先,必须对 sigaction 的数据结构初始化:

```
action.sa_handler = handle_signal;
/* 初始化信号集合为空 */
sigemptyset(&action.sa_mask);
/* 指定信号处理的选项 */
action.sa_flags = 0;
/* 对管道信号进行设定处理 */
sigaction(SIGPIPE,&action,NULL);
```

然后执行处理操作:

```
if (send(sockfd, &packet, readbytes, 0) < 0) {
    close(sockfd);
    sockfd = connect_server(server_sockaddr);
}
```

本章总结

本章简单介绍了应用开发环境的建立方法,包括 GDB 调试环境、NFS 开发环境、TFTP 开发环境、DHCP 开发环境、Samba 共享环境等,这些为嵌入式开发提供了方便。最后还介绍了一个串行/网络数据网关的小实例。通过这个实例,读者可以将前面介绍的嵌入式系统组成的各个环节理解清晰,为自行开发应用程序打下良好的基础。

参考文献

[1] 魏洪兴,谌卫军. 嵌入式系统设计师教程[M]. 北京:清华大学出版社,2006.
[2] 孙琼. 嵌入式 Linux 应用程序开发详解[M]. 北京:人民邮电出版社,2006.
[3] 毛德操,胡希明. 嵌入式系统——采用公开源代码和 StrongARM/XScale 处理器[M]. 杭州:浙江大学出版社,2004.
[4] 杜春雷. ARM 体系结构与编程[M]. 北京:清华大学出版社,2003.
[5] 李驹光,郑耿,江泽明. 嵌入式 Linux 系统开发详解——基于 EP93XX 系列 ARM[M]. 北京:清华大学出版社,2006.
[6] 孙志夫,张小全. 嵌入式 Linux 系统开发技术详解——基于 ARM[M]. 北京:人民邮电出版社,2006.
[7] 宋宝华. Linux 设备驱动开发详解[M]. 北京:人民邮电出版社,2008.